지적전산 토지정보 체계론

문승주·김일 저

예문사

머·리·말

우리는 흔히 정보의 홍수 속에 산다고 표현한다. 컴퓨터가 개발되고, 인터넷을 이용하면서 수많은 정보가 넘쳐나고 있으며, 지금 이 순간에도 어마어마한 양의 정보가 생성되고 있다. 이 수많은 정보가 모두 활용가치와 정확성이 높고, 지속적으로 활용된다고는 볼 수 없지만 그중에서도 인간 생활에 꼭 필요한 정보들이 있다. 특히 인간은 하루라도 토지를 밟지 않고 살 수 없기 때문에 토지와 관련된 정보는 다른 정보에 비해 그 중요성이 무척 크다고 할 수 있다. 토지정보는 인간생활에 없어서는 안 되는 기본 인프라로서 토지정책, 거래, 과세, 평가 등 여러 분야에서 활용되고 있다.

토지정보는 인류가 집단생활을 하면서부터 만들어져 종이의 기록이나 도면의 형태 등으로 관리되고 활용되었다. 여기에 전산화와 전자정부의 구현을 통해 다양한 분야의 활용을 위해 토지정보체계가 구축되었고, 현재 토지정보시스템이 운영되고 있다. 이 시스템의 효과적인 운영을 위해 GIS라는 Tool을 사용하는데, 이는 지리정보시스템이나 도시정보시스템 등에 다양하게 활용되고 있어 간혹 지리정보시스템의 일부분으로 인식되기도 한다. 가령 컴퓨터를 이용하여 문서를 작성하거나 음악작곡 작업을 할 수 있는데, 컴퓨터를 사용한다고 해서 두 개의 작업을 동일하다고 판단하지는 않을 것이다. 우리가 컴퓨터를 하나의 도구로 보듯 GIS S/W도 동일한 도구일 뿐이며, 어떠한 목적으로 데이터를 구축하고, 활용되는지가 더욱 중요할 것이다.

토지라는 것은 인간이 영유하는 모든 것의 기반이며, 이러한 토지를 관리하는 법적, 행정적 속성정보와 위치 및 범위를 나타내는 도형정보 등으로 구성된 토지정보체계는 국가의 행정뿐만 아니라 국민 개개인에 있어서도 토지의 거래 등 다양한 분야에서 중요한 정보로 작용할 수밖에 없다. 이것이 바로 지리정보시스템과의 큰 차별성을 갖는 것으로 토지정보를 수집, 구축, 분석, 활용하는 전 과정 자체로도 특별하게 취급된다. 즉, 국가가 중요한 자산으로서 관리하는 정보로서의 중요함과 특별함, 그리고 개인의 사유재산을 정보화하여 관리하는 의미가 있는 것이다. 따라서 토지정보체계의 중요성을 인식하여 학문 체계를 만들고, 체계적인 지적기술자 양성을 위해 국가기술자격 과목과 세부항목 등 체계를 수립했으나 전문서적이 거의 없으며, 존재하여도 오래 되었거나 지적전산화 부분만을 다루는 경우가 많아 토지정보체계 전반에 걸친 이론서에 대한 강력한 요구가 있어 중앙부처, 학계, 산업계 근무경험을 살려 본서를 저술하게 되었다.

1980년대 이후 Dale, Mclaughlin, Williamson 등 서명한 외국 교수들의 많은 연구가 있었고, 어려운 환경에서도 김영학, 이성화, 지종덕 교수님 등 여러 학자들의 꾸준한 연구가 본서 기술에 많은 도움이 되었다. 또한 유환종, 서용수, 곽인선, 이효상 교수님 등 주변의 많은 분들의 도움이 있었기에 오늘 체계적으로 정리된 토지정보체계론을 출간할 수 있었으므로 큰 기쁨과 감사의 인사를 드린다. 본서를 통해 후학들이 더 많은 지식을 함양하기를 바라며, 이것이 끝이 아니라 새로운 학문의 지경을 넓히는 출발점이 되기를 기대한다.

2024년 1월

저자 문승주 · 김일

출·제·기·준

📋 지적기사·산업기사 필기

직무 분야	건설	중직무 분야	토목	자격 종목	지적기사·산업기사	적용 기간	2021.1.1.~2024.12.31.

○직무내용 : 지적도면의 정리와 면적측정 및 도면작성과 지적측량 및 종합적 계획수립 등을 수행하는 직무이다.

필기검정방법	객관식	문제수	100	시험시간	2시간 30분

※ *는 기사 시험에만 해당됩니다.

필기과목명	문제수	주요항목	세부항목	세세항목
지적측량	20	1. 총론	1. 지적측량 개요	1. 지적측량의 목적과 대상 2. 각, 거리 측량 3. 좌표계 및 측량원점
			2. 오차론	1. 오차의 종류 2. 오차발생 원인 3. 오차보정
		2. 기초측량	1. 지적삼각점 측량	1. 관측 및 계산 2. 측량성과 작성 및 관리
			2. 지적삼각 보조점 측량 *	1. 관측 및 계산 * 2. 측량성과 작성 및 관리 *
			3. 지적도근점 측량	1. 관측 및 계산 2. 오차와 배분 3. 측량성과 작성 및 관리
		3. 세부측량(변경)	1. 도해측량	1. 지적공부정리를 위한 측량 2. 지적공부를 정리하지 않는 측량
			2. 지적확정측량(축척변경, 지적재조사측량 등) *	1. 관측 및 계산 * 2. 경계점좌표등록부 비치 지역의 측량 방법 * 3. 측량성과 작성 및 관리 *
		4. 면적측정 및 제도	1. 면적측정	1. 면적측정대상 2. 면적측정 방법과 기준 3. 면적오차의 허용범위 4. 면적의 배분 및 결정
			2. 제도	1. 제도의 기초이론 2. 제도기기 3. 지적공부의 제도방법
응용측량	20	1. 지상측량	1. 수준측량	1. 직접수준측량 2. 간접수준측량
			2. 지형측량	1. 지형표시 2. 지형측량 방법 3. 면적 및 체적 계산
			3. 노선측량	1. 노선측량 방법 2. 원곡선 및 완화곡선
			4. 터널측량 *	1. 터널 외 측량 2. 터널 내 측량 3. 터널 내외 연결 측량

필기과목명	문제수	주요항목	세부항목	세세항목
응용측량	20	2. GNSS (위성측위) 및 사진측량	1. GNSS(위성측위) 측량	1. GNSS(위성측위) 일반 2. GNSS(위성측위) 응용
			2. 사진측량	1. 사진측량 일반 2. 사진측량 응용
		3. 지하공간정보 측량	1. 지하공간정보 측량	1. 관측 및 계산 2. 도면작성 및 대장정리
토지정보 체계론	20	1. 토지정보체계 일반	1. 총론	1. 정의 및 구성요소 2. 관련 정보 체계
		2. 데이터의 처리	1. 데이터의 종류 및 구조	1. 속성정보 2. 도형정보
			2. 데이터 취득	1. 기존자료를 이용하는 방법 2. 측량에 의한 방법
			3. 데이터의 처리	1. 데이터의 입력 2. 데이터의 수정 3. 데이터의 편집
			4. 데이터 분석 및 가공	1. 데이터의 분석 2. 데이터의 가공
		3. 데이터의 관리	1. 데이터베이스	1. 자료관리 2. 데이터의 표준화
		4. 토지정보체계의 운용 및 활용	1. 운용	1. 지적공부 전산화 2. 지적공부관리 시스템 3. 지적측량 시스템
			2. 활용	1. 토지관련 행정 분야 2. 정책 통계 분야
지적학	20	1. 지적일반	1. 지적의 개념	1. 지적의 기본이념 2. 지적의 기본요소 3. 지적의 기능
		2. 지적제도	1. 지적제도의 발달	1. 우리나라의 지적제도 2. 외국의 지적제도
			2. 지적제도의 변천사	1. 토지조사사업 이전 2. 토지조사사업 이후
			3. 토지의 등록	1. 토지등록제도 2. 지적공부정리 3. 지적관련 조직
			4. 지적재조사	1. 지적재조사 일반 2. 지적재조사 기법
지적 관계 법규	20	1. 지적관련법규	1. 공간정보구축 및 관리 등에 관한 법률	1. 총칙 2. 지적 3. 보칙 및 벌칙 4. 지적측량시행규칙 5. 지적업무 처리규정
			2. 지적재조사에 관한 특별법령	1. 지적재조사에 관한 특별법 2. 지적재조사에 관한 특별법 시행령 3. 지적재조사에 관한 특별법 시행규칙
			3. 도로명주소법령	1. 도로명주소법 2. 도로명주소법 시행령 3. 도로명주소법 시행규칙
			4. 관계법규 *	1. 부동산등기법 * 2. 국토의 계획 및 이용에 관한 법률 *

CONTENTS

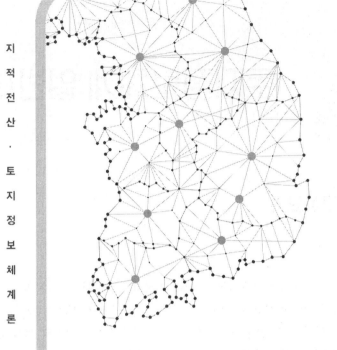

01
CHAPTER

토지정보체계
일반(총론)

토지정보체계 일반(총론)

❶ 정의 및 구성요소

1. 정의

토지정보체계(LIS : Land Information System)는 토지기록체계(LRS : Land Records System)라고도 불리는데, 토지에 대한 다양한 정보를 기반으로 하고 있고, 이러한 다양한 정보는 토지의 행정 및 관리의 소산이라 할 수 있다. 인간 활동의 근간인 토지에 대한 정보와 권리의 체계적인 기록은 공공행정, 토지의 계획 및 개발, 토지의 거래 등 매우 중요한 역할을 수행한다. 최근에는 국제식량농업기구(FAO : International Food and Agriculture Organization)에서 자원의 집중적인 사용 및 관리와 함께 토지에 관한 세부적인 정보 관리의 필요성을 발표한바 있다. 이것은 토지에 대한 정보의 필요성과 이를 제공하는 전략과 프로그램에 대한 재평가로 이어졌다. 정책입안자를 비롯하여 기획자, 토지관리자, 일반 사용자까지 토지에 대한 정보가 필요하고, 토지 위의 공간데이터의 활용에 대한 인식이 점차 늘어나고 있다.(Dale · Mclaughlin 1998, p.1-2)

토지정보의 관리는 새로운 개념의 활동이 아니라 인간이 정착농업을 처음 시작한 이래부터 존재해 왔다. 바빌로니아인들이 티그리스와 유프라테스 강 사이의 토지를 이용하고, 이집트인들이 나일강 인근의 비옥한 토지를 경작하면서 체계적인 토지 관리의 필요성이 발생하였다. 이는 기초적인 토지정보시스템의 개발로 이어져, 토지의 등록, 토지소유권의 조사, 가치평가 등 토지의 국가적 행정에 필요한 정보인프라로서 자리 잡는 계기가 되었다(2000년 기준 캐나다에서는 토지의 조사와 지도제작에 인구 1인당 50달러가 소요되었고, 미국에서는 900달러의 공간정보 관련 수집 및 관리에 예산이 소요되었다).(Dale · Mclaughlin 1998, p.14) 따라서, 국가 · 사회 · 시대의 변화로 토지행정 및 토지관리 등의 변화가 어떻게 토지정보체계를 이루게 되었는지를 우선적으로 파악해야 한다.

1) 토지행정

토지행정은 토지관리 정책의 이행에 있어서 토지의 소유관계, 가치 및 이용에 관한 정보를 정의하고, 기록하며, 결정하는 과정을 의미한다.(UNECE, Land Administaration Guidelines 1996)

또한 토지 위의 다양한 주제를 포함한 토지권리들의 체계를 관리하는 것으로

① 토지권리의 분배 및 인식 과정
② 토지필지 간 경계의 정의 및 범위 결정
③ 토지권리, 소유자 및 필지에 관한 정보의 기록
④ 토지의 매매, 주택대출, 리스, 양도 등 토지거래 관리 절차
⑤ 불명확한 토지권리 및 토지경계의 합의 또는 분쟁의 판결
⑥ 토지용도의 계획, 통제 및 모니터링 제도 및 절차
⑦ 토지의 가치 평가 및 과세절차

등이 포함된다. 이처럼 토지행정이란 인간이 어떻게 토지를 조직화하는가에 대한 학문으로 토지에 대한 제도와 조직 그리고 이를 관리하는 절차 등에 관한 사고방식을 포괄적으로 다루고 있다. 따라서 각 국가 및 법체계에 따라 상이한 토지행정이 이루어질 수 있으나 근본적 핵심요소인 지적제도와 등기제도가 모든 체계의 근본을 이루고 있다.(Williamson · Enemark · Wallace · Rajabifard 2009, p.27-28, 37, 115)

2) 토지행정의 발전

유럽에서의 토지행정은 국가재정의 도구에서 토지시장의 도구, 도시계획의 도구, 현대적인 형태인 토지관리의 도구(다목적 지적), 즉 다목적용 지적체계로 발전하였고, 단순한 토지관리 도구로부터 지속가능한 개발을 위한 공간정보의 기본토대로 발전하면서 단계별로 여러 기능들이 추가되었다.

(1) 국가재정의 도구

국가재정의 필요에 의해 지도제작이 시작되었는데, 17세기 스웨덴의 지적측량은 지도에 전적으로 의존하였으며(Larsson 1991, p.33), 18세기 이탈리아 북부 일부와 오스트리아, 헝가리 제국에서는 과세의 도구로 지도가 제작되었다. 이러한 지도의 제작은 대규모의 토지정보를 수집함으로써 귀족에 대한 과세책정의 기준이 되었고, 1807년 나폴레옹이 지적체계의 토대를 구축하면서 더 많은 국가들에서 사용되기 시작하였다. 특히 과학적 측정도구의 사용과 필지에 대한 체계인 표기, 관련 절차에 대한 도식화 수준에서 이전의 관리방식보다 획기적으로 발전되어 토지(필지)의 물리적인 위치의 정확성을 갖추게 되었고, 토지의 소유권 정보(토지 소유자별 지번, 면적, 토지이용 및 토지가치 등)를 정확하게 제시할 수 있게 되었다. 즉, 과학적으로 제작된 지도(지적도)와 지적정보 등의 조합으로 현대의 지적체계를 구성하는 토대가 마련되었다고 할 수 있다.(Williamson · Enemark · Wallace · Rajabifard 2009, p.48-49)

(2) 토지시장 도구

토지 사유화의 확대에 따라 토지와 관련된 정보의 기록이 중요해지고, 정확성과 신뢰성이 요구되었다. 프랑스와 같은 수치적 지적체계를 보유한 국가에서는 개별토지의 소유증서를 등록하는 제도를 구축하였고, 독일의 경우 증서의 등록보다는 토지에 대한 정보와 소유권을 등록하는 토지대장의 개념이 발달하여 필지단위의 토지에 관한 모든 정보를 기록하였다. 또한 지적측량이나 소유권이 발달되지 않은 호주와 같은 국가에서는 정부가 토지 필지에 대한 설명과 소유자 및 주택대출 등 채무관계를 한 장의 종이에 정리하여 관리하는 토렌스 시스템을 도입하였다.(Williamson · Enemark · Wallace · Rajabifard 2009, p.49-51) 이러한 토지의 정보와 소유관계를 나타내는 장부(Deed, 토지대장, 등기, 토렌스 장부 등)는 필지를 하나의 상품으로 자유로이 거래가 가능하게 만듦으로써, 토지시장이 활성화될 수 있도록 하는 기반이 되어 오늘날 부동산 시장을 확립하였다. 최근 부동산 시장은 더욱 발전되어 금융과 결합한 리츠 등 다양한 시장이 형성되고 있다.

(3) 도시계획의 도구

2차 세계대전 이후 전후복구와 기존 도시의 팽창으로 인한 위성도시의 생성, 인구의 증가 등에 따라 토지의 개발 및 재개발, 공공 편의시설의 공급 등에 있어서 공간계획이 필요하게 되었고, 체계적인 토지관리의 중요성이 부각되었다. 지적공부(대축척 도면이 관리되는 경우)는 도시계획과 전기, 상 · 하수도 등과 같은 공공 서비스 공급에 있어서 상당히 유용한 도구가 되어 기존의 국가재정의 도구와 토지시장의 도구 기능과 더불어 도시계획을 지원하는 도구로서의 기능을 갖추게 되었다.(Williamson · Enemark · Wallace · Rajabifard 2009, p.51)

(4) 토지관리의 도구

1980년대에 들어서면서 토지 배분의 사회적 평등의 관점에서 환경오염, 지속가능 성장 등 다양한 분야에 대한 이슈가 제기되었다. 이후 다양한 이슈에 대한 장기적인 관점에서 접근하면서 토지 관련 범위가 확장되었고, 해당 토지뿐만 아니라 주변 환경까지 포괄적인 정보를 필요로 하는 복합적인 정보가 요구되었다. 이러한 정보의 수집 및 관리는 컴퓨터와 인터넷의 발전, GIS기술의 발달, 위성 모니터링 기술 등의 발전으로 점차 해소되었고, 지적정보를 다목적으로 활용할 수 있게 되었다.(McLaughlin 1975)

3) 토지관리 패러다임

토지관리는 기술, 자연과학 및 사회과학 등 여러 학문 분야 간의 융합을 통해 토지정책, 토지권리, 부동산 경제, 토지이용의 조정, 규제, 감시, 이행 및 개발 등의 주제를 다룬다.

이러한 기능은

① **토지소유권 관련 절차** : 토지 및 천연자원에 대한 권리의 보장 및 양도

② **토지가치** : 토지 및 부동산에 대한 가치평가 및 과세

③ **토지이용** : 토지 및 천연자원에 대한 이용 및 관리 계획

④ **토지개발** : 공익사업, 인프라 및 건설 계획의 실행

등으로 구분될 수 있다. 상기 4가지 토지행정의 기능들은 상호작용을 통해 전반적인 정책목표들을 달성하며, 지적 및 지형 데이터베이스를 포함하는 적절한 토지정보 인프라에 의해 지원될 수 있다. 그리고 이러한 정보체계의 구축은 국가차원의 SDI(NSDI : National Spatial Data Infrastructure)에 있어서 단순한 정보망을 넘어서는 그 이상의 의미와 기능을 갖는다.(Williamson · Enemark · Wallace · Rajabifard 2009, p.117-118)

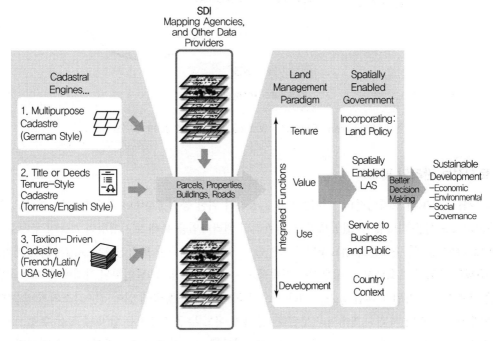

출처 : Williamson · Enemark · Wallace · Rajabifard 2009, p.127

위 그림은 토지관리의 핵심이 '지적'임을 나타내고 있으며, 토지관리 패러다임의 이행에 있어서 상기 4가지 토지행정의 기능을 지원하는 구조로 왼쪽에는 지적절차를 표현하고, 오른쪽에는 토지관리 패러다임 이행을 위한 절차를 적용한 결과를 표현하고 있다. 이는 지적 데이터(지적 또는 법적 구획, 필지식별자, 건물 등)가 공간정보 인프라와 통합될 때 다목적 혜택을 누릴 수 있음을 보여주는 것이다. 즉, 지적정보는 공간정보 인프라의 핵심정보이며, 지적정보가 다른 지리정보시스템(GIS)에서 관리되는 공간정보와 대체될 수 없음을 알 수 있다. 즉, 앞에서 설명한 토지행정 기능(4가지) 외에 추가적인 역할을 하게 되는 것으로 지적정보의 중요성을 토지행정의 틀을 넘어 다른 영역의 필수

적인 기능으로 확장시키고 있는 것이다. 따라서 대부분의 국가들은 공간정보 인프라(SDI)를 채택하여 각 기관들의 개별 정보와 시스템을 연계하고, 서비스 제공과 데이터의 공유 및 통합으로 토지정보 인프라를 제공하여 다음 그림과 같이 토지행정 기능들을 촉진하는 핵심적인 역할을 하고 있다. (Williamson · Enemark · Wallace · Rajabifard 2009, p.127-129, 226-227)

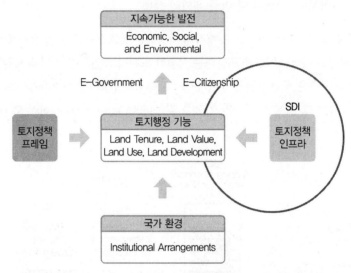

출처 : Williamson · Enemark · Wallace · Rajabifard 2009, p.226

4) 토지정보 관리의 필요성

토지행정을 통해 토지행정의 기능과 이를 운영하기 위한 공적장부(Deed, 토지대장, 지적도, 등기부 등)의 필요성을 파악할 수 있었으며, 토지관리의 패러다임을 통해 토지행정의 기능이 국가공간정보 인프라(NSDI)의 중요한 구성요소임을 확인할 수 있었다. 이러한 토지정보는 토지자원의 계획, 개발, 통제하기 위한 기초로서 그 필요성은 지속적으로 증가하고 있다. 산업화된 사회에서 지속적인 생산은 부족한 천연자원에 대한 증가를 더욱 필요로 하며, 개발도상국에 있어서는 감소되지 않는 인구 증가에 따른 토지의 배분 문제에서 비롯된다. 전 세계 어느 누구나 토지를 밟지 않고 살 수 없으며, 가장 중요한 자산의 기본 원천으로서 매우 중요하기 때문에 효과적인 관리 시스템을 필요로 한다. 토지 이용의 통제 불능 상황의 예로서 농업 분야에서는 가뭄, 기근, 심각한 침식과 함께 부적절한 토지 이용을 확인할 수 있다. 즉, 부적절한 농업 패턴과 구시대의 토지이용권 보호로 인해 토지이용의 비효율성을 초래하게 된다. 또한 도시 지역들이 직면하고 있는 문제로 최근 수십 년 동안의 급격한 도시화와 거대한 도시 성장이 있다. 특히 개발도상국의 도시지역에 새로 정착하는 대부분의 주거지는 불규칙하고, 통제 불능이며 종종 빈민가의 성격을 띠게 된다. 이에 공공부문의 토지관리 및 개발 · 제한 등의 개선을 요구하는 목소리가 높아지고 있다. 그러나 기본적인 요소, 즉 토지 자체에 대한 충분한 지식과 정보를 갖추지 못했다면 어떻게 계획을 세우고 통제할 수 있을까? 일반적인 지식 또는 정보로는 가능하지 않고, 토지에 대한 상세한 정보, 토지 소유자와 점유자 등의 권리, 토지 이용 패턴 등 다양한

정보를 필요로 한다.(Larsson 1991, p.1)

모든 의사결정의 기본자원은 정보이다. 실제로 대부분의 의사결정은 부적절한 정보와 혼란스럽고 점진적인 방법에 의해 이루어진다. 만약 좋은 정보가 수집되어 가용성이 높다고 하더라도 잘못된 관리 또는 잘못된 의사결정을 예방할 수는 없다. 그러나 좋은 정보는 행동 또는 행동의 결과에 대한 무지를 줄일 수 있다. 즉, 어떠한 정보를 인식한다는 것으로 해당 문제를 사전에 예방할 수는 없지만, 정보를 얻는다는 것은 그 문제의 본질을 파악하고, 문제를 극복하는 과정이라 할 수 있다. 이렇듯 토지의 행정 및 관리를 지원하는 것은 토지정보시스템(LIS)의 기능인 것이다.(Dale · Mclaughlin 1998, p.8) 이러한 이유 때문에 토지정보시스템의 필요성이 대두되었고, 효율적인 시스템을 개발하기 위한 최선의 방법에 대한 많은 논쟁이 있었다.(Larsson 1991, p.1)

5) 토지정보체계의 개념

(1) 개념

토지정보체계(LIS)에 대해 공식적 정의가 몇 가지 제안되었으며, 그중에 FIG(Federation Internationale des Geometres)가 채택한 것이 가장 잘 알려져 있다.

"토지정보체계(Land Information System, 이후부터는 '토지정보시스템'으로 통칭)는 법적, 행정적, 경제적 의사결정을 위한 도구이며, 등록지역에 대해 공간적으로 참조된 토지 관련 데이터를 포함하는 데이터베이스와 자료를 체계적으로 수집, 갱신, 처리 및 배포를 위한 절차와 기술에 의해 이루어지는 계획 및 개발을 위한 도구이다." 토지정보시스템의 기본은 시스템의 데이터에 대한 균일한 공간 참조 시스템으로, 시스템 내의 데이터와 다른 토지 관련 데이터의 연결을 용이하게 하며, 다음 그림과 같이 설명할 수 있다.(Larsson 1991, p.2)

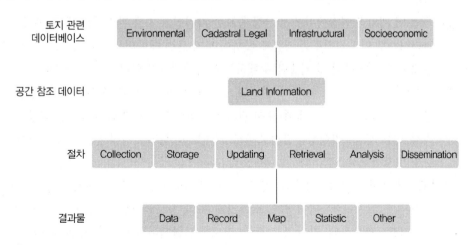

출처 : Larsson 1991, p.3

이외에도 다음과 같은 정의가 있다.

① "토지에 대한 정보, 토지자원, 토지개량 등의 정보를 제공함으로써 토지관리를 지원한다. 토지정보시스템의 운영에는 데이터의 취득 · 수집, 처리 · 저장 · 관리, 검색 · 분석 · 배포 등이 포함된다. 시스템의 유용성은 데이터의 갱신, 정확성, 완전성, 접근성, 사용자 편의성 등을 위한 설계 정도에 따라 달라진다."(Dale · Mclaughlin 1998, p.9)

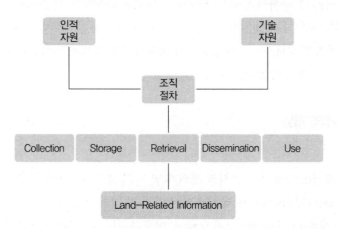

출처 : Dale · Mclaughlin 1998, p.9

② "법률적, 행정적, 경제적인 활용을 위해 국가기준 좌표체계하에서 토지 및 토지 관련 데이터의 체계적이고 종합적으로 수집, 저장, 조회, 분석하여 현행 토지에 관련된 문제를 해결하고, 향후 토지개발 및 토지정책 등을 위한 의사결정을 지원하는 정보시스템이다."(강태환 1996, p.9)

③ "국토의 계획과 인간생활에서 가장 중요한 자원인 토지를 관리하는 데 큰 목적을 두는 정보관리시스템으로 지적도를 기본도로 하여 토지 관련 데이터를 체계적으로 입력, 정리, 처리, 분배하기 위한 방식 및 기술을 수행하는 통합체계를 말한다."(국토지리정보원 2016, p.233)

④ "「지적도를 기반으로 토지와 관련된 공간정보(위치정보와 속성정보)를 수집 · 처리 · 저장 · 관리하기 위한 정보체계」로서 필지를 기초로 토지와 관련된 정보를 대상으로 한다. 지적정보시스템, 토지행정종합정보체계, 지적도면전산화, 지적전산화, 토지행정종합전산화 등이 토지정보시스템이다."(김영학 2000, p.9)

⑤ "토지에 대한 물리적 · 정량적 · 법적인 내용을 말한다. 토지정보체계의 일반적인 형태는 토지소유자, 토지가액, 세액평가, 토지경계 등의 정보의 관리이며, 여기에 토지이용도, 지형 · 지표 · 피복상태, 지질, 삼림 등의 정보가 결합되어 주로 토지에 관련된 주제 및 통계 자료들을 다루는 전산체계로 지적행정을 비롯한 다양한 국가 행정, 조세, 토지가치평가, 토지의 이용계획과 감정 등에 이용된다."(이강원 · 함창학 2003)

시스템 구축 범위와 활용 범위에 따라 학자마다 조금씩 다른 정의를 제시하지만, 토지 관련 정보의 등록 및 관리와 그 정보를 다목적으로 활용한다는 기본개념은 동일하다. 한국에서 구축된 관련시스템으로 필지중심토지정보시스템(PBLIS), 토지종합정보망(LMIS), 한국토지정보시스템(KLIS), 부동산종합공부시스템(KRAS) 등이 있으며, 호주는 LIS, 뉴질랜드는 LINZ(Land Information New Zealand) 등이 있다.(이성화 1999, p.16)

(2) 지리정보시스템과의 비교

앞서 살펴본 토지정보시스템의 정의 중 어느 것이 최적인가에 대해서는 여전히 의견 차이가 있다. 이러한 혼란을 일으키는 요인에 대해 해밀턴과 윌리엄슨(Hamilton and Williamson 1984)은 토지정보시스템과 지리, 지도 제작, 자원, 환경 및 사회 경제적 정보에 대한 시스템 간의 관계라고 주장한다. FIG의 정의는 토지정보시스템에 있는 이러한 모든 정보시스템으로부터 공간적으로 참조되는 토지 관련 데이터를 포함하고 있는 반면, 지리정보시스템이 일반적인 용어라고 주장하기도 한다.(Earl Epstein 1997, p.20)

토지정보시스템과 지리정보시스템은 동일한 구조(소프트웨어, 하드웨어, 자료의 구조와 처리 등에서 동일한 방법이 적용됨)로 구성되어 공간정보로서 고정된 위치, 지하, 지상의 모든 정보를 부여한다는 공통점이 있으나, 그 적용에는 차이가 있다. 일반적으로 토지정보시스템은 토지의 등록, 대축척, 고비용, 토지정보로 구성되지만, 지리정보시스템은 통계, 소축척, 저비용, 행정자료 등의 특징으로 다음 표와 같이 비교된다.(김영학 2000, p.14)

구분	토지정보시스템	지리정보시스템
공간 기본 단위	필지	지역 · 구역
기본도	지적도, 임야도(필지중심)	지형도(지형 · 지물)
축척	대축척	소축척
정확도	높음(cm, mm)	낮음(축척에 따라 다름)
정보량	많음	적음
세분정도	토지이용의 최소 단위(필지)	보편적(지역범위)
자료수집의 목적	관공서의 중요한 영구자료 (한국 : 지적소관청의 지적행정을 위해 법령으로 규정된 자료)	대규모 사업 설계도/도시 및 지역계획 수립 등의 사결정 자료 확보
자료의 수명	수집 당시부터 영구 보존	사업종료까지(필요시 영구보존)
자료의 갱신	즉시(Real Time)	비정규적(2~5년)
자료의 현실성	일치	불일치
자료구조	도형자료(벡터, 래스터), 속성자료(대장)	도형자료(벡터, 래스터), 속성자료

구분	토지정보시스템	지리정보시스템
정보내용	• 물리적 요소(필지 중심 : 토지소재, 지번, 지목, 면적, 경계 등) • 권리관계(지적/등기 : 소유권, 소유권 이외의 권리 등) • 가치정보(개별공시지가) • 기타(과세/평가, 도시계획, 건축물/지하시설물 등)	물리적 · 사회 · 경제적 요소 (도형 중심 : 경사, 고도, 방향, 환경, 토양, 토지이용, 도로, 인조물 등)
시스템의 장점	자료관리 및 처리(법적, 제도적 기반)	자료분석

출처 : Williman 1994, p.200 ; 김영학 2000, p.14 ; 이성화 1999, p.50 재구성

정리하면 여러 공간자료들을 취득하고 DB를 구축하여 다양한 분야에 활용할 수 있도록 하는 공간정보체계(SDI : Spatial Data Infrastructure / SIS : Spatial Information System)의 기본구조를 갖고 있기 때문에 토지정보시스템과 지리정보시스템의 개념이 혼동되어 사용되고 있으나 토지정보시스템은 토지행정과 토지관리 패러다임 속에서 발전되어 토지의 법적, 물리적, 경제적, 사회적 측면의 다양한 정보를 구축하고 서비스를 제공한다. 토지정보시스템의 다양성에 대해서 다우드(Dawood)는 "토지정보시스템의 내용은 개발되는 목적에 따라 다르며, 시스템은 측량자료, 지적, 천연자원, 인공설비, 환경문제, 경제 · 사회 · 정치적 요소들의 자료를 포함한다."고 한다.(Dawood 1987, p.37-38)

(3) 토지정보시스템의 구축방향

기존의 LIS, GIS의 소모적인 논쟁보다는 법률, 행정 및 경제적 의사결정을 지원하고, 개발계획 및 다른 조치 대안의 결과를 평가하기 위해 공간적으로 참조된 토지 관련 데이터를 체계적으로 수집, 갱신, 처리 및 배포할 필요가 있다는 사실을 확립하는 것이 더 중요하다. 신기술, 특히 디지털화(한국에 있어서는 토지(임야)대장 전산화, 지적 · 임야도 도면전산화, 등기부 전산화 등)는 이러한 시스템의 개발 환경을 크게 향상시켰지만, 일부 제한과 조건도 부과하였다.

이에 위어(Weir 1984)는 다음과 같은 방법을 제시하였다.(Larsson 1991, p.4)

토지 관련 정보는 토지의 질서 있고 공정하고 지능적인 사용과 개발에 점점 더 중요해지고 있다. 과거에는 토지 관련 정보가 등록부, 도서, 계획서, 지도(지적도) 등에 수작업으로 수집 · 저장 · 업데이트 · 유통되었다. 현대 기술로, 이러한 활동들은 현재 전 세계에 걸쳐 디지털화 · 자동화되고 있고, 이러한 디지털 데이터로의 전환은 전 세계의 민간, 산업 및 정부 기관들에게 큰 주목을 받고 있다. 시스템은 다양한 재정 시스템, 토지등록 시스템, 개발관리 시스템, 시설관리 시스템, 유틸리티 네트워크 시스템, 도시 및 농촌계획 정보 시스템, 토지자원 시스템, 인구통계 및 사회데이터 시스템, 기본 지리적 또는 좌표 시스템을 포함한다. 효과적이고 효율적이며 양립할 수 있는 토지정보시스템을 구축하는 데 있어 가장 중요한 사항은

① 쉽게 접근할 수 있는 공통 참조 프레임워크가 존재하여야 한다.
② 기존 토지 관련 기능 조정 시 정부의 건설적 조치가 있어야 한다.
③ 등록 · 처리 · 활용 절차 및 용어의 표준화가 선행되어야 한다.

6) 필지기반 토지정보체계의 필요성

인간의 삶과 활동, 그리고 재산의 많은 부분이 특정한 토지와 의미 있는 관계를 가지고 있기 때문에 필지기반 토지정보시스템의 역할이 중요하다. 이는 토지의 소유권, 점유권, 임대권, 주택담보대출 등에서 명백하게 증명되고 있다. 토지는 경제활동의 주요한 자원이기 때문에 경제생활 전체의 영역의 중심이 되므로 누가 그 토지를 처분하고, 그 토지에 권리를 가지고 있느냐 하는 것은 매우 중요한 문제이다. 또 다른 분야로 중세 이전부터 세금은 토지재산에 크게 의존하였고, 납세 장부는 토지 단위에 기초하였다. 이는 건물, 사람 등 다른 분야에서도 마찬가지이다. 따라서 토지, 건물, 사람, 재산, 세금 등을 참조하는 데이터를 통합적인 시스템으로 연계하여야 한다. 이러한 시스템에는 모든 데이터를 공통으로 연결할 수 있는 하나 이상의 식별자가 필요한데, 그중의 하나가 번호가 부여된(지번) 토지, 즉 필지이다. 필지 기록에 다른 정보를 더하면 그 범위와 유용성을 크게 높일 수 있다. 필지를 특정하는 지번은 필지의 지리적 위치를 직접적으로 나타내지는 않지만, 경계점 좌표의 중심 등으로 특정 지점을 만드는 지오코드를 이용하여 정보와 지리적 위치 사이의 직접적인 관계를 만든다. 이러한 방식으로 해당 데이터 시스템에 저장된 모든 정보를 지도에 자동으로 저장할 수 있다. 정보는 더 이상 특정 행정영역에 한정되지 않으며, 어느 영역이든지 정보가 있기 때문에 필지기반 정보시스템은 뛰어난 유연성(융통성)을 가진다.(Larsson 1991, p.7-8)

토지정보시스템의 필요성을 정리하면(김영학 2000, p.16)

① **정책자료의 다양한 활용** : 토지이용계획, 지목별 현황, 국 · 공유지 현황 등 토지 관련 자료를 사회적 · 공공계획에 유용하게 활용한다.
② **민원행정의 신속한 처리** : 지적공부의 열람, 발급 등의 업무가 신속해졌으며, 토지이동, 소유권 변동 등 변동자료의 실시간 갱신처리와 정보처리에 의한 검증이 가능해져 토지행정의 신속 · 정확성이 향상되었다.
③ **국가(지방)행정전산화의 획기적인 촉진** : 한국은 일찍이 토지(임야)대장전산화가 이루어졌고 전자정부와 함께 지적도면전산화, 등기부전산화 등이 이루어지고, ITC와 함께 국가의 다양한 공간정보와 융합하여 의사결정 및 지역현안 해결의 중요한 정보로 활용되고 있다.
④ **토지과세 정의 실현 및 권리보호** : 정보의 정확한 등록과 실시간 갱신체계는 과세표준인 공시지가의 체계적 관리 및 투명한 권리관계 공시로 공평과세와 권리보호를 실현에 기여한다.

7) 토지정보체계의 특성과 식별자의 조건

(1) 특성

앞서 설명한 필지를 기반으로 하는 토지정보시스템의 성격을 지적등록의 6가지 특징인 안전성, 정확성과 신속성, 간편성, 적합성, 저비용성, 등록의 완전성으로 설명할 수 있다.(Simpson 1991, p.17-18 ; 이성화 1999, p.54-55)

① 안전성(Security)

토지의 소유자와 그 토지를 매입하거나 임대한 자, 토지를 담보한 채권자, 토지의 주위 통행 및 용수로 이용자 등 권리를 가진 인근 토지소유자 등이 모두 안전해야 하며, 이들의 권리를 일단 등록하면 불가침의 영역으로서 보호하여야 한다.

② 정확성과 신속성(Accuracy & Expedition)

부정확한 데이터가 등록된다면 진정한 권리의 침해 등으로 선의의 피해자가 발생할 수 있으며, 등록에 있어서 오랜 시간이 소요되는 경우 토지등록 이외에 다양한 문제를 야기할 수 있다. 예를 들면 신규등록, 등록전환 시 지번부여지역 내 최종지번 다음 지번을 부여하는데, 이전의 신규등록필지에 부여한 지번이 정리되지 않아 다음 신규등록 필지의 지번과 중복될 수도 있고, 토지거래 시 소유권 정리가 신속하지 않은 경우 그 허점을 이용하여 이중매매를 할 수도 있다.

③ 적합성(Suitability)

적합성은 현재 존재하는 것과 미래에 발생할 것에 기초하는 것으로, 어떠한 상황에서도 결정적인 요소는 적합해야 하며, 비용, 인력, 전문적인 기술 측면에서 모두 적용될 수 있어야 한다.

④ 간편성(Simplicity)

소유권의 등록은 단순하고, 절차는 명확하고 확실해야 한다. 이는 시스템의 효율성과 수용을 위해 효과적이다.

⑤ 저비용성(Cheapness)

비용은 상대적인 것으로 여러 방법과 비교하여 평가되어야 할 것이다. 토지 소유권은 소급하여 권원을 조사할 필요가 없으므로, 효율적인 토지 소유권 등록을 통해 소유권을 입증하는 것이 최소의 비용으로 구축할 수 있는 방법이다.

⑥ 등록의 완전성(Completeness of the Record)

토지의 등록에 있어서 모든 토지가 완전히 등록되어 있어야 하며, 각 필지의 최신성이 반영되어야 한다. 등록된 토지와 미등록된 토지, 최신성이 반영된 토지와 미반영된 토지로 인한 토지관리의 중복, 혼동이 초래될 수 있고, 토지거래의 안전성 훼손 등의 문제가 발생할 수 있으므로 모든 필지 등록의 완전성이 확보되어야 한다.

(2) 식별자의 조건

지리적인 위치로 유일한 필지에는 하나의 지번이 부여되어 토지대장의 지번과 지적도의 지번, 등기부의 지번, 공시지가의 지번 등이 서로를 공통으로 연결하는 식별자가 되어야 한다. 이러한 식별자의 조건은 다음과 같다.(Dale · Mclaughlin 1998, p.40-41)

① 공공 및 행정가에 의한 사용이 쉬워야 한다.
② 토지소유자가 기억하기 쉬워야 한다.
③ 혼동과 착오의 가능성이 거의 없고 이해하기 쉬워야 한다.
④ 기록된 정보와 현실 사이에 완벽히 일치하며, 유일무이해야 한다.
⑤ 정확하고, 오차 발생 소지를 최소화하여야 한다.
⑥ 분할, 합병 등 토지이동에 따라 갱신이 가능해야 한다.
⑦ 필지 참조가 부동산 매매 등에 변화 없이 영구적이어야 한다.
⑧ 토지행정의 모든 형태에 활용될 수 있도록 충분한 유연성을 갖추어야 한다.
⑨ 디지털 환경(컴퓨터)에서 처리가 쉬워야 한다.
⑩ 도입과 유지하는 데 경제적이어야 한다.

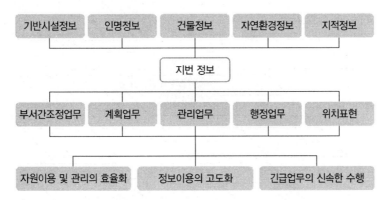

출처 : 이규석 · 황국웅 1994. p.89

상기 그림과 같이 지번은 필지단위의 모든 정보를 연결하는 중심적인 역할을 담당하고 있다. 다음 표를 참고하면 한국의 필지기반 토지정보시스템에서 지번에 의한 식별자는 절대적인 위치를 표시하는 기능이 없기 때문에 주소나 위치식별에 있어서 비효율적이다. 반면에 토지의 등록과 필지식별, 과세에 있어서는 효율적인 기능을 보이고 있다. 이와 반대로 상대적으로 넓은 토지를 관리해야 하는 미국의 경우 격자형 도시체계에 바탕을 둔 지리정보시스템에서의 식별자는 주소와 위치식별이 효율적이지만, 토지등록, 필지식별, 과세에서 비효율성을 보이고 있다.(이규석 · 황국웅 1994, p.88)

구분	한국	미국
토지기록 및 등록	효율적	비효율적
과세	효율적	비효율적
필지 식별	효율적	비효율적
주소	비효율적	효율적
위치 식별	비효율적	효율적

출처 : 이규석 · 황국웅 1994, p.88

토지정보시스템에서 식별자인 지번과 토지 경계가 담긴 지적도는 다음 그림과 같이 기본도가
되어 토지관리, 토지소유권 관리, 도시계획 등 다양한 업무에 활용되고 있다.

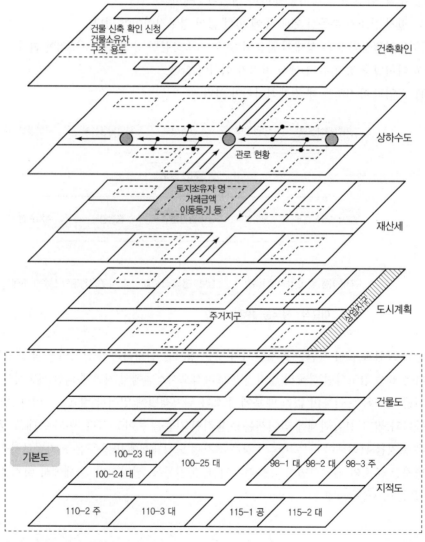

출처 : 市町村土地情報研究會 1997, p.26 ; 이성화 1999, p.67

8) 토지정보시스템의 기능

토지정보시스템의 기능은 다음 그림과 같이 토지정보의 분석기능, 토지정보관리의 수직적 기능, 수평적 기능, 통합적 기능으로 구분된다.(김영학 2000, p.18-21)

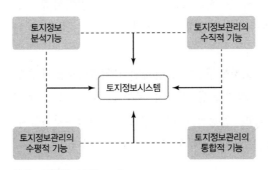

출처 : 김영학 2000, p.17

(1) 토지정보의 분석기능

① 공간자료의 유지 및 분석 : 형태변환, 좌표체계 교환, 지도 투영 간 변환, 동형화, 공간요소 수정, 선형단순화의 기능이 있어야 한다.

② 속성자료의 유지 및 분석 : 속성자료의 갱신을 위한 속성자료의 편집기능과 속성자료의 일정한 조건을 만족시키는 속성자료 검색을 위한 속성질의 기능이 요구된다.

③ 공간 및 속성자료의 통합분석

- 재분류(Reclassification) : 토지이용, 인구밀도 등의 속성정보 변화에 따른 종전의 공간정보를 재구성하는 작업
- 중첩(Overlay) : 도형과 속성자료가 각기 구축된 레이어를 동일 좌표계를 이용하여 중첩시켜 새로운 형태의 도형과 속성 레이어를 생성하는 기능
- 연결성 분석(Distance and Connectivity Measurement) : 일정 지점이나 지역의 표시는 좌표계를 이용한 벡터나 격자구조를 이용하므로 위치의 이동에 따른 일정 속성의 누적된 합계를 이용하여 거리 및 인접범위를 측정하는 분석
- 인접영향분석(Neighbourhood Characterization) : 어느 한 지점과 관련된 주변 지역의 특성과 관련하여 어떤 가치를 표현하는 데 필요한 기능

④ 분석결과의 출력 : 공간분석, 속성분석, 공간 및 속성의 통합분석에 따른 결과가 지도, 문자, 문장, 선형, 그래픽, 도표 등으로 출력되어 인식이 편리하도록 하는 기능이다.

(2) 토지정보관리의 수직적 기능

토지정보시스템의 수직적 기능은 조직구조상 계층에 따른 기능으로 계층별로 전략적 기획, 관리통제, 운영통제, 일선 행정업무 처리를 원활히 수행되도록 지원한다.

① 전략적 기획정보 : 토지정보시스템을 통한 토지 관련 정보의 신속 · 정확 · 적합한 제공은 중앙부처의 정책결정(토지행정 방침 수립, 새로운 토지정책 입안, 정책 또는 사업 간의 조정 등)을 위한 의사결정을 지원하는 역할을 한다.

② 관리통제 정보 : 토지행정부서의 중간관리자 측면에서 토지행정 활동의 성과 측정과 통제조치, 하위관리자들이 적용할 결정규칙들의 설정, 부서활동에 필요한 제방 자원의 배분에 기여한다.

③ 운영통제 정보 : 토지행정실무 담당자인 하위관리자들이 운영통제 하는 데 요구되는 운영통제 정보는 정보의 최신성, 정확성, 표준성, 활용성 등의 조건을 갖춰야 한다.

④ 행정업무처리 정보 : 일상적, 반복적인 토지민원업무처리를 수행하기 위한 지적 및 토지 관련 행정업무를 취급하는 공무원에 적합한 정보이다.

(3) 토지정보관리의 수평적 기능

토지정보시스템의 수평적 기능은 하위 토지행정 부서의 업무분야(토지정책 업무, 토지행정 업무, 민원발급 업무 등)에 따라 달리 지원하는 기능을 말한다.

① 토지정책 업무 : 용도지역 · 지구의 지정, 토지이용 · 개발 · 보전, 토지의 소유 및 거래, 안정적인 지가관리 등에 토지정보를 상호 지원 받는다.

② 토지행정 업무 : 토지거래, 부동산중개업, 외국인 토지관리 등의 허가/신고 업무와 개발부담금 등의 부과 · 징수 업무, 개별공시지가, 토지이용상황 등의 조사 업무, 대장 · 도면의 유지 관리를 위해 토지정보를 상호 지원 받는다.

③ 민원발급 업무 : 지적공부, 공시지가, 도시계획 등 각종 대장 및 도면의 열람 · 발급 업무에 토지정보를 상호 지원 받는다.

(4) 토지정보관리의 통합적 기능

토지정보시스템은 특정한 목적을 위해 수평적 기능과 수직적 기능이 각각 별도로 수행되는 것이 아니라 거의 동시에 수행되는데, 이를 토지정보관리의 통합적 기능이라고 한다. 토지행정부서 하위계층의 업무처리를 위해 관리하는 정보관리 활동이 중앙부처의 정책결정 등의 업무에 활용되는 정보를 제공하게 되므로 토지행정부서 전체가 유기적으로 정보기능을 함께 수행한다.

9) 외국의 토지정보시스템 구축사례

호주, 뉴질랜드, 싱가포르, 프랑스, 오스트리아, 독일, 일본 등 이미 많은 세계 각국의 선진국들은 다음 표와 같이 토지정보시스템을 구축하여 운영하고 있다. 대부분의 국가들이 토지정보시스템에서 기본도가 되는 지적도면의 등록에 있어서 기존의 도면을 전산화하여 등록하는 방식을 취하고 있어, 도면전산화 기반의 호주, 뉴질랜드와 지적재측량을 실시한 싱가포르 사례 위주로 살펴보고자 한다.

국가	사업명	구축 내용
호주	토지정보시스템 구축(LIS)	• 지적전산화(DCDB) • 지형전산화(DTDB) • 등기전산화
뉴질랜드	뉴질랜드 토지정보시스템 구축 (LINZ)	• 지적전산화(DCDB) • 지형전산화(DTDB) • 토지감정평가전산화
싱가포르	통합토지이용시스템 구축 (ILUS)	• LIS구축(지적재조사) • UIS구축
프랑스	지적대장전산화(MAJIC)	• 토지대장전산화 • 온라인 네트워크 구축
	지적도면전산화(P.C.I)	• 지적대장과 도면의 연결 구축
오스트리아	부동산전산화 구축	• 지적전산화(토지·건물) • 지적도면전산화 • 등기전산화
일본	지적조사정보시스템 구축	• 지적조사정보시스템 구축
독일	지적공부전산화(ALB)	• 토지대장전산화
	지적도면전산화(ALK)	• 지적도면전산화

출처 : 이성화 1999, p.85

(1) 호주

호주의 뉴사우스웨일즈주(州)는 주정부 산하에 지적측량에 대한 승인·검사 등의 업무, 수치지적전산화사업(DCDB : Digital Cadastral Data Base), 측지 관련 업무를 담당하는 토지정보센터(LIC : Land Information Center), 토지이동사항에 대한 법적처리, 정리, 등기 관련 업무 등을 담당하는 토지권원사무소(LTO : Land Titles Office)가 지적업무를 담당하고 있어, 한국보다 더 넓은 범위의 업무를 수행하고 있다. 따라서 토지정보시스템의 구축에 있어서도 지적, 지형, 등기 등을 동시에 전산화를 실시하였다. 주의 대도시인 시드니는 주의 정책과 연계하여 지적업무를 담당하며, 1972년부터 시 단위 토지정보시스템 도입연구를 시작하여, 1970년대 후반 주 전체에 대한 토지정보시스템 도입 연구를 계기로 정보화를 위한 기존 제도들의 정비, 측량단위전환(chain → 미터법), 측량기준점 정비 등 사전작업들이 이루어졌고, 1980년대 후반부터 본격적인 구축작업이 실시되었다.(김상수 1997, p.35)

토지관리시스템에는 DCDB, DTDB, 기초점 DB가 구축되어 있어 지적정보와 지형정보가 기초점 DB에 의해 위치가 조정된다. 뉴사우스웨일주의 DCDB는 기존 도면을 독취하여 작성되었기 때문에 시스템 구축에 따른 기간 단축 및 비용의 절감 효과는 있었지만, 기존의 지적도면이 가지고 있었던 오차 등은 개선되지 않아 정확도의 문제가 남아 있다.(이성화 1999, p.68-71)

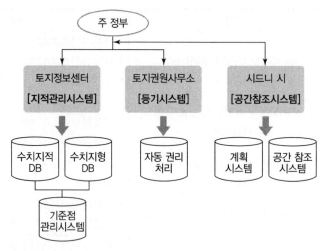

출처 : 이성화 1999, p.70

(2) 뉴질랜드

뉴질랜드는 1972년부터 정보화를 시작하여 1976년부터 사전준비 작업의 일환으로 측량단위 전환(미터법 도입), 전산화를 위한 데이터 정비 등을 실시하였다. 1983년에 뉴질랜드 토지정보 시스템 구축(LINZ : Land Information New Zealand) 계획을 수립하고 실행조직인 토지정보원 (LINZB : Land Information New Zealand Board)을 설립하였다. 1987년부터 수치지적데이터베 이스(DCDB), 수치지형데이터베이스(DTDB)의 구축을 착수하여 아래 그림과 같이 토지거래집 계, 토지등기시스템, 온라인 감정평가 조회시스템을 포함하는 종합토지정보시스템을 구축하 였다. 호주의 영향을 받은 뉴질랜드도 기존 지적도면에서 좌표를 독취하는 방식으로 시스템 구 축에 따른 예산, 시간 절감의 효과는 있었으나 기존 도면이 갖고 있는 오차로 인한 정확도의 문 제는 여전히 남아 있다. 뉴질랜드의 특징은 데이터베이스 구축비용의 부담을 데이터베이스를 이용하는 기관에 부담(사용자 부담 원칙)하도록 한 것이며, 이러한 데이터의 판매가 가능하도 록 하였다.(이성화 1999, p.71-73)

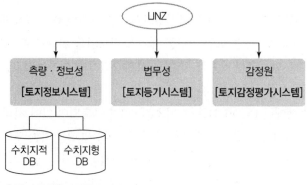

출처 : 이성화 1999, p.72

(3) 싱가포르

싱가포르는 1980년 국토개발성에서 수립한 대민서비스 전산화계획(CSCP : Civil Service Computerization Program)에 따라 업무전산화를 시작하였고, 1983년 정보시스템 계획 수립, 1986년 부터 통합토지이용시스템(ILUS : Integrated Land Use System) 구축을 착수하였다. 국립전산원 (NCB : National Computer Board)이 시스템개발을 담당하고, 법무성 측량국(Department of Survey, 지적담당기관)에서 지적도면 및 문자정보 입력을 담당하였다. 싱가포르는 국토면적이 작고, 80%가 국유지이기 때문에 국토개발에 있어서 정부의 개입이 강한 성격을 지닌다. 이러한 특성에 따라 토지와 건물의 관리에 있어서 지적의 역할이 매우 중요하며, 높은 정확도에 대한 요구가 높았기 때문에 새로운 국가기준체계를 수립하고, 전 국토 중 말레이시아 국경 인근 10%를 제외한 90%에 대하여 미터법을 적용한 수치지적측량을 1980년대 중반까지 실시하였다. 수치지적측량을 실시하지 못한 10% 지역에 대해서는 기존 지적도면에서 좌표를 독취하는 방법으로 데이터를 구축하였다.

ILUS의 구축목적은 사용자에게 토지, 건물, 시설물 등에 대한 정확한 데이터베이스의 제공과 데이터베이스로부터 관련데이터의 이용 제공, 토지·건물 관련 개발의 조정기능 제공, 의사결정 지원 제공, 정보서비스 수준향상 등이다. 따라서 ILUS에 구축된 데이터는 지적, 지형, 토지이용, 도로, 상·하수도, 건물자료(건물형태, 이용상황, 층수 등), 보호구역, 인구밀도, 도시계획, 고용 등 다양하게 구성되어 있다. 이는 작은 국토면적의 효율적인 관리에 유용한 형태이며, 지적재측량을 통해 정확성을 높이는 등 모범적인 종합토지정보시스템 구축 사례로 꼽을 수 있다.(이성화 1999, p.73-74)

2. 구성요소

LIS의 구성요소에는 여러 가지가 있으나 크게 LIS 하드웨어, LIS 소프트웨어, LIS 데이터, 인적자원의 네 가지로 구성된다.(한승희 2014, p.6-9 ; 이성화 1999, p.18-32)

1) LIS 하드웨어

하드웨어는 LIS를 운용하는 데 필요한 입·출력, 연산, 저장 등을 위한 컴퓨터 시스템을 말하는 것으로, 데스크탑 PC, 워크스테이션, 스캐너, 프린터, 플로터, 디지타이저 등이 이에 속한다.

① **입력장치** : 도형정보(종이지도나 도면) 또는 속성정보(문자정보) 등을 컴퓨터에서 이용할 수 있도록 디지털화하는 장비이다. 일반적으로 디지타이저, 키보드, 스캐너 등이 사용된다.
② **저장장치** : 디지털 데이터를 저장하기 위한 장비이다. 일반적으로 자기디스크, 자기테이프(Magnetic Tape), 광디스크, 메모리카드 등이 사용된다.

③ **데이터분석 및 연산장치** : 데이터분석 및 처리를 위한 중앙처리장치(CPU)가 있는 개인용 컴퓨터, 워크스테이션 등을 말한다.

④ **출력장치** : 분석결과를 출력하기 위한 장치로 플로터(Plotter), 프린터, 모니터 등이 사용된다.

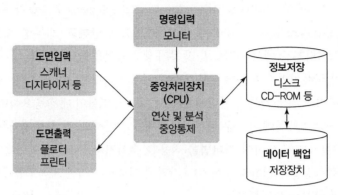

출처 : 김계현 2012, p.17

2) LIS 소프트웨어

LIS에 사용되는 소프트웨어는 토지정보 등의 입력, 편집, 검색, 추출, 분석 등을 지원하는 컴퓨터 프로그램을 말하며, 정보의 입력(Input), 중첩(Overlap), 데이터베이스의 관리, 질의분석(Query & Analysis), 시각화(Visualization) 등의 기능을 수행한다.

① **운영체제(OS)** : 하드웨어를 구동하고, 각종 주변장치제어 등을 위해 운영시스템이 필요하다. MS-DOS, UNIX, Windows 등이 있다.

② **LIS 소프트웨어** : LIS의 자료구축과 자료 처리(입력, 검색) 및 분석 등을 위해 소프트웨어가 필요하다. 자료구축을 위한 소프트웨어로 Autodesk의 AutoCAD, Bentley의 MicroStation이 있으며, 자료 처리 및 분석 등을 위한 소프트웨어로 ESRI의 ArcGIS, Intergraph의 MGE(Modular GIS Environment)와 GeoMedia 등이 있으며, 최근 LIS/GIS 분야에는 다양한 오픈소스 프로그램이 개발되어 활용되고 있는데, 자료보기 및 편집, 분석기능으로 많이 활용되는 것으로 QGIS가 있다.

③ **데이터베이스 관리시스템(DBMS)** : 구축된 자료의 운용, 분석, 처리를 위해 적절한 도구, 규칙, 프로시저를 갖춘 DBMS를 갖춰야 한다. Oracle의 Oracle, Informix Software의 Informix 등이 있다. 공간분야 DBMS는 속성데이터 테이블(소유자 정보 등)이 공간적 위치(좌표 등)와 연결이 되어 있는데, 효율적으로 데이터를 검색하고, 저장하는 기능을 제공한다.

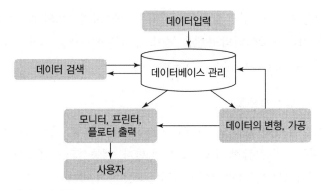

출처 : 김계현 2012, p.17

3) LIS 데이터베이스

LIS 구축에 있어서 가장 많은 시간과 비용이 소요되는 것이 바로 데이터베이스로, 도형정보와 속성 정보를 효율적으로 연결하여 각종 정보의 검색, 수정, 분석을 용이하게 하여야 하며, 사용자의 편리 성을 제공하여야 한다. LIS 데이터베이스 내의 도형정보는 아래 그림과 같이 위치, 위상, 속성과 관련 된 정보를 갖는다.(김계현 2012, p.20)

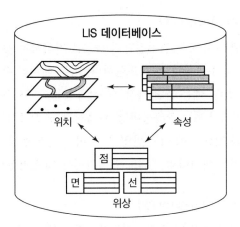

출처 : 김계현 2012, p.20

LIS 데이터베이스의 핵심데이터는 지적공부(토지대장 및 지적도 등)와 등기부이며, 추가적으로 필 요한 속성정보나 최신성을 갖춘 항공사진 등과 같은 지형정보 등이 활용된다. 데이터의 구축을 위한 중요한 사항 중 하나는 바로 표준이다. 데이터의 구축함에 있어서 다른 기준에 의한다면 활용에 있어 많은 어려움이 따를 수밖에 없다. 따라서 1975년 지적법 전문개정 당시 부책식 토지대장에서 카드식 토지대장으로 변경하면서 각종 전산화 코드(예 토지등록구분－1 토지, 2 임야, 3 수치)를 제정하여 카드식 대장을 만들고, 대장전산화를 실시하였다. 또한 면적의 단위를 척관법에서 미터 단위로 통일 시켰다. 지적·임야도면 전산화를 위해서 데이터의 취득부터 무결성 검증까지의 절차에 관한 규정을 제정하여 통일된 하나의 기준에 의하도록 하였다.

LIS의 특성상 속성정보의 정확성과 함께 중요시되는 것이 도형정보의 위치정확성이므로 기준좌표계를 갖추어야 한다. 따라서 데이터의 품질을 높이고, 비용과 시간을 절약하기 위해서 몇 가지 고려해야 할 사항이 있다.(Guptill 1995 ; 한승희 2014, p.8-9)

(1) 이력관리(Lineage ; 계통성)

데이터의 취득방법, 변환방법, 최종데이터에 대한 기록으로, 기본 자료의 생성일자, 갱신일자 등 데이터에 대한 모든 시간적 기록 등도 포함한다. 계통성의 설계로 '누가 데이터를 수집하였는가?(지적기사 홍길동)', '언제 데이터가 수집되었는가?(2024. 10. 5)', '어떠한 방법으로 수집되었는가?(GNSS측량)', '왜 수집하였는가?(지적재조사사업 기준점)', 데이터의 경우에 있어서는 '어떠한 방법으로 변환하였는가?(디지타이징)', '좌표변환에는 어떤 알고리즘을 활용하였는가?(Bursa-Wolf)', '계산의 정밀도는 얼마인가?(소수 두 자리)' 등이 있다.

(2) 위치정확도(Positional Accuracy)

기준좌표체계의 구성과 그 좌표체계에서 실제 현장과 수치화된 공간적 위치의 정확도를 말하는 것으로, 위치정확도는 기본적으로 수평(X, Y), 수직(H) 정확도로 나타난다.

(3) 속성정확도(Attribute Accuracy)

속성이라는 것은 어떤 위치 또는 위치집단의 사실을 기록하는 것으로, 온도 또는 표고 측정 등과 장소에 대한 명칭 및 주변상황 등도 포함한다. 이는 데이터 수집과정에서의 오차의 원인과 해결 등에 활용될 수 있다. 예를 들면 지적기준점측량을 GNSS 측량으로 실시하는 경우 법령에 따른 '위성측량관측기록부'에는 관측장비명, 관측시작 및 종료시간, 상공장애도 등을 기록하여 해당 지점의 관측성과 계산 시에 이를 반영한다. 이는 실제 현장조사를 통해 취득된 사실과 통계적으로 분석하여 얻은 데이터의 신뢰도를 평가하는 데 활용된다.

(4) 논리적 일관성(Logical Consistency)

실제 현장과 기호화된 정보 간의 관계충실도에 대한 설명으로, 실제 현장과 모델 간의 규칙과 일치성을 의미한다. 예를 들면 각각 다른 기준좌표계를 가지고 있는 데이터 간의 호환, 도형정보(공간 데이터)와 속성정보의 구조적 또는 논리적 규칙 등이 일관성이 있어야 한다.

(5) 완전성(Completeness)

실제 현장의 모든 항목에 대해 구축할 수 있는 정도와 모든 가능한 항목을 철저히 규명하는 정도를 나타내는 것으로, 공간적 완전성과 주제적 완전성으로 나뉜다. 공간적 완전성은 구축되는 데이터가 대상지역 전체를 포함하여야 하며, 완전하게 구축되어야 함을 의미한다. 주제적 완전성은 데이터의 응용에 필요한 모든 레이어를 포함하기 때문에 주제적인 완전성의 결정은 쉽지 않다.

이외에도 실제와 모델 간의 갱신되는 시간에 대한 '시간 정확도', 실제 공간적 객체를 얼마나 정확하게 표시하고 명명하는지에 대한 '의미 정확도' 등이 있다. 특히 지적공부에 등록된 객체는 갱신 시간의 정확도, 의미의 정확도가 매우 중요한 요소이다.

4) 인적자원

LIS에 있어서 인적자원은 가장 중요한 요소이다. LIS의 구축을 위한 자료수집과 가공, 관리, 공급 및 활용의 주체가 바로 인간이기 때문이다. LIS 하드웨어, 소프트웨어, 데이터를 인간생활의 현실적인 반영을 위해 전문인력의 육성과 교육이 반드시 필요하다. 인적자원은 크게 일반사용자와 전문가로 나눌 수 있다.

(1) 일반사용자

의사결정을 위해 LIS를 활용하는 집단으로, LIS를 업무의 생산성과 향상, 특별서비스 제공, 의사결정 등에 활용한다. 해당 인적자원으로는 시설물관리자, 자원관리자, 플래너, 과학자, 엔지니어, 법률가, 기업컨설턴트 등이 있다.

(2) 전문가

시스템에 데이터를 입력, 저장, 분석하여 궁극적으로 결과를 도출하는 역할을 한다. 좀 더 세부적으로 나누면, 데이터 수집 등을 위한 지적측량사 등 데이터 취득 전문가가 필요하고, 이를 입력, 처리하는 숙련된 기술자가 필요하다. 또한 구축된 정보를 이용하여 행정사무 등 다양한 분야에 가능하도록 분석 및 활용을 하는 전문가 등이 필요하다. 이러한 전문적인 업무를 진행하기 위해서는 전담조직과 시스템의 전체적인 설계 및 관리를 위한 전문인력이 필요하다. 해당 인적자원으로 지적측량사, LIS관리자, 데이터베이스관리자, 응용전문가, 프로그래머 등이 있다.

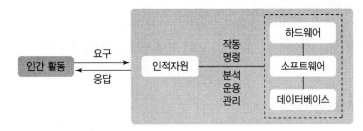

출처 : 이성화 1999, p.28

② 관련 정보 체계

LIS나 GIS 모두 공간이라는 특성 위에 데이터를 수집·관리·활용하고 있기 때문에 전체적인 체계 구성에 있어서 큰 차이는 없으며, 정보시스템 운영을 위한 도구인 SW 또한 동일하게 사용되고 있다. 따라서 이러한 분야를 거시적 관점에서 공간정보체계(SDI : Spatial Data Infrastructure/ SIS : Spatial Information System)로 총화할 수 있으며, 국가적인 차원에서 데이터를 수집·관리·활용체계를 갖춘 것이 NSDI이다. 한국은 NGIS계획에 따라 각 분야별로 데이터를 구축하여 현재는 국가공간정보포털을 통해 다양한 정보를 서비스하고 있다.

이러한 방대한 정보의 구축은 토지정보시스템만으로는 불가능하고, 국토, 환경, 해양, 재난 등 다양한 분야의 각각의 행정을 위한 시스템의 지속적인 데이터의 갱신을 통해 가능하다. 물론 이들 시스템의 가장 기본적인 기술은 LIS/GIS이며, 대상 분야별 기술을 특성에 맞춰 구축된 응용시스템이 관련체계이다. 위치 정확도가 중요한 시설물의 관리를 위한 FM(Facility Management : 시설물관리시스템), 효율적인 도시 운영과 관리를 위한 UIS(Urban Information System : 도시정보시스템), 환경 개선과 효율적인 관리를 위한 EIS(Environmental Information System : 환경정보시스템), 이외에도 DPGIS (Disaster Prevention Geographic Information System : 방재지리정보스템), MGIS(Marine Geographic Information System : 해양지리정보시스템) 등 다양하게 존재한다.(김계현 2012, p.42-49)

1. 시설물관리시스템(FM)

사회 기반 시설인 상·하수도, 전기, 통신, 송유관, 가스 등의 효율적인 관리를 통해 주민의 안전과 편리성 확보를 위한 시스템이다. 특히 지하시설물의 경우 눈에 보이지 않기 때문에 굴착 등으로 인한 사고의 위험에 노출되어 있다. 한국의 NGIS사업 추진 계기도 바로 가스관 폭발사고에서 시작하였을 정도로 시설물에 대한 정확한 위치를 관리하는 것은 매우 중요한 일이다. 물론 지하에는 가스관 이외에도 전선, 통신, 송유관, 난방용 온수관 등 다양한 시설물이 존재하므로 신설, 교체, 수리 등에 있어서 각 시설물의 위치정보를 높은 정확도로 확보하여야 이를 기초하여 시설물 상호 간의 상대적 위치 파악이 가능하게 된다. 아울러 도면관리를 위한 도면작성자동화(AM : Aotomated Mapping)도 있다.

2. 도시정보시스템(UIS)

도시의 현황 파악, 도시계획, 도시정비, 도시행정, 도시방재, 도시기반시설관리 등 효율적인 도시의 운영 및 관리를 위한 종합정보시스템이다. UIS에서는 FM에서 다루는 시설물을 포함하여 건축허가, 개발허가 등 도시계획과 관련된 도시행정 업무 전반을 다루고 있다. 과거 도시계획 도면 등은 종이도면으로 관리되었으나 디지털화 이후 시간 및 인력이 절감되고, 도시계획 수립의 의사결정 지원이 가능해졌다.

도시계획 분야의 UPIS(Urban Planning Information System : 도시계획정보체계)는 국민의 재산권과 밀접하게 관련되어 있는 도시지역의 필지별 토지의 도시계획정보를 입안 · 결정 · 집행 등의 업무 단계별 전산화를 통해 행정기관의 도시계획 관련 의사결정을 지원하는 시스템이다. 이를 통해 시민들은 인터넷 등을 통한 투명한 의사결정 과정과 도시계획정보를 제공받을 수 있다.

3. 환경정보시스템(EIS)

대기오염, 수질, 폐기물 관련 정보 등의 관리를 통해 환경 개선과 효율적인 환경관리를 위한 시스템이다. 환경 개선을 위해서는 오염원에 대한 파악이 선행되어야 하는데, 오염원의 위치를 좌표 형태로 표현하고, 그 범위를 표현함으로써 정량적인 파악이 가능하다. 이러한 데이터의 구축은 오염의 발생과 그 영향을 예측하여 환경을 개선하기 위한 좋은 도구가 된다.

이와 더불어 자연생태계의 수많은 정보의 구축은 생태계의 변화를 사전에 감지하고, 조정 가능한 범위 내에서 관리할 수 있도록 해준다. 최근 인공위성 영상의 고해상도화와 GNSS기술에 의한 위치정보 수집, IoT를 이용한 실시간 정보 수집 등 과학 기술의 발전은 보다 많은 정보의 수집과 각종 의사결정에 있어서 최선의 선택을 하도록 지원해준다.

4. 방재지리정보시스템(DPGIS)

기후변화와 재난 등의 재해 빈도의 증가에 따라 과거에 비해 그 피해규모가 커지고 있다. 특히 도시지역의 경우 이러한 재해의 피해가 배가되는 상황이다. DPGIS는 재해의 효율적인 대응과 피해의 최소화를 위한 예측 및 대응, 복구대책 수립 등의 업무를 위한 시스템이며, DIS(Disaster Information System)라고도 한다. 예를 들어 태풍 등이 남중국해에서 발생한 경우 태풍의 예상 경로를 통해 피해 지역, 규모 등을 사전에 예측하거나 최소화하기 위한 대책을 수립할 수 있다. 관련 시스템으로 기상 변동 추적 및 일기예보, 기상정보의 실시간 처리, 태풍의 경로 추적 및 피해를 예측하기 위한 MIS(Meteorological Information System : 기상정보시스템) 등이 있다.

5. 해양지리정보시스템(MGIS)

해저자원광물의 분포, 수산자원분포, 해저지형정보, 해저지질정보, 해양에너지 조사, 해저영상 수집 등 다양한 해양자료 수집을 통해 해양의 효율적인 관리와 이용을 위한 시스템이다. 다양한 해양 정보를 시스템으로 관리함으로써 효율적인 해양자원의 관리와 해양 개발에 있어서 최적의 의사결정 지원이 가능하다. 특히 국가 간의 어업권 문제라든가 작은 섬 등의 영유권 문제 등 각종 영토분쟁이 심화되고 있어 장기적인 관점에서 국가의 영유권이 미치는 범위뿐만 아니라 주변국의 정보까지 체계적으로 관리할 필요가 있다. 또한 육상의 한정적인 자원의 고갈이 가속화되고 있어 해양 정보 관리의 중요성은 날로 높아지고 있다.

이외에도 다음과 같은 다양한 시스템이 존재하며, 초기에 개발된 다양한 시스템들은 관련성 높은 시스템끼리 통합되어 체계적 · 효율적으로 관리되고 있다.

① DM/MIS(Digital Mapping/Map Information System, 수치지도제작 및 지도정보시스템) : 중 · 소 축척의 지도 제작과 각종 주제도 제작에 활용하기 위한 시스템

② LIS/VIS(Landscape and Viewscape Information System, 조경 및 경관정보시스템) : 경관분석, 조경설계, 자연경관과 경관개선 계획 수립 등에 활용되는 시스템

③ NDIS(Nation Defence Information System, 국방정보체계) : 작전정보, 국방행정정보 등과 DTM (Digital Terrain Modeling)을 활용한 가시도 분석 등 국방에 활용하기 위한 시스템

④ RIS(Regional Information System, 지역정보시스템) : 건설공사 계획 수립을 위한 지형, 지질 자료를 구축하고, 각종 토지이용 계획의 수립 및 관리에 활용하는 시스템

⑤ RIS(Resource Information System, 자원정보시스템) : 광물자원정보, 에너지자원정보, 수자원정보, 농수산자원정보, 산림자원정보 등을 관리하는데 활용되는 시스템

⑥ SIS(Surveying Information System, 측량정보시스템) : 지상측량(측지)정보, 원격탐사정보, 사진측량정보를 체계화하는데 활용되는 시스템

⑦ TIS(Transportation Information System, 교통정보시스템) : 육상, 항공, 해상 교통의 관리, 교통계획 및 교통영향 평가 등에 활용하기 위한 시스템

공간정보시스템 종류를 간략히 표로 정리하면 다음과 같다.

시스템 종류	활용분야
토지정보시스템(LIS) Land Information System	• 다목적 국토정보, 토지이용의 최적 계획수립, 토지부동산 관리, 다목적 지적정보 구축에 활용
도면자동화 및 시설물관리시스템(AM/FM) Automated Mapping and Facility Management	• 도면작성의 자동화 • 상·하수도 시설관리, 전화시설 관리
도시정보시스템(UIS) Urban Information System	• 도시현황 파악, 도시계획, 도시기반 시설관리, 도시행정, 도시방재 등의 분야에 활용
도시계획정보체계(UPIS) Urban Planning Information System	• 도시계획정보의 입안·결정·집행 등의 업무단계별 전산화를 통해 행정기관의 도시계획 관련 의사결정 지원
환경정보시스템(EIS) Environmental Information System	• 대기오염·수질·고형폐기물 처리정보 등의 관리
방재지리정보스템(DPGIS) Disaster Prevention Geographic	• 각종 자연재해방재, 대기오연, 민방공 및 C3I(Command, Control, Communication & Information) 등의 분야 활용 • DIS(Disaster Information System)라고도 함
기상정보시스템(MIS) Meteorological Information System	• 장기 기상변동 추적 및 일기예보, 기상정보의 실시간 처리, 태풍경로 추적 및 피해예측에 활용
해양지리정보시스템(MGIS) Marine Geographic Information System	• 해저영상 수집, 해저지형 정보, 해저지질정보, 해양에너지 등의 조사에 활용 • MIS(Marine Information System)라고도 함
수치지도제작 및 지도정보시스템(DM/MIS) Digital Mapping and Map Information System	• 중·소축척의 지도 제작과 각종 주제도 제작에 활용
조경 및 경관정보시스템(LIS/VIS) Landscape and Viewscape Information System	• 경관분석, 조경설계, 자연경관과 경관개선 계획 수립 등에 활용
국방정보체계(NDIS) Nation Defence Information System	• DTM(Digital Terrain Modeling)을 활용한 가시도 분석, 국방행정관련 정보자료기반, 작전정보의 구축 등에 활용
지역정보시스템(RIS) Regional Information System	• 건설공사 계획 수립을 위한 지형, 지질 자료를 구축 • 각종 토지이용 계획의 수립 및 관리에 활용
자원정보시스템(RIS) Resource Information System	• 농수산자원정보, 산림자원정보의 관리 • 수자원정보, 에너지·광물자원의 경영·관리
측량정보시스템(SIS) Surveying Information System	• 측지정보, 사진측량정보, 원격탐사정보를 체계화
교통정보시스템(TIS) Transportation Information System	• 육상, 항공, 해상 교통의 관리, 교통계획 및 교통영향 평가 등에 활용
도형 및 영상정보시스템(GIIS) Graphic and Image Information System	• 수치영상 처리, 전산도형 해석, 전산지원 설계(CADD), 모의관측분야 등에 활용

출처 : 국토개발연구원 1996, p.27 ; 이성화 1999, p.45 재구성.

단 · 원 · 평 · 가

CHAPTER **01**

01 토지정보시스템의 필요성을 가장 잘 설명한 것은?   [기사 '18년]

① 기준점의 효율적 관리
② 지적재조사 사업 추진
③ 지역측지계의 세계좌표계로의 변환
④ 토지 관련 자료의 효율적 이용과 관리

02 토지정보체계의 특징에 해당되지 않는 것은?   [기사 '21년]

① 지형도 기반의 지적정보를 대상으로 하는 위치참조 체계이다.
② 토지이용계획 및 토지 관련 정책자료 등 다목적으로 활용이 가능하다.
③ 토지 1필지의 이동정리에 따른 정확한 자료가 저장되고 검색이 편리하다.
④ 지적도의 경계점 좌표를 수치로 등록함으로써 각종 계획업무에 활용할 수 있다.

03 토지정보시스템의 발전 과정에 대한 설명으로 옳지 않은 것은?   [기사 '20년]

① 1950년대 미국 워싱턴 대학에서 연구를 시작하여 1960년대 캐나다의 자원관리를 목적으로 CGIS (Canadian GIS)가 개발되어 각국에 보급되었다.
② 1970년대에는 GIS전문회사가 출현되어 토지나 공공시설의 관리를 목적으로 시범적인 개발계획을 수행하였다.
③ 1980년대에는 개발도상국의 GIS 도입과 구축이 활발히 진행되면서 위상정보의 구축과 관계형 데이터베이스의 기술발전 및 워크스테이션 도입으로 활성화되었다.
④ 1990년대에는 Network 기술의 발달로 중앙집중형에서 지역 분산형 데이터베이스의 구축으로 변환되어 경제적인 공간데이터베이스의 구축과 운용이 가능하게 되었다.

04 토지정보시스템의 구성요소에 해당하지 않는 것은?   [기사 '20년]

① 인적자원   ② 처리시간
③ 소프트웨어   ④ 공간데이터베이스

05 다음 중 LIS/GIS의 기능적 요소에 해당하지 않는 것은? [기사 '21년]

① 데이터 생산   ② 데이터 입력

③ 데이터 처리   ④ 데이터 해석

06 도시정보시스템에 대한 설명으로 옳지 않은 것은? [기사 '19년]

① 토지와 건물의 속성만을 입력할 수 있는 시스템이다.

② UIS라고 하며 Urban Information System의 약어이다.

③ 도시전반에 관한 사항을 관리 · 활용하는 종합적이고 체계적인 정보시스템이다.

④ 지적도 및 각종 지형도, 도시계획도, 토지이용계획도, 도로교통시설물 등의 지리정보를 데이터베이스화한다.

07 도로, 상하수도, 전기시설 등의 자료를 수치지도화하고 시설물의 속성을 입력하여 데이터베이스를 구축함으로써 시설물 관리활동을 효율적으로 지원하는 시스템은? [기사 '21년]

① FM(Facility Management)

② LIS(Land Information System)

③ UIS(Urban Information System)

④ CAD(Computer-Aided Drafting)

08 토지정보시스템 구축의 목적으로 가장 거리가 먼 것은? [산업기사 '19년]

① 토지 관련 과세 자료의 이용

② 지적민원사항의 신속한 처리

③ 토지관계 정책 자료의 다목적 활용

④ 전산자원 및 지적도 DB 단독 활용

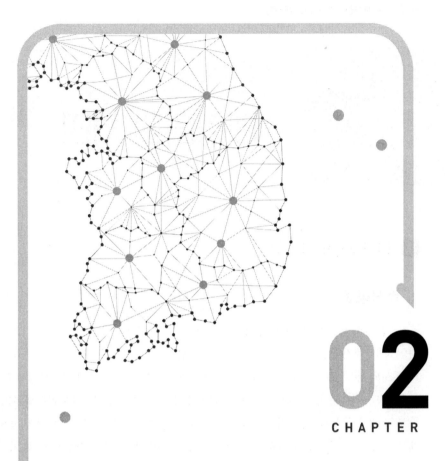

02
CHAPTER

데이터의 처리

02 데이터의 처리

1 데이터의 종류

1. 속성정보

「공간정보의 구축 및 관리 등에 관한 법률」 법 제2조 18호는 지적공부를 "토지대장, 임야대장, 공유지연명부, 대지권등록부, 지적도, 임야도 및 경계점좌표등록부 등 지적측량 등을 통하여 조사된 토지의 표시와 해당 토지의 소유자 등을 기록한 대장 및 도면을 말한다."고 정의하고 있다. 이 중에 속성정보에 해당하는 지적공부는 토지대장, 임야대장, 공유지연명부, 대지권등록부가 있다. 경계점좌표등록부의 경우 공부상 아라비아숫자에 의한 좌표로 기록되어 있으나, 이를 이용하여 도형정보를 만들게 되므로 도형정보로 분류하고자 한다. 물론 도형정보도 속성정보를 다수 가지고 있다.

토지대장 등을 비롯한 속성정보를 가진 지적공부의 등록사항에 대해서는 법 제72조에서 규정하고 있으며, 각 대장별 등록사항은 다음 표와 같다.

등록사항	토지(임야)대장	공유지연명부	대지권등록부
토지의 소재, 고유번호	○	○	○
지번	○	○	○
지목	○	−	−
면적	○	−	−
지적 · 임야도의 번호와 필지별 토지(임야)대장의 장번호 및 축척	○	−	−
필지별 공유지연명부의 장번호	−	○	−
집합건물별 대지권등록부의 장번호	−	−	○
소유자의 성명 또는 명칭, 주소 및 주민등록번호	○	○	○
토지소유자가 변경된 날과 그 원인	○	○	○
소유권 지분	−	○	○
대지권 비율	−	−	○
토지의 이동사유	○	−	−

등록사항	토지(임야)대장	공유지연명부	대지권등록부
토지(기준수확량)등급과 그 설정 · 수정 연월일	○	–	–
개별공시지가와 그 기준일	○	–	–
전유부분의 건물표시	–	–	○
건물의 명칭	–	–	○

1) 토지의 소재와 지번, 고유번호

토지소재라 함은 토지의 위치를 표현하는 것으로 하나의 필지를 지적공부에 등록하기 위해서는 그 위치를 반드시 등록해야 한다. 이는 각 필지별로 부여된 지번과 함께 특정화되는데, 전국의 행정구역별 코드와 결합하여 19자리의 고유번호를 구성함으로써 전국에서 유일무이한 하나의 식별자를 만들게 된다. 이러한 토지 식별자를 토지고유번호(PNU : Parcel Number Unique)라고 하며, 속성정보와 도형정보를 연결하는 역할을 한다.

토지의 소재는 법정행정구역에 따라 결정되며, 행정구역의 최소 단위는 법정동이 되고, 이는 지번을 부여하는 단위이다. 지번은 필지마다 부여하여 지적공부에 등록한 번호로 지번 부여방법은 다음과 같다.

① **지번의 번호를 기재하는 단위에 따라** : 지역 단위법, 도엽 단위법, 단지 단위법 등
② **기번 위치에 따라** : 북동 기번법, 북서 기번법
③ **기번 방향에 따라** : 사행법, 기우법, 단지법 등

한국은 북서 기번법을 규정하고 있으며, 지번의 표기는 아라비아 숫자로 하고(다만, 임야대장에 등록된 토지의 지번은 숫자 앞에 '산'자를 붙여 표시한다), 본번과 부번으로 구성한다. 부번이 구성되는 경우 본번과 부번 사이에 '-'표시를 사용하고 '의'라고 읽는다.

고유번호는 토지의 소재와 대장의 종류, 지번을 결합하여 만든 19자리 코드번호로서 예를 들어 '경기도 화성시 마도면 백곡리 414-1번지(토지대장)'라면 시·도(41, 경기도), 시·군·구(590, 화성시), 읍·면·동(330, 마도면), 리(28, 백곡리), 토지대장(1), 지번 본번(0414), 지번 부번(00001)이므로 고유번호는 '4159033028-10414-0001'로 표현되어 고유성을 지닌 토지로 특정된다. 정리하면 법정동코드[41(경기도) 590(화성시) 330(마도면) 28(백곡리)] + 대장구분코드[1(토지대장)] + 지번[0414(본번) 0001(부번)]으로 구성되며, 법정동코드는 행정구역의 변경에 따라 바뀌게 되므로 행정안전부 행정표준코드 관리시스템에서 확인하여 활용한다.

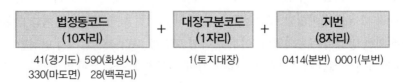

2) 지목

토지의 이용현황에 따라 그 종류를 구분하여 등록하는 명칭을 말하는 것으로 토지의 현황별, 구성 내용별, 지역별, 산업별, 국가 발전별, 이용 공간별 등의 기준에 따라 분류하고 있어 국가마다 분류기준이 다르다. 한국은 법 제2조 제24호에 "토지의 주된 용도에 따라 토지의 종류를 구분하여 지적공부에 등록하는 것을 말한다."고 규정하여 토지 현황별 분류기준 중에서도 용도지목(토지의 용도에 따른 지목)을 채택하고 있다. 지목의 종류는 전·답·과수원·목장용지·임야·광천지·염전·대(垈)·공장용지·학교용지·주차장·주유소용지·창고용지·도로·철도용지·제방(堤防)·하천·구거(溝渠)·유지(溜池)·양어장·수도용지·공원·체육용지·유원지·종교용지·사적지·묘지·잡종지로 구분하여 총 28개의 지목으로 정하도록 하고 있다. 지목의 설정 원칙은 다음과 같다.

① 법에 정한 지목 이외의 명칭으로 정할 수 없다.
② 하나의 필지에는 하나의 지목만을 정해야 한다(일필지 일지목의 원칙).
③ 하나의 필지가 다양한 용도로 사용되는 경우 주된 용도(주지목추종의 원칙), 또는 용도의 경중 (용도경중의 원칙)에 따라 지목을 정해야 한다.
④ 하나의 필지에 도로, 하천, 구거, 제방, 철도용지, 수도용지, 제방 등의 지목이 서로 교차하는 경우 선 등록된 지목(등록선후의 원칙)으로 정해야 한다.
⑤ 하나의 필지가 일시적 또는 임시적인 용도로 사용되는 경우 기존 지목을 그대로 유지(일시변경 불변의 원칙)해야 한다.

토지조사사업 당시에는 18개의 지목으로 구성되었으나 사회 환경의 변화, 산업의 발달 등으로 현재에는 28개의 지목으로 분류하고 있는데, 이러한 지목의 연혁 관리는 전체적인 사회 현상변화를 분석하는 데 유용한 자료가 될 수 있을 것이다.

3) 면적

법 제2조 제27호는 "'면적'이란 지적공부에 등록한 필지의 수평면상 넓이를 말한다."고 규정하고 있으며, 법 제62조는 "면적단위는 제곱미터로 한다."고 규정하고 있다. 따라서 일필지의 경계점(지적·임야도의 도해 형태의 굴곡점 또는 경계점좌표등록부의 좌표형태)을 서로 연결하여 지적공부에 등록한 선인 '경계'를 기준면상에 투영시킬 때의 넓이(면적)를 산정하고, 산정단위는 제곱미터로 하여 등록한다.

1975년 지적법 전면개정 이전까지는 척관법(평(坪)과 정(町)·보(步))에 의한 면적 산정단위가 사용되었고, 폐합다각형을 임의의 삼각형으로 나누어 밑변과 높이를 구하여 면적을 산출하는 삼사법 또는 경계를 따라 측침을 환폐합할 때 회전되는 측륜의 움직임을 측정하여 면적을 산출하는 구적기(Planimeter)에 의한 방법이 사용되었다. 이후 미터법 도입에 따라 척관법에서 미터법으로 면적을 변경·등록하는 과정에서 계산 착오 또는 오기등록 등에 의한 면적 불부합이 발생할 수 있다. 또한 등록

당시 최소단위가 평(坪)이었으므로 이를 제곱미터로 환산하면 당초 3.3m² 단위였던 것을, 현재는 1m² 단위로 등록하게 되므로 면적의 차이가 발생하며, 종이도면에 등록된 경계는 시간이 흐르면서 도면의 신축에 따라 면적의 변동여지가 있으므로 도면독취에 의해 전산화된 도면상의 면적과 대장상에 등록된 면적의 차이가 발생할 수 있다. 따라서 전산화에 있어서 면적측정방법, 단위변환, 도면의 신축 등에 따라 벡터형태로 등록되는 일필지의 산출면적과 대장상 등록면적이 법적으로 허용하고 있는 공차를 초과하는 필지와 공차 이내라도 많은 차이를 보이는 필지에 대해서는 등록당시 자료, 토지이동자료, 면적변환 당시 오류 여부 등 기존자료와 도면 독취과정에서의 오류 여부 등을 면밀히 검토하여야 한다. 조사결과 정정이 필요한 경우에는 법 제84조에 따라 등록사항정정을 하여야 한다.

4) 도면번호와 대장 장번호, 축척

토지(임야)대장에 기재하는 사항으로 대장과 도면(지적도 또는 임야도)의 관계를 나타내기 위해 도면번호를 기재하고, 대장의 매수를 나타내는 장 번호를 기재하며, 도면의 축척을 기재한다. 지적공부의 전산화 이전에는 도면번호, 대장 장번호, 축척도 중요한 하나의 정보가 되었으나, 현재에는 활용성이 거의 사라졌다. 과거에는 축척에 따라 도곽을 구획하고, 이에 따라 도면번호를 부여하여 해당 필지의 효과적인 관리와 쉽게 찾을 수 있는 기능을 가지고 있었으나 현재에는 식별자를 통해 대장과 도면이 연결되어 있어 바로 검색이 가능하기 때문이다.

5) 소유자의 성명, 주소 및 주민등록번호, 토지소유자 변경 날과 사유

법 제64조 제1항은 "국토교통부장관은 모든 토지에 대하여 필지별로 소재·지번·지목·면적·경계 또는 좌표 등을 조사·측량하여 지적공부에 등록하여야 한다."고 규정하고 있다. 하나의 필지를 등록하기 위해서는 시행령 제5조 제1항 "지번부여지역의 토지로서 소유자와 용도가 같고 지반이 연속된 토지는 1필지로 할 수 있다."는 규정에 따라 1필지로 할 수 있는 범위를 특정하여야 하는데, 1필지로 정하는 기준 중의 하나가 바로 동일한 소유자이다. 즉, 1필지가 되는 토지의 범위가 소유자의 영향력이 미치는 한계까지이므로 해당 소유자에 대한 정보(성명, 주소, 주민등록번호 등)의 관리는 매우 중요한 사항이다. 법 제88조 제1항 단서 규정에는 "신규등록하는 토지의 소유자는 지적소관청이 직접 조사하여 등록한다."고 규정하여 새로이 등록하는 토지에 대하여 지적소관청이 소유자를 조사·등록하도록 하고 있다. 지적측량 및 조사를 통해 지적공부가 작성되면, 이를 기초하여 부동산 등기부가 작성되어 관리되며, 등기부상의 소유자 정보가 변경되면, 법 제88조에 따라 등기전산정보자료에 따라 지적공부의 소유자 정보를 변경하고 있다.

토지소유자 변경 날과 사유에 대한 정보의 관리는 부동산 정책에 있어서 매우 유용하게 사용될 수 있다. 가령 정부의 부동산 대책에 따른 부동산시장의 반영 여부를 일정기간 소유자가 변경된 횟수 등을 통해 가늠할 수 있을 것이다.

6) 소유권 지분, 대지권 비율

1필지 토지에 소유자가 둘 이상인 경우 공유지연명부를 작성하고, 각 소유자의 소유권 지분을 기재한다. 또한 부동산등기법에 따라 대지권 등기가 되어 있는 토지에 대해서는 대지권등록부를 작성하고, 대지권 비율을 기재한다.

7) 토지 이동 사유

법 제2조 제28호에는 "'토지의 이동(異動)'이란 토지의 표시를 새로 정하거나 변경 또는 말소하는 것을 말한다."고 규정하고 있다. 따라서 토지 이동 사항인 신규등록, 등록전환, 분할, 합병, 지목변경, 지적공부복구, 구획정리, 경지정리, 해면성 말소, 해면성 복구, 축척변경, 토지개발사업, 지적재조사사업, 등록사항정정, 지번변경과 토지이동에는 해당하지 않지만 중요사항인 행정구역변경, 등기촉탁, 등급, 분할개시결정에 대한 사항을 기록하여 관리한다.

8) 토지등급, 개별공시지가

토지등급 및 기준수확량 등급은 토지조사사업 당시 토지의 과세 근거를 위해 조사한 사항으로 과세대상이 되는 지목 위주로 조사 · 관리되었으나 현재에는 모든 지목에 대하여 개별공시지가를 조사하여 관리하고 있다. 개별공시지가는 공시지가 산정 구역별 표준지를 선정하여 공시지가를 산정하고 이를 기준으로 각 필지별 특성에 따라 산정하는 것으로 종합부동산세, 취득세 등 각종 과세 및 개발부담금, 농지전용부담금 부과 등의 기초자료로 활용되고 있다.

9) 전유부분 건물표시

대지권등록부에 등록되는 사항으로 대지권등록부를 작성해야 하는 토지는 대부분 아파트와 같은 공동건축물에서 구분 소유자가 전유부분을 소유하기 위하여 건물의 대지에 갖는 권리인 대지권이 있는 토지이다. 따라서 해당 토지의 대지권 비율을 산정하고, 해당 대지권을 갖고 있는 건물의 위치를 특정해야 하므로 전유부분 건물표시는 '○○동 ○○층 ○○호'로 표시한다.

상기에 기술된 정보 이외에도 다양한 속성정보가 존재한다. 특히 외국의 경우에는 도시, 산림, 건축, 환경 등의 업무를 병행하는 경우도 많기 때문에 더 많은 속성정보들이 포함되기도 한다.

2. 도형정보

토지정보시스템에서 활용되는 위치정보는 대부분 도면에 의해 표시되기 때문에 도형정보라고도 한다. 현실세계의 현상을 일련의 추상화 작업을 거쳐 도형으로 표현하는 작업을 실시해야 하는데, 이렇게 현실세계의 현상을 도형으로 표현하는 방법에는 벡터방식과 래스터방식이 있다. (이성화 1999, p. 28-29)

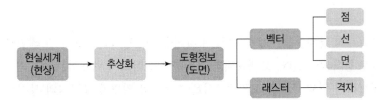

출처 : 이성화 1999, p.29

이러한 도형정보로 사용될 수 있는 자료로서는 지적도와 임야도, 경계점좌표등록부, 기준점 좌표, GNSS 등에 의한 측량성과 등이 있으며, 참고자료로는 행정구역, 용도지구 및 구역, 항공사진 등이 있다. 속성정보와 마찬가지로 외국의 경우에는 도시, 산림, 건축, 환경 등의 업무를 병행하는 경우도 많기 때문에 더 많은 도형정보들이 포함되기도 한다. 지적측량 시행규칙 제5조에는 지적측량방법으로 사진측량을 할 수 있도록 규정하고 있고, 최근 지적재조사사업지구 등에서는 드론영상에 의해 취득된 영상이 적극 활용되고 있다.

1) 지적 · 임야도 등

법 제2조 제19호에 규정된 지적공부 중 도형정보에 해당하는 것은 '지적도, 임야도 및 경계점좌표등록부 등 지적측량 등을 통하여 조사된 토지의 표시와 해당 토지의 소유자 등을 기록한 도면'으로 규정하고 있다. 따라서 도형정보를 가지고 있는 대표적인 공부는 지적도, 임야도, 경계점좌표등록부이며, 공부 등록사항은 다음 표와 같다.

등록사항	지적도	임야도	경계점좌표 등록부
토지의 소재	○	○	○
지번	○	○	○
지목	○	○	–
경계	○	○	–
지적도면의 색인도	○	○	–
지적도면의 제명 및 축척	○	○	–
도곽선(圖廓線)과 그 수치	○	○	–
삼각점 및 지적기준점의 위치	○	○	–
건축물 및 구조물	○	○	–
좌표	–	–	○
좌표에 의하여 계산된 경계점간의 거리	–	–	○
토지의 고유번호	–	–	–
지적도면의 번호	–	–	–
필지별 경계점좌표등록부의 장번호	–	–	○
부호 및 부호도	–	–	○

(1) 경계

경계는 일필지의 경계점을 서로 연결하여 지적공부에 등록한 선으로 도해형태의 굴곡점 또는 좌표 형태로 등록되어 있다. 도해형태의 경계를 전산화하기 위해서는 별도의 좌표가 없으므로 도면을 제작하기 위해 구획된 도곽점 4점을 기준으로 일필지 굴곡점의 상대적 위치를 계산하고, 도곽점의 도곽선 수치를 이용하여 좌표체계상의 좌표로 만들게 된다. 다만, 도면상에서 계산된 굴곡점의 위치는 도면의 보관 상태, 전산화 과정에서 다양한 오차를 가질 수 있기 때문에 전산화 작업에 유의하여야 한다. 또한 전산화된 굴곡점의 위치는 도면상 계산에 의해 만들어진 것으로 실제관측을 통해 만들어진 것이 아니므로 현장과 일치하지 않을 수 있고, 엄밀히 말하면 좌표가 아닌 기존 지적도면의 오차를 그대로 가지고 있는 것이다. 따라서 이를 이용하여 지적측량을 실시하는 경우 등록당시의 측량방법에 따라 성과를 결정하여야 한다.

경계점좌표등록부상에 등록된 좌표는 기준점에 의해 실측으로 만들어진 성과로 현장과 일치하는 성과이다. 따라서 성과결정에 있어서 등록된 좌표대로 결정을 하여야 한다. 물론 현장에 기준점이 존재하지 않는 경우 당초 기준점 설치자료를 조사하여 다시 설치한 후 경계복원 측량을 실시해야 한다. 현장에 경계점표지가 설치된 경우 경계점좌표등록부에 기재되어 있는 좌표에 의해 계산된 경계점간 거리와 일치하는지 여부를 현장에서 점검하여야 한다.

(2) 축척

지적도면의 축척은 1/500, 1/600, 1/1000, 1/1200, 1/2400, 1/3000, 1/6000이 있으며, 임야도면의 축척은 1/3000, 1/6000으로 구분하여 등록하고 있다. 등록된 축척과 상관없이 하나의 좌표체계에 의해 경계가 일치한다면 문제가 없지만 대부분은 도해형태로 각기 다른 축척으로 등록하다 보니 겹치거나 벌어지는 필지가 발생할 수 있다. 이러한 경우 선순위 등록된 경계, 대축척도면, 현장의 상황 등을 기초하여 경계의 등록사항을 정정하여야 도형정보의 무결성을 이룰 수 있다. 토지이동에 있어서 축척을 결정해야 하는 경우로는 신규등록, 등록전환, 축척변경, 도시개발 사업 등에 의한 지적확정, 지적재조사가 있다.

2) 항공사진 등 영상

사진측량방법으로 지적측량을 실시할 수 있으나, 세부규정이 마련되지 않아 사진측량에 의한 지적측량은 이루어지고 있지 않다. 과거 항공기에 의한 사진촬영이 주를 이루던 시기에는 카메라 성능 등에 의한 낮은 정확도, 촬영각도에 의한 측정점 인식불가능 문제(지적측량에서는 건물의 벽체를 측정해야 하는데, 정사영상 제작 시 지붕만 보이게 되는 문제 등), 나무 등에 의한 경계점 인식불능 문제, 사진촬영을 위한 시간 및 경비의 소요 문제, 현장 경계점표지 설치 등 지적측량의 특성상 반드시 현장측량이 이루어져야 하는 문제점 등으로 한국에서는 사용빈도가 높지 않으나, 외국의 경우 사진측량에 의한 토지등록도 이루어지고 있다. 한국에서는 토지정보시스템의 기본도 또는 지적행정, 지적측량업무의 참고자료로 활용하는 경우가 많다.

지적도 등과 영상을 중첩하여 활용하기 위해서는 지상의 객체를 하늘에서 수직으로 내려다본 것처럼 작성한 정사영상, 즉 지형의 높낮이나 기울어짐 등 지형기복에 의한 왜곡을 보정하여 여러 장의 사진을 일정한 규격으로 집성하여 제작된 영상이 필요하다.

정사영상은 일반적으로 위성, 항공기, 무인비행장치(드론) 등의 기체에 장착된 카메라에 의해 일정한 종·횡으로 중복하여 촬영된 영상을 이용하여 만든다. 최근 드론의 발달로 좁은 구역에 대하여 단시간 내에 낮은 고도로 영상을 촬영하여 보다 더 높은 정밀도를 갖춘 영상들이 제작되고 있으며, 이는 국·공유지의 점유현황 파악, 토지개발 사업의 공정 파악, 지적재조사 사업 전·후 비교 및 경계점의 현장 일치 여부 등 다양한 분야에 활용할 수 있다.

3) 기타 데이터

이외에도 법 규정상 건물 또는 지하시설물 등을 지적도에 등록하도록 규정하고 있으므로 이를 등록하여야 하지만, 다음 그림과 같이 건물 등의 시설물이 등록되어 있지 않아 지적도상의 시설물에 의한 데이터 구축은 이루어지지 않고 있다. 그림을 좀 더 자세히 살펴보면, ① 경계, ② 기준점, ③ 건물, ④ 등고선, ⑤ 경사지 표시 같은 지형지물과 ⑥ 도시계획선이 있는 것을 확인할 수 있다.

출처 : 국토정보교육원 국토정보박물관 소장

1910년대 토지조사사업 초기 전라남도 목포시 온금동 지적도

지적재조사법에 따르면 경계를 설정하기 위해 건물과 담장, 둑, 지하시설물, 정화조 등의 위치까지 파악해야 하므로 이러한 정보까지도 등록·관리 한다면 경계의 관리와 분쟁해소에 있어 많은 도움이 될 것으로 기대된다.

❷ 데이터의 구조

현실세계에 존재하는 것들을 LIS에서 관리하고 표현한다는 것은 쉬운 일이 아니다. 앞서 도형정보에 관한 설명에서 현실세계를 표현하는 것은 추상화라는 작업을 거쳐 벡터나 래스터데이터로 만들어지는 과정이 필요하다고 설명하였다. 이러한 절차를 통해 불필요한 데이터를 최소화하고, 컴퓨터 저장용량의 한계를 극복하며, 관리의 효율성을 가져올 수 있다. 여기서 다양한 형태로 보이는 현실을 어떻게 형상화하고, 단순화할 것인가라는 문제는 LIS설계에 있어 중요한 요소이다. 왜냐하면, LIS구축의 기본 목적을 달성하면서도 데이터의 구축뿐만 아니라 분석, 서비스, 활용 등 다양한 후속 업무를 고려해야 하기 때문이다. 또한 해당 데이터의 지속적인 갱신체계를 구축하는 것도 놓쳐서는 안 된다.

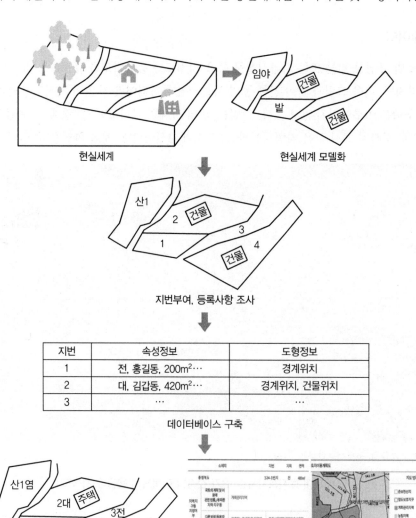

현실세계   현실세계 모델화

지번부여, 등록사항 조사

지번	속성정보	도형정보
1	전, 홍길동, 200m² ···	경계위치
2	대, 김갑동, 420m² ···	경계위치, 건물위치
3	···	···

데이터베이스 구축

데이터 활용

많은 도형객체가 있겠지만, 그중에서 경계를 예를 들면 현실적으로는 울퉁불퉁한 토지의 경계가 규정에 따라 직선화 등의 단순화를 거치게 된다(지적측량시행규칙 제18조 제1항은 거리측정 단위를 지적도를 두는 지역은 5cm, 임야도를 두는 지역은 50cm로 규정하고 있고, 제8항은 평판측량방법을 사용하는 도해지역에서 M(축척분모)/10mm 이내를 지상거리 허용범위로 규정하고 있다. 또한 제9항은 경위의측량방법에 따른 세부측량 시 토지의 경계가 곡선인 경우 직선으로 연결하는 곡선의 중앙 종거의 길이는 5cm 이상 10cm 이하로 규정하고 있다). 이들 도형을 LIS에서 관리하기 위해서는 각각의 정보의 특성에 맞게 벡터 또는 래스터 형태로 구조를 만들어야 한다.

현실세계를 모델화하는 작업을 실시함에 있어서 도형정보는 벡터 또는 래스터데이터 형태로 작성되고, 법령에 따라 일필지 구성요건이 되는 필지별로 지번이 부여되면, 해당 필지의 속성정보(지목, 소유자 등)와 경계를 확정하는 절차를 통해 지적공부가 작성되어 데이터베이스 구축 및 활용을 할 수 있게 된다.

1. 벡터데이터

1) 구성요소

현실세계에 객체 및 객체와 관련된 형상을 도형요소인 점, 선, 면으로 표현하는 방법이다. 이 객체는 모두 좌표를 가진 위치기반의 데이터로 위치를 정확히 표현하기 위해서는 연속적인 좌표계를 사용한다.

벡터데이터의 도형객체는 모두 점, 선, 면의 일반적으로 2차원 평면상의 형태로 표현되며, 점은 하나의 X, Y좌표, 선은 두 개 이상의 X, Y좌표의 연결, 면 또는 폴리곤은 3개 이상의 X, Y좌표들이 모여 닫힌 형태로 이루어져 있다. 따라서 기본적인 도형요소(점, 선, 면)로 공간객체를 분할하고, 공간객체의 표현과 분석을 위해 기하학과 위상관계(Topology)를 사용한다.

벡터데이터의 구성요소는 다음과 같이 정리할 수 있다. (한승희 2014, p.30-32)

(1) 점

① 공간객체의 단순화된 표현으로 0차원의 공간객체로 거리와 폭이 존재하지 않고, 심벌을 사용하여 표현된다(0 또는 무차원 정보).

② 축척에 따라 다양한 공간객체가 점사상(Point Feature)으로 표현될 수 있다.

③ X, Y 수평위치를 통해 특정객체의 공간적 위치를 표현한다.

④ 객체의 공간적 위치정보인 좌표 이외에도 속성정보를 포함한다.

⑤ 점사상은 다른 점사상에 대해 독립적이며, 데이터베이스 모델에서 서로 다른 행에 위치정보와 속성정보가 저장된다.

⑥ 절점(Node)은 0차원으로 위상적 연결이나 끝점을 나타내는 특수한 형태의 점이다.

⑦ 점 사이의 물리적 거리를 관측에는 최근린방법이 사용되고, 대상영역에 존재하는 점의 변이 분석에는 사지수(Quadrat)방법이 사용된다.

(2) 선

① 두 개 이상의 점사상으로 구성된 선형으로 1차원의 길이를 갖는 공간객체로 표현된다(두 점 사이의 최단거리).

② 축척에 따라 선형 또는 면객체로 표현될 수 있다(도로의 경우 대축척에서는 도로 폭이 있는 면객체로 표현되지만, 소축척에서는 선형으로 표현된다).

③ 형태는 선(Line), 선분(Line Segment), 문자열(String), 호(Arc), 링크(Link), 사슬(Chain) 등 다양하다.

- 선(Line) : 일반적으로 1차원적 객체 표시
- 선분(Line Segment) : 두 점으로 이루어진 선
- 문자열(String) : 연속적인 선분을 의미하는 것으로, 노드나 노드의 식별자 또는 좌우측에 존재하는 객체에 대하여 식별자를 갖지 않는 선의 구간들이 연속된 것이다. 문자열은 서로 교차할 수 있다.
- 호(Arc) : 수학적 함수로 정의되는 곡선을 형성하는 점의 집합
- 링크(Link) : 2개의 노드 사이를 연결하는 1차원의 객체로서 에지(Edge)라고도 하며, 방향이 명시된 2개의 노드를 연결하는 링크를 방향성 링크(Directed Link)라고 한다.
- 사슬(Chain) : 각 끝점이나 호(Arc)가 상관성이 없는 경우 직접 연결한다. 사슬은 교차되지 않는 선분 또는 양단이 노드로 연결된 호(Arc)들의 연결로 방향이 주어진 것을 의미한다.

④ 단순한 선이나 사슬 등은 분석 등에서 요구하는 연결성에 관한 공간정보를 가지고 있지 않다.

⑤ 자료구조에 포인터(Pointer)를 삽입하면 선과 선을 연결하여 추적할 수 있는 선형 네트워크를 생성할 수 있다.

⑥ 선형 네트워크의 구성은 선이 교차하는 지점인 노드(Node) 또는 노드와 노드를 잇는 선형 공간객체인 링크(Link)에 의한다.

(3) 면

① 최소 3개 이상의 선으로 폐합되어 폭과 길이가 존재하는 2차원 객체 표현으로 면 또는 면적이 한정된다.

② 대표적인 면사상으로 호수, 산림, 도시 등이 있다.

③ 모든 면적은 다각형으로 표현된다.

④ 지표상의 면형 실체는 축척에 따라 면 또는 점사상으로 표현이 가능하다.

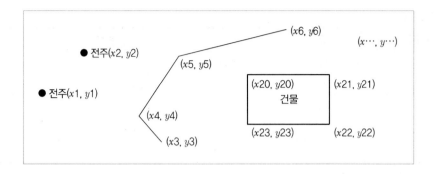

2) 자료 저장방식

(1) 스파게티(Spaghetti) 모형

스파게티 자료는 벡터자료구조에서 공간정보를 저장하는 자료모형의 하나로 점, 선, 면이 단순한 좌표목록으로 저장되기 때문에 위상관계가 정의되지 못하는 구조이다. 따라서 객체들 간에 정보를 갖지 못하고, X, Y좌표의 나열에 의한 선의 연결이다. 스파게티 모형의 특징은 다음과 같다.(김계현 2011, p.161-162)

① 하나의 점(X, Y좌표)을 기본으로 하므로 구조가 간단하다.
② 객체가 좌표에 의한 점, 선, 면으로 저장되며, 위상관계는 정의되지 않는다.
③ 폴리곤으로 만들어지는 인접한 공통의 경계는 각각의 폴리곤에 대하여 기록되어야 하므로 중복되어 기록된다.
④ 상호 연관성 정보가 없으므로 인접 객체들의 특징과 관련성, 연결성, 계급성 등은 파악이 힘들다.
⑤ 장점 : 자료구조가 단순하여 파일용량이 작으며, 지도를 인쇄하는 단순 작업 등에서 효율적인 도구로 사용된다.
⑥ 단점 : 객체들 간의 공간관계가 설정되지 않아 필요한 정보를 별도로 제공해야 하므로 공간분석에 비효율적이다.

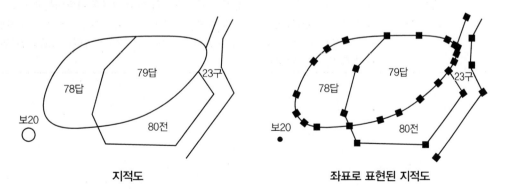

지적도   좌표로 표현된 지적도

▶데이터 구조

구분	ID	위치
점	보20	X Y (Single Point)
선	23	$X_1 Y_1, X_2 Y_2, \cdots, X_n Y_n$ (String)
면	78	$X_1 Y_1, X_2 Y_2, \cdots, X_n Y_n$ (Closed Loop)
	79	$X_1 Y_1, X_2 Y_2, \cdots, X_n Y_n$ (Closed Loop)
	80	$X_1 Y_1, X_2 Y_2, \cdots, X_n Y_n$ (Closed Loop)

출처 : 김계현 2011, p.161

(2) 위상(Topology) 모형

위상 자료는 공간상에서 객체들 간의 관계를 설명하는 것으로, 벡터구조에서 공간정보를 이용하여 다양한 분석을 위해서는 각 폴리곤의 형상과 인접성, 계급성(또는 포함관계) 등에 대한 정보를 필요로 하는데, 이를 위상 모형이라 한다. 위상 모형의 특징은 다음과 같다.(김계현 2011, p.162-165)

① 점, 선, 면으로 객체 간의 공간관계를 파악할 수 있어 매우 유용한 데이터 구조를 가지고 있다.
② 기본적인 구조는 점으로 표현되며, 점들을 직선으로 연결하여 객체를 표현할 수 있다.
③ 폴리곤 구조는 형상, 인접성, 계급성의 특성을 지닌다.

특성	내용
형상 (Shape)	폴리곤이 갖는 공간적 형태로, 형상에 따라 점간 거리와 면적을 계산할 수 있다.
인접성 (Neighborhood)	경계를 접하고 있는 폴리곤 간의 관계로, 인접되어 점이나 선을 공유하는 폴리곤에 대한 자세한 사항이 파악되어야만 인접성 파악을 정확히 할 수 있다.
계급성 (Hierarchy)	폴리곤 간의 포함관계를 나타내는 것으로, 행정구역 경계의 경우 '리 경계'가 '읍 · 면 · 동 경계'에 포함되고, '읍 · 면 · 동 경계'는 '시 · 군 · 구 경계'에 포함되고, '시 · 군 · 구 경계'는 '시 · 도 경계'에 포함되는 등 포함 여부를 나타내는 것을 말한다. 지적도면에서도 임야 안에 작은 묘지가 별도의 필지를 이루는 경우 홀 필지인 묘지는 작은 하나의 폴리곤으로 표현되고, 임야도 큰 하나의 폴리곤으로 표현되어 묘지 폴리곤을 포함한다.

④ 관계형 데이터베이스를 이용하여 다량의 속성 자료를 공간객체와 연결할 수 있으며, 자료 검색이 편리하다.

⑤ 많은 분야에서 위상정보를 바탕으로 분석이 이루어지며, 위상 모형에서 제공되는 각 공간 객체 사이의 관계는 인접성, 연결성, 포함성 등의 관점에서 묘사된다.

구분	예시	내용
인접성	A B	• 두 개의 객체가 서로 인접하는지를 판단한다. • 폴리곤 A, B는 인접관계
연결성	node1 A B C	• 두 개 이상의 객체가 연결되어 있는지를 파악한다. • 노드 1 : 체인 A, B, C와 연결 • 체인 A : 체인 B, C와 연결
포함성	A B	• 특정 영역 내에 다른 객체가 포함되는지를 판단한다. • 폴리곤 A는 폴리곤 B 포함

출처 : 지종덕 2012, p.183 ; 한승희 2014, p.47

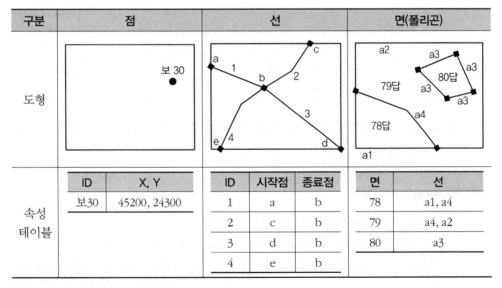

구분	점		선			면(폴리곤)	
도형	보 30 ●		(도형)			(도형)	
속성 테이블	ID	X, Y	ID	시작점	종료점	면	선
	보30	45200, 24300	1	a	b	78	a1, a4
			2	c	b	79	a4, a2
			3	d	b	80	a3
			4	e	b		

출처 : 김계현 2011, p.164, 이희연 2005, p.184

위상 모형은 좌표데이터를 사용하지 않고도 인접성 분석, 연결성 분석 같은 공간분석이 가능하다는 장점을 가지고 있다. 반면, 초기 위상의 정립에는 편집을 위한 많은 시간소요와 컴퓨터 프로그램 등에 많은 비용이 소요되는 단점이 있다. 또한 새로운 도면의 제작이나 기존 도면의 갱신에 있어서 위상정립을 위한 단순작업이 반복되는 문제가 있다. 따라서 위상 정립과 효율적인 갱신을 위한 시스템이 마련되어야 한다.(김계현 2011, p.165-166) 현재 지적공부의 갱신체계를 살펴보면 어느 필지가 2필지로 분할되는 경우, 토지이동 결의서에 따라 대장정보를 갱신하고, 측량결과도의 결과파일을 검사한 후 지적도를 갱신하게 된다. 지적도의 갱신이 완료되면, 지적도를 기초하여 연속지적도를 자동으로 갱신할 수 있도록 시스템체계를 갖추고 있다.

3) 파일형식

벡터 데이터를 생성하고 출력 및 분석하는 소프트웨어는 다양하며, 소프트웨어마다 각기 다른 파일형식으로 저장된다.(한승희 2014, p.32-34 ; 이강원 · 손호웅 2016)

(1) Shape 파일형식

① 현재 ArcGIS, QGIS 등 공간정보 소프트웨어에서 가장 보편적으로 활용되고 있는 파일형식으로 ESRI사 ArcView에서 사용되는 자료형식이다.

② 비위상적 위치정보와 속성정보를 포함한다.

③ 위상구조가 아니기 때문에 컴퓨터 화면상 출력 및 편집 속도가 빠른 장점이 있다.

④ 파일은 공간 데이터 정보가 있는 shp, 공간정보 인덱스 정보가 있는 shx, 속성정보가 있는 dbf 파일로 구성되어 있다.

유형	기능
.shp	공간 데이터 정보(점, 선, 면 등)를 저장
.shx	공간정보 인덱스 저장
.dbf	속성정보 저장

⑤ 국가공간정보포털에서 서비스하는 연속지적도 등 대부분의 벡터 데이터는 Shape 파일형식으로 제공하고 있다.

(2) Coverage 파일형식

① ESRI사 ArcInfo에서 사용되는 자료형식이다.

② 공간관계를 정의한 위상구조를 사용하여 벡터 데이터를 저장한다.

③ 공통된 공간객체 클래스(Point, Arc, Node, Annotation, Polygon, Label Point)로 구성되어 있다.

④ Coverage 파일을 하나의 파일로 내보내기 위한 E00 파일형식이 있다.

(3) CAD 파일형식

① Autodesk사 AutoCAD용 자료파일을 다른 그래픽 체계에서 사용할 수 있도록 하는 도면교환 형식으로 DWG, DXF 등의 파일형식이 있다.

② DXF 파일은 단순한 공간객체의 위상관계를 지원하지 않는 단순한 아스키(ASCII) 파일이다.

③ DXF 파일은 거의 대부분의 공간정보 소프트웨어와 영상해석 소프트웨어, 원격탐사 소프트웨어 등에서도 사용할 수 있다.

④ 지적도면 전산화 사업에서 종이도면을 벡터라이징 후 편집 작업을 위해 DXF 파일형식으로 저장하였다.

(4) TIGER 파일형식

① TIGER는 Topologically Integrated Geographic Encoding and Referencing System의 약자이다.

② 1990년도에 미국에서 인구를 조사하기 위해 인구조사 사무국(U.S Census Bureau)과 USGS (U.S Geological Survey)가 공동으로 만든 미국 전 국토를 포괄하는 벡터 파일형식의 종합 수치 거리 지도이다.

③ 미국의 가구 단위와 그룹쿼터를 위해 주소 목록을 편집 · 확인 · 코드화한다.

④ TIGER 파일형식은 위상구조를 포함하고 있다.

(5) VPF 파일형식

① VPF는 Vector Product Format의 약자이다.

② 미국 국방성 NIMA(National Imagery and Mapping Agency)에서 군사적 목적으로 개발한 벡터형 파일형식으로 현재 NATO 표준형식으로 사용된다.

③ 지리 관계형 자료모형을 기반으로 하여 대규모 지리정보 데이터베이스를 위한 표준파일형식을 기본으로 하고 있다.

④ 표와 색인을 통해 사상의 공간적 위치와 주제 항목의 직접적 접근이 가능하다.

구분	내용
VPF 자료구조	디렉토리, 표, 색인 등으로 구성
표	사상, 속성, 위치, 기하학적 형태, 위상 등에 관한 정보가 아스키 또는 바이너리 형태로 저장

⑤ 노드, 에지, 페이스로 표현되는 벡터형식으로 다양한 유형의 공간정보와 사용할 수 있다.

(6) DLG 파일형식

① DLG는 Digital Line Graph의 약자이다.

② 미국의 USGS에서 지도학적 정보를 표현하기 위해 개발한 벡터 파일형식이다.

③ USGS에서는 1 : 25,000, 1 : 100,000, 1 : 240,000의 세 가지 축척으로 제공하며, 아스키 문자형식으로 구성된다.

④ 점, 선, 면 모두 공간적인 관계를 가진다. 즉, 위상구조를 가진다.

⑤ 데이터는 주로 지도제작용 자료인 인쇄 원도를 디지타이징 하여 교통, 수문, 등고선과 공유지의 측량경계와 같은 기본도의 자료를 포함한다.

(7) GeoJSON 파일형식

① 위치정보를 갖는 점을 기반으로 체계적으로 지형을 표현하기 위해 설계된 개방형 공개 표준 형식이다.

② 지리좌표계의 점을 기반으로 Geocoding된 지형지물(주소 및 위치), 라인스트링(LineString : 거리, 고속도로, 경계 등의 정보가 있는 문자열) 또는 폴리라인, 다각형(국가, 도시, 토지) 및 이러한 유형의 여러 부분으로 구성된 모음을 특징으로 한다.

③ 적은 양의 데이터로 스마트폰용 공간정보 App에서 사용이 용이하도록 한다.

2. 래스터데이터

데이터 범위 전체 면을 일정한 크기의 셀(Grid, Pixel) 모양으로 분할하고, 분할된 공간에 속성 값을 입력하는 방식이다. 기존 도면을 스캐닝한 자료, 위성 · 항공 · 드론 등으로 사진촬영을 통해 얻어진 영상 등이 이에 해당한다. 8비트 흑백영상은 0~255단계의 흑백계조(Gray Level)로 표현하고, 컬러영상은 R, G, B 각각의 0~255단계의 값이 있고 이를 합성하여 1,024개의 컬러를 표현한다.(한승희 2014, p.34) 지적도면전산화사업에서 지적도를 스캐닝하여 8비트 흑백영상 파일을 만든 후 화면스크린 디지타이징 방식에 의해 벡터라이징 작업을 실시하였다. 이때 주의할 점은 도곽선의 색상이 붉은색이므로 정상적으로 스캐닝되지 않거나, 장기간에 걸친 빈번한 도면의 사용 등으로 지적도상 경계 인식이 어려운 경우가 발생할 수 있으므로 도곽선 등이 선명히 스캐닝되도록 도면정리 작업을 실시한 후 스캐닝 작업을 실시해야 한다.

1) 특징

(1) 장점

① 간단한 자료구조를 가지고 있으며, 지도의 중첩 등에 대한 조작이 용이하다.

② 셀 단위의 연산으로 다양한 공간분석을 쉽게 할 수 있다.

③ 동일한 크기와 형태의 공간단위를 갖기 때문에 중첩이나 시뮬레이션에 용이하다.

④ 스캐닝이나 영상(위성촬영, 항공촬영, 드론촬영) 등에 의해 쉽게 자료 취득이 가능하다.

⑤ 자료의 조작과정과 수치영상의 질을 향상시키는 데 매우 효과적이다.

(2) 단점

① 자료의 양이 크다. 가령 어떠한 객체를 표현하기 위해서는 일정한 셀의 개수를 필요로 하게 되는데, 셀의 숫자를 줄이면 데이터의 용량은 줄겠지만 너무 단순화되어 객체를 인식하기 어렵게 되고, 셀의 숫자를 늘리면 세밀해져서 현실에 가깝게 표현할 수 있지만 데이터 용량이 기하급수적으로 커지기 때문에 적절한 해상도를 유지할 필요가 있다.

② 객체 단위의 편집(선택, 이동, 삭제, 입력 등)이 어렵다.

③ 위상적인 관계설정이 되지 않기 때문에 공간적 관계분석이 불가능하다.

④ 셀 단위이기 때문에 출력의 질이 저하될 수 있으며(선과 경계가 셀에 맞춰 사각형의 각진 모양으로 나타남), 객체단위로 속성을 연결하기 어렵다.

⑤ 투영변환에는 특수한 알고리즘이나 하드웨어를 사용해야 한다.

(3) 래스터데이터의 공간분할 방법

래스터데이터의 공간분할 방법은 다음 그림과 같이 정사각형, 삼각형, 육각형 모양을 사용하며 각각의 장단점은 다음 표와 같다.

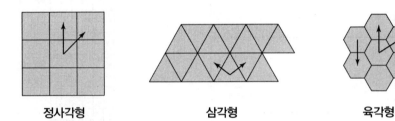

| 정사각형 | 삼각형 | 육각형 |

출처 : 한승희 2014. p.36

구분	장점	단점
정사각형	• 데이터의 저장형태, 행렬식, 좌표체계 정의가 용이함	• 인접 픽셀 간의 대각선 길이와 수평 길이가 다름
삼각형, 육각형	• 인접 픽셀 중심 간의 거리가 동일함	• 각 픽셀을 세분하는 경우 크기가 달라짐 • 좌표계 정의가 어려워 데이터 구조가 복잡해짐

2) 포맷형식

일반적으로 위성, 항공, 드론에 의한 사진촬영에 있어서는 CCD센서와 초점거리, 비행고도 등이 취득될 이미지의 해상도를 좌우하게 된다. 비행고도가 낮을수록 고해상도의 이미지를 취득할 수 있지만 과학기술의 발달로 CCD센서의 성능이 상당히 개선됨에 따라 위성에서도 높은 해상도를 취득하고 있다. 따라서 이러한 고해상도 영상의 처리를 위해서는 하드웨어(컴퓨터 사양, 그래픽 카드 성능 등)

의 성능을 높여 어느 정도 처리속도를 높일 수 있으나, 대용량의 영상을 빠른 시간 내에 화면에 디스플레이 하거나 영상처리를 하는 것은 어렵기 때문에 독특한 방식의 포맷형식을 사용한다. 영상 자료의 획득에 사용한 특정한 파장대를 밴드(Band : 대역)라고 부르며, 이들 각 밴드의 영상 자료는 동일 지역을 나타내는 독립적인 영상 자료로 저장된다. 밴드의 특성을 이용하여 일반적으로 BSQ(Band SeQuential format), BIL(Band Interleaved by Line format), BIP(Band Interleaved by Pixel format)의 포맷형식을 사용한다.(이강원 · 손호웅, 2016)

(1) 대역별 형식(BSQ, Band SeQuential format)

BSQ 방식은 각각의 밴드 영상을 그 순서에 따라 밴드 단위로 순차 저장하는 것이다. 즉, 각 밴드의 영상자료를 독립된 파일의 형태로 만들고, 순차적으로 기록한다. 따라서 영상자료 처리 시 관측된 자료 중 일부의 밴드만 이용하는 경우에 편리한 장점이 있으나 두 밴드 이상(다중 대역)의 영상을 읽어서 분석하는 경우는 각각의 밴드를 모두 읽어야 하는 단점이 있다.

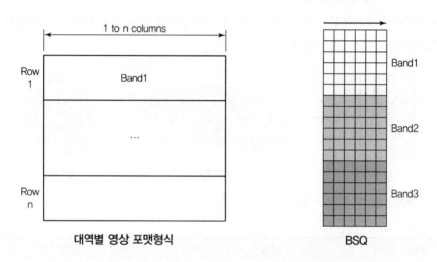

대역별 영상 포맷형식   **BSQ**

(2) 선 대역별 형식(BIL, Band Interleaved by Line format)

첫 번째 주사선(Scan 라인 또는 선)에 해당하는 첫 번째 밴드의 영상자료를 기록한 후 밴드 순서에 따라 차례대로 기록하여 마지막 밴드까지 기록되면, 다음 주사선의 영상자료를 동일방식으로 순차적으로 기록하는 방식이다. 즉, 각 밴드의 라인별로 교대하여 저장되는 형식이다.

BIL 형식의 저장 방식은 BSQ와 BIP의 장점을 갖고 있으며, 효율적인 처리가 가능하다. 지상을 스캐닝하는 위성영상 획득방법과 유사하여 일반적으로 다중 밴드 영상자료의 저장에 가장 많이 사용된다.

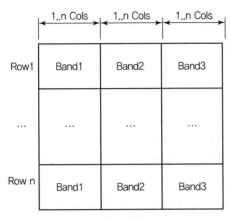

선 대역별 포맷형식

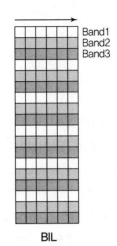

BIL

(3) 영상소 대역별 형식(BIP, Band Interleaved by Pixel format)

BIP 방식은 BIL 방식과 거의 유사한 방식으로 주사선이 아닌 픽셀의 정보를 밴드 단위로 저장한다. 영상자료를 라인별, 밴드별, 픽셀별로 배열하기 때문에 다파장 영상분석 및 주성분 분석 등 모든 화소 값을 활용하는 경우 효율적인 장점이 있으나 일부 파장대만 사용하는 경우 처리속도가 늦어져 효율성이 떨어지는 단점이 있다.

영상소 대역별 포맷형식

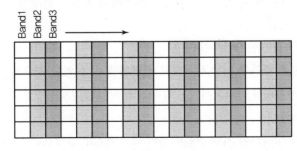

BIP

3) 파일형식

래스터데이터의 파일형식은 TIFF, GeoTiff, JPEG, GIF, BMP, PNG, PCX, BIIF 등이 있다.(이강원 · 손호웅 2016 ; 한승희 2014, p.38-39)

(1) TIFF(Tag Image File Format)

① 래스터데이터를 저장하는 산업체 표준 파일형식이다.

② MS와 Aldus(현재 Adobe)에서 공동으로 개발한 그래픽 파일형식으로, 서로 다른 기종 간의 그래픽 자료 교환을 목적으로 개발되었다.

③ TIFF 흑색과 백색, 명암 단계, 유사 색상, 실제 색상 영상을 지원하며, 모두 압축 또는 비압축 형식으로 저장할 수 있다. 즉, 흑백 또는 중간 계조의 정지 영상을 스캔하여 저장하거나 교환하는 데 활용된다.

④ 전자 출판에서 일반적으로 사용되며, 다수의 주사기, 그래픽 패키지 등과 호환된다.

(2) GeoTiff(Geographic Tagged Image File Format)

① 지리 참조 정보를 좌표가 등록되어 있는 TIFF에 포함할 수 있는 파일형식이다.

② 파일헤더에 거리참조를 가지고 있다.

③ OGC표준으로 발표된 것으로 래스터데이터의 공동이용 및 제공하기 위해 데이터 공급자, 사용자, 소프트웨어 개발자가 합의하여 개발 · 유지한다.

(3) GIF(Graphic Interchange Format)

① 1987년 미국 CompuServe사가 개발한 파일형식으로, 웹, 인터넷 서비스 등 네트워크상에서 그래픽을 압축하여 빠르게 전송하려는 목적으로 개발되었다.

② 네트워크상 전송의 편리를 위해 압축률을 우선적으로 고려하여 개발되었다.

③ 장점 : 비손실 압축 알고리즘을 사용하는 무손실 압축 포맷이므로 이미지 저장 시 기본적으로 원본 데이터와 달라지는 손실이 발생하지 않는다.

④ 단점 : 지원되는 색상이 256색밖에 되지 않아 그 이상의 색을 지원하는 이미지를 GIF 포맷으로 저장하면 256색상으로 변환하는 과정에서 손실이 발생할 수 있다.

(4) PNG(Portable Network Graphics)

① GIF 파일을 대체하기 위한 목적으로 개발된 특허가 없는 자유로운 파일형식이다.

② GIF 파일보다 10~30%의 개선된 압축 효과, 개선된 투명 특성, 손실 없는 압축 등의 강점을 가지고 있다.

③ GIF 형식을 대체하기 위해 만들어졌기 때문에 GIF 형식보다 확장된 기능을 가지면서 보다 효율적이다.

(5) JPEG(Joint Photographic Experts Group)

① 사진 영상의 저장을 위해 개발된 교차 플랫폼 파일형식이다.

② JPEG는 '자연적인' 실세계 장면의 완전 컬러 또는 그레이스케일 디지털 영상의 압축을 위해 설계되었으며, 사용자가 직접 압축률을 지정하여 압축할 수 있다.

③ 장점 : 원본과 큰 차이 없이 압축률을 높일 수 있으므로 웹 등에서 최적이다.

④ 단점 : 인쇄, 출력 시에는 압축으로 손상된 컬러와 형태가 그대로 인쇄된다.

⑤ GIF 형식과 비교하면 압축률이 뛰어나 작은 용량으로 저장하는 장점이 있으나, 배경을 투명하게 지원하지 않는 단점이 있다.

(6) BMP(Bit Map Protocol)

① Windows 및 OS/2 운영체제에서 사용되는 비트맵데이터를 표현하기 위해 MS사에서 정의한 파일형식이다.

② 단색 및 컬러의 2차원 디지털 이미지를 다양한 색상 심도로 저장할 수 있으며, 선택적으로 데이터 압축, 알파 채널 및 색상 프로필을 사용할 수 있다.

③ 그래픽 파일의 저장형식 중 가장 단순하다.

④ 원시적인 압축알고리즘으로 타 파일형식에 비해 이미지 저장 시 파일크기가 커지는 단점이 있다.

(7) PCX

① Zsoft사가 PC 페인트 브러시용(DOS 기반의 그래픽 프로그램)으로 개발한 파일형식이다.

② Windows 이전까지 비트맵 그래픽의 사실상 표준으로 사용된 가장 오래된 파일형식 중 하나이다.

③ 일반적으로 2색 또는 4색에서 16색 및 256색까지의 팔레트 색인 이미지가 저장되지만, 형식은 트루 컬러(24비트) 이미지도 기록할 수 있도록 확장된다.

④ BMP 형식과 비교하면 그래픽 압축 시 Run length Code를 사용하기 때문에 디스크 공간 활용이 효율적이다.

(8) BIIF(Basic Image Interchange Format)

① 미연방 지리정보위원회(FGDC : Federal Geographic Data Committee)에서 발행한 국제 표준 영상 처리와 교환 영상 데이터의 표준이다.

② 미국 국방성에 의하여 개발되고 NATO에서 채택된 NITFS(National Imagery Transmission Format Standard)를 기초로 제작되었다.

③ 영상 데이터를 매개로 정보의 교환 및 통합을 목적으로 개발되었다.

4) 압축형식

래스터데이터는 다음 그림과 같이 많은 자료의 중복으로 데이터의 양이 커지고, 많은 저장 공간을 필요로 하는 단점이 있다. 따라서 용량을 줄여 데이터를 압축하는 요구 및 연구가 지속되었으며, 특히 원본 데이터의 본질을 유지하면서 압축하는 방법에 연구가 집중되어 Run Length Code, Quadtree, Chain Code, Block Code 등이 활용된다.(한승희 2014, p.40-42 ; 이강원 · 손호웅 2016)

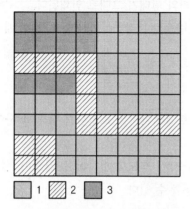 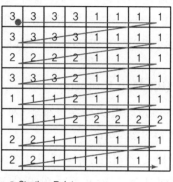

참조 : 스위스 디지털고도 모델(DHM25−Matrixmodell(데시미터))

출처 : http://www.gitta.info/DataCompress/en/html/rastercomp_chain.html

(1) 연속 분할 부호화, 런랭스코드(Run Length Codes)

동일 값(Run)을 갖는 동일한 셀의 수(Length)라는 의미로, 동일한 수치 값을 갖는 첫 번째 셀부터 마지막 셀까지를 카운팅하여 압축하는 방식이다. 지리적 데이터는 공간적으로 자기 상관되는 것으로 가까운 객체는 비슷한 속성을 갖는 경향을 이용한 방식으로 다음 그림과 같이 압축된다.

특징은

① 각 행마다 왼쪽에서 오른쪽으로 진행하여 동일한 수치 값을 갖는 셀들을 묶어 압축한다.

② Run은 하나의 행에 동일한 수치 값을 갖는 셀을 말하며, Run에 해당되는 속성 값은 한번만 저장하고 Run의 길이와 위치가 저장된다.

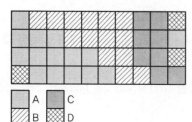

Codes − I
Row 1 : 1A ; 6B ; 2C ; 1D
Row 2 : 3A ; 4B ; 2C ; 1A
Row 3 : 5A ; 2B ; 2C ; 1D
Row 4 : 1D ; 5A ; 2B ; 2C

Codes − III
1A ; 6B ; 2C ; 1D ; 3A ; 4B ; 2C ; 6A ; 2B ; 2C ; 2D ; 5A ; 2B ; 2C

Codes − II
A1, B7, C9, D10
A3, B7, C9, A10
A5, B7, C9, D10
D1, A6, B8, C10

출처 : http://www.gitta.info/DataCompress/en/html/rastercomp_chain.html

(2) 사지수형, 쿼드 트리(Quadtree)

공간을 4개의 정사각형 모양의 계층적으로 세분하여 사분면이 유일한 값을 가질 때까지 분할하는 방식이다. 사지수형 자료구조는 대상체를 정보의 조밀 여부에 따라 세분해 나가는 방법(단순한 지역은 개략적으로, 복잡한 지역은 세밀하게 표현)으로 계층적 래스터 자료구조의 변형된 형태이다. 이러한 계층적 래스터 자료구조는 공간 분할에 사용되는 단위의 크기를 다르게 하여 데이터베이스를 구축하는 기법으로, 넓은 지역에 대한 데이터베이스 구축에 매우 용이하다. 사지수형은 면 사지수형(Area Quadtree)과 점 사지수형(Point Quadtree)으로 나뉜다.

특징은

① Run Length Codes기법과 함께 가장 많이 사용되는 압축기법으로, Run Length Codes와 비교하면 크기가 다른 정사각형을 이용하기 때문에 더 많은 자료의 압축이 가능하다.

② 대상지역 전체에 하나 이상의 속성이 존재하는 경우 전체를 4개의 동일한 면적으로 나누는데 이를 Quadrant라 한다.

③ 사지수의 중심절점(Root Node)은 $2n \times 2n$ 점의 전체배열이며, 나무의 최대 높이는 n단계이다.

④ 각 절점은 NE(북동), SE(남동), SW(남서), NW(북서) 4개의 가지를 갖는다.

⑤ 더 이상 작게 분할할 수 없는 4분할은 잎질점(Leaf Node)이다.

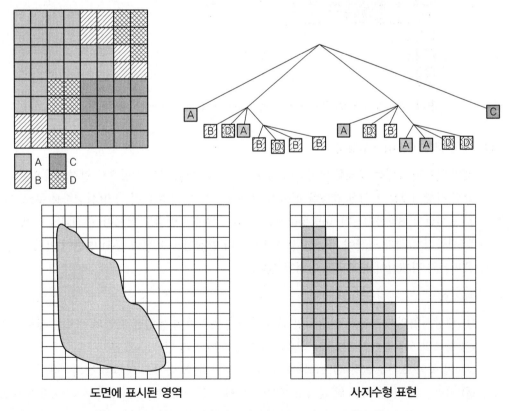

A	C
B	D

도면에 표시된 영역 | **사지수형 표현**

출처 : http://www.gitta.info/DataCompress/en/html/rastercomp_chain.html

(3) 블록 코드(Block Codes)

2차원 정사각형으로 전체 객체의 형상을 나눠서 구축하는 것으로 정사각형으로 표현하기 좋은 형태(토지구획정리, 경지정리 지역 등)에 적합한 압축방식이다. 각각의 블록 중심 또는 좌측하단의 좌표(x, y)와 격자의 크기를 3개의 숫자를 이용하여 블록의 형상을 표현하기 때문에 정사각형의 크기가 클수록 경계가 단순해지고, 효율적으로 압축할 수 있다.

특징은

① 정사각형으로 전체 객체의 형상을 나누어 구축하는 방법이다.
② **자료구조** : 원점으로부터의 좌표 및 정사각형 한변의 길이로 구성된 3개의 숫자로 표시한다.
③ 중심부 또는 좌측하단의 X, Y좌표와 정사각형의 기준거리로 표시한다.

Rows	Columns	Size	Values
1	1	4	C
1	5	1	A
1	6	1	A
1	7	1	A
1	8	1	B
2	5	1	B
2	6	1	B
2	7	1	B
2	8	1	A
3	5	2	A
3	7	2	A
…	…	…	…

출처 : http://www.gitta.info/DataCompress/en/html/rastercomp_chain.html

(4) 체인 코드(Chain Codes)

셀이 연속되어 있는 상태를 파악하여 압축하는 기법으로, 어느 방향으로 연결되어 있는지가 중요한 사항이므로 일정한 방향을 정하여 연속되는 셀의 개수를 위 첨자(상첨자로 부르기도 함)로 표시한다. 8방향(0~7), 16방향(0~15)으로 표현하는 방법도 있으며, 면적과 둘레계산, 곡선의 변곡점 탐색과 연산이 가능한 장점이 있으나 합집합과 교집합 등의 연산이 어렵고, 인접된 폴리곤의 경계선이 중복되는 단점이 있다.

특징은

① 대상지역의 격자들의 연속적인 연결 상태를 파악하여 동일한 지역의 정보를 제공한다.
② 자료의 시작점에서 방향(동서남북)을 이동하는 거리 단위로 표현한다.
③ 4방향의 표시는 0(동쪽), 1(북쪽), 2(서쪽), 3(남쪽)의 숫자로 방향을 정의한다.
④ 거리단위(픽셀 수)는 위 첨자로 표시한다. 예를 들면 북쪽으로 1개의 격자(1), 동쪽으로 3의 격자(0^3)로 표현한다.

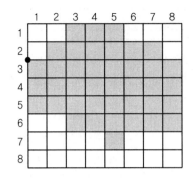 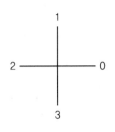

0, 1, 0, 1, 0³, 3, 0², 3, 0, 3⁴,
2³, 3, 2, 1, 2², 1, 2², 1³

3. 벡터데이터와 래스터데이터

취득대상인 객체의 특성과 취득방법, 목적 등에 따라 벡터데이터 또는 래스터데이터를 만들게 되는데, 어떠한 것이 좋은가에 대한 논의는 불필요하다. 오히려 두 데이터에 대한 비교와 장단점 분석을 통해 구축 계획수립부터 취득방법을 선택하는 것이 중요하다. 벡터데이터와 래스터데이터는 크게 특징, 자료, 지도표현, 가공처리 분야로 나눠 다음 표와 같이 비교할 수 있다.

구분		벡터데이터	래스터데이터
특징	래스터 형상	• 임의	• 정방형으로 일정
	정확도	• 기본도에 의존	• 격자간격에 의존
	도형표현방법	• 점 · 선 · 면으로 표현	• 면으로 표현
	속성래스터	• 점 · 선 · 면의 다양한 도형정보와 결합	• 속성자료로 면을 표현
	도형처리기능	• 점 · 선 · 면을 이용	• 면을 이용
자료	자료구조	• 현상학적인 양질 표현 가능 • 복잡한 자료구조	• 단순한 자료
	자료량	• 적음	• 많음
지도 표현	지도표현	• 기본축척에 의존 • 정확히 표현 가능	• 격자간격에 의존 • 벡터형 지도 대비 조잡함 • 격자 내부상황은 알 수 없음
	지도축척	• 지도 확대 시 형상 인식 가능	지도 확대 시 형상 인식 불가능
가공 처리	공간해석	• 고도의 프로그램 필요 • 해석 난이	• 자료 간 상호 중첩/조합 용이 • 해석 단순
	시뮬레이션	• 어려움	• 용이
	네트워크분석	• 가능	• 어려움

출처 : 국토개발연구원 1995, p.33

위와 같은 벡터데이터와 래스터데이터의 차이로 인하여 다음 표와 같이 각각의 장단점을 가지고 있다.

구분	장점	단점
벡터데이터	• 복잡한 현실세계 표현 • 고해상력 제공으로 높은 공간적 정확성 • 위상관계 정의 및 분석 가능(관망 분석 등) • 압축된 자료 제공으로 데이터 용량 축소 • 그래픽 관련 속성정보의 추출, 일반화, 갱신 등이 용이	• 복잡한 데이터 구조와 관리의 어려움 • 레이어의 중첩, 분석 등과 좌표와 노드를 다루는 갱신에 등에 있어 전문적인 기술이 필요함 • 높은 그래픽 정확도로 고가의 H/W와 S/W가 요구됨(많은 초기 비용 필요)
래스터데이터	• 자료구조가 간단함 • 여러 개의 레이어 중첩에 용이하며, 다양한 모델링(스프레드시트 같은 연산 등) 가능 • 원격탐사(인공위성, 항공기, 드론 등) 영상 자료와 연계가 용이함 • 각 셀에 고유값이 있어 빠르고 쉽게 공간분석이 가능 • 동일한 격자 크기와 형태를 이용하면, 시뮬레이션 등에 용이함	• 일반적으로 사각형의 격자형태를 이루고 있어 현실세계 표현이 매끄럽지 못함 • 벡터데이터에 비해 자료량이 많음 • 해상도에 따라 공간적 정확성이 달라짐(해상도가 낮을수록 부정확성이 높아짐) • 격자의 크기를 작게 하면, 정확성이 높아지나 자료량이 늘어나고, 크게 하면 반대의 현상 발생 • 위상 정보가 제공되지 않아 관망 분석 등이 불가능 • 좌표변환에 많은 시간이 소요됨

출처 : 김계현 2011, p.188, 한승희 2014, p.43

❸ 데이터 취득

1. 속성정보

1) 데이터 유형

속성정보의 유형은 문자형, 숫자형, 날짜형, 이진형 등으로 나눌 수 있다.

(1) 문자형

문자 형태로 기록되는 것으로 특정 명칭 또는 유사한 명칭을 찾는 데 용이하다. 예를 들면 '홍길동'인 토지 소유자를 찾거나 올림 · 내림차순으로 소유자를 정렬할 수 있다.

(2) 숫자형

정수, 실수 등의 숫자 형태로 기록되는 것으로 연산처리, 자료비교 등에 활용할 수 있다. 예를 들면 '600평방미터 이상의 대지'가 개발행위를 위한 허가요건이라면 필지의 면적이 600평방미터 이상인 토지 중 지목이 대지인 필지를 찾아 선택할 수 있다.

(3) 날짜형

년, 월, 일, 시간 등 날짜 형태로 기록되는 것으로 특정기간 내의 토지이동 등을 검색하는 데 활용할 수 있다. 예를 들면 지적재조사사업지구를 지정하고 경계결정에 있어서 허가사항을 반영하기 위해 최근 5년 이내 토지이동 내역을 찾기 위해서는 검색기간에 해당하는 토지이동 날짜로 검색하면 된다.

(4) 이진형

문자형, 숫자형, 날짜형에 속하지 않는 형태로 기록되는 것으로 데이터베이스에 데이터를 기록하는 경우도 있지만, 해당 파일을 특정 위치에 저장하여 저장경로만 링크로 연결하여 사용하는 경우도 있다. PDF, 영상자료 등 다양한 형태의 파일을 기록할 수 있다.

2) 취득방법

(1) 기존 자료를 이용하는 방법

한국의 경우 과거부터 이용해 오던 토지(임야)대장이 존재하므로, 해당 자료를 전산화하는 작업이 필요하다. 기존 자료를 전산화함에 있어서는 법·제도적인 기반이 선행되어야 하며, 향후 시스템의 확장성까지 고려하여야 한다. 따라서 한국의 경우 1975.12.31 지적법 전문개정을 통해 한지 부책식 대장을 카드식 대장으로 개정하면서 카드식 대장의 등록항목에 코드를 부여하도록 하였다. 또한 척관법에 따라 표기하던 면적을 미터법 단위인 평방미터로 표기하도록 개정하였다. 이에 따라 각 항목별 코드를 만들고, 대장상의 내용에 따라 코드를 부여함으로써 전산화의 기반이 조성되었다. 이를 토대로 필지단위별 속성테이블과 각 항목에 저장될 데이터의 유형을 설계하여 속성정보를 구축하였다. 속성데이터의 유형에 따라 테이블에 수기로 전산입력을 통해 대장의 속성 등을 전산화할 수 있다.

(2) 현장조사 방법

기존에 대장이 존재하는 한국과 달리 현장조사를 통해 데이터를 구축해야 하는 경우 또는 기존 대장이 존재하지만 현장과 일치하지 않아 갱신해야 하는 경우에는 현장조사를 통해 데이터를 등록하여야 한다. 과거에 실시되었던 토지조사사업이나 현재 지적재조사에 관한 특별법에 따라 실시하는 지적재조사사업의 토지현황조사가 이에 해당한다. 토지(임야)대장 또는 관련 부속서류에 등록해야 할 속성데이터에 대하여 현장에서 측량을 실시하고, 해당 필지의 정보를 항목에 따라 수집해야 한다. 기존에는 조사항목 등이 기재된 조사서를 현장에서 일일이 작성하여 사무실에서 기입하는 방식으로 이루어졌으나 현재에는 조사용 컴퓨터 또는 스마트폰의 App 등을 이용하여 현장에서 바로 입력할 수 있다. 또한 현장에 나가지 않고도 위성, 항공, 드론 영상 등을 이용하여 조사가 가능한 항목은 사전에 조사하고 현장업무를 병행하는 경우도 있다.

2. 도형정보

1) 측량기준

특정 지점의 지구상 위치를 표시하기 위한 기준으로 지구타원체의 형상, 원점의 위치, 좌표축 방향 및 투영 좌표계 등이 필요하며, 이를 정의한 개념이 측지기준계이다. 타원체를 기준으로 지구와 관계된 좌표계를 사용하여 축의 방향과 원점으로부터의 위치를 결정하는데, 3차원 공간상의 절대위치를 정의하기 위해서는 다음의 요소를 반드시 규정해야 한다.

- 어떠한 타원체를 사용하는가
- 어떠한 좌표체계를 사용하는가
- 높이의 기준은 어떻게 정하는가

따라서 토지를 등록하려면 국가에서 사용할 타원체를 결정하고 위치를 표현할 좌표계를 정의한 후 토지의 위치를 평면상에 나타내기 위한 투영 과정을 거쳐야 한다.

(1) 타원체

타원체는 지구 지표면의 굴곡을 무시하고, 적도반지름과 극반지름 또는 적도반지름과 편평도만으로 지구의 형상을 나타내는 가상의 타원체를 말하는 것으로 Bessel(1841년), Hayford(1924년), GRS80(1980년), WGS84(1984년) 등이 있다. 전 세계적으로 사용되는 GRS 타원체는 국제측지학 및 지구물리학 연합(IUGG)과 국제측지학협회(IGA)가 1909년 포츠담 중력값을 관측하고, 1924년 국제지구타원체의 결정 및 1930년 국제중력식의 결정에 따라 지구의 형상과 크기를 중력장으로 정의하였고 이것을 측지기준계(GRS)로 확립하였다. 이후 인공위성의 출현 등으로 호 길이의 측량으로 새로운 측량자료가 생성되고, 국제천문학연합(IAU)의 천문상수계의 제정 등에 따라 1967년 IUGG/IGA 제14차 총회에서 지구의 적도반경(a), 대기를 포함한 지구의 지심인력상수(GM), 지구의 역학적 형상요소, 지구의 자전각속도(ω)를 기본상수로 하는 측지기준계 1967(GRS67)을 새로이 제정하였다. GRS67은 1975년 대지측지측량정수의 개정을 거쳐서 널리 사용되어 왔으나, 현재 이용 가능한 최신값 검토 시 문제점 발생으로 인해 1979년 12월 IUGG/IGA 제17차 총회에서 새로운 GRS80을 제정하였다.(국토연구원 · 한국국토정보공사 2018, p.47)

한국에서는 「공간정보의 구축 및 관리 등에 관한 법률」 제6조 및 동법 시행령 제7조에서 GRS80 타원체를 채택하고 있다. 과거 토지조사사업 당시에는 Bessel(1841년) 타원체를 사용하였기 때문에 데이터 구축 시 반드시 해당 데이터에 적용하는 타원체를 확인하여 오류가 발생하지 않도록 주의를 기울여야 한다.

(2) 좌표계

지구의 형상을 나타내는 타원체상에 국가 원점[경위도 원점은(수평의 기준) 국토지리정보원 내 위치, 수준 원점은(높이의 기준) 인하대학교 내 위치]을 만들고, 좌표축 방향 및 투영좌표계를 정의하여 측지기준계를 완성한다. 3차원 공간상의 위치를 표시하기 위해서는 반드시 좌표계가 정의되어야 하는데, 선택된 타원체에 적합한 좌표계를 정의하여 3차원 공간상의 위치를 표현한다. 이러한 좌표계는 지구상 객체의 위치를 결정하고 형상, 면적을 측정하여 표시하는 기술인 측량(Surveying)의 기준이 된다. 좌표계는 위치의 기준과 표현방법에 따라서 측지좌표계(Geodetic Coordinate System), 지구중심좌표계(Earth-Centered Coordinate System), 평면좌표계(Plain Coordinate System)계로 구분된다. 따라서 좌표계는 지구상 동일한 위치를 세 가지 방법으로 표현할 수 있고, 이 좌표는 상호 전환이 가능하다. 일반적으로 지적도 관리를 위해서는 측량에 편리한 평면좌표계를 사용한다.(공간정보연구원 2017, p.11-14)

(3) 측지기준망

측지기준망은 위치정보의 기준이 되는 측량기준점을 그물형태로 구성한 연결망으로, 기준점의 성과를 정밀하게 결정하기 위한 것이다. 일반적으로 측지기준망은 수평위치(x, y)와 수직위치(h)로 구분하고 있으나, 최근에는 위성측량(GNSS) 기술의 발달로 3차원 기준점이 점차 확대되고 있다. 측지기준망은 기준점의 정밀도, 신뢰성, 향후 확장성과 활용성을 확보할 수 있도록 설계되어야 한다.(공간정보연구원 2017, p.19-20)

① **정밀도(Precision)** : 관측 값의 균질성을 나타낸다.
② **신뢰성(Reliability)** : 기준점의 과대오차, 한 개의 총 오차에 관하여 품질을 설명한다.
③ **망의 강도(Network Strength)** : 삼각망 각의 크기, 조건식수, 기선 분포 등에 의해 결정한다.

측지기준망을 기초하여 기준점이 설치되는데, 「공간정보의 구축 및 관리 등에 관한 법률」 시행령 제8조는 국가기준점으로 우주측지기준점, 위성기준점, 수준점, 중력점, 통합기준점, 삼각점, 지자기점(地磁氣點), 수로기준점, 영해기준점을 규정하고 있으며, 공공기준점으로 공공삼각점, 공공수준점을 규정하고 있다. 지적기준점으로는 지적삼각점(地籍三角點), 지적삼각보조점, 지적도근점(地籍圖根點)이 있다.

2) 취득방법

(1) 기존 자료를 이용하는 방법

전 국토는 법률에 따라 지적공부에 등록해야 한다. 따라서 대부분의 토지는 지적공부에 등록되어 있으며, 이러한 토지 중 대부분은 도해(도면)형태로 등록되어 있고, 일부는 수치(경계점좌표)형태로 등록되어 있다.

도해형태로 등록된 경계의 디지털화 방법은 크게 디지타이저(또는 좌표독취)와 스캐너 방식으로 나눌 수 있다. 디지타이저 방식의 경우에는 지적 · 임야도면 위에 디지타이저 또는 좌표독취 장비를 놓고 직접 작업을 하게 되므로 가급적이면 단순하고, 경계가 많지 않은 도면을 대상으로 작업을 한다. 다만 도면이 너무 낡은 경우에는 스캐너에 의해 스캔을 실시하더라도 도곽선 또는 경계점의 식별이 불가능하기 때문에 디지타이저 방식을 사용하기도 한다. 스캐너 방식은 도면을 압착한 후 스캔하고, 스캔된 도면을 화면상에서 디지타이징(스크린 디지타이징)하는 방식으로 진행을 하게 된다. 따라서 효율적인 스캔 작업을 위해 도곽선 및 경계점을 6H연필 등으로 사전 정비를 하기도 한다. 특히 도곽선의 경우 붉은색으로 제도되어 장기간 사용되었기 때문에 색상이 옅어져 스캔영상에서 판독이 불가능할 수도 있다. 스캐너에 의한 방식은 지적도면을 압착하고, 스캐닝을 해야 하기 때문에 진공을 위한 일정 시간이 필요하며, 스캔영상을 스크린 디지타이징을 해야 하기 때문에 단순한 도면 등의 경우에는 디지타이징 방식이 시간 절약 등에 훨씬 유리할 수 있다. 수치형태로 등록된 경계의 디지털화에는 좌표를 입력하는 방법을 사용한다.

① 디지타이저 또는 좌표독취기

기존에 아날로그로 구축된 데이터를 디지털 형식으로 변환시키는 장치를 말한다. 과거 디지타이저는 기능을 표현하고, 태블릿(Tablet)은 판 모양의 형상을 의미했으나 현재는 대형 · 고분해 능력의 기종을 디지타이저, 탁상에 얹어서 사용하는 소형 기종을 태블릿으로 부르는 경우가 많다. 가장 간단한 디지타이저로는 패널에 쓰여 있는 메뉴를 펜이나 손가락으로 눌러 조작하는 터치패널이 있다.

일반적으로 디지타이저는 X, Y 위치를 입력할 수 있는 장치로 직사각형의 넓은 평면 모양의 장치와 그 위에서 사용자가 이용할 수 있는 펜 또는 버튼이 달린 라인 커서장치로 구성되어 있다. 사용자가 펜이나 커서를 움직이면 그 좌표 정보를 밑판이 읽어 자동으로 컴퓨터 시스템의 화면 기억장소로 전달하고, 특정 위치에서 펜을 누르거나 커서의 버튼을 누르면 그에 해당되는 명령이 수행된다. 구조에 따라 자동식과 수동식으로 나눈다.(네이버 지식백과 2021)

작성된 지적 · 임야도면을 디지털화하는 데에는 도곽의 역할이 무척 중요하다. 낱장 도면별 도곽을 독취한 후 내부의 경계점을 취득하면, 각각의 도면이 디지털화되고, 도곽선 수치 입력, 필지별 정보(지번, 지목) 입력 등을 마치는 작업을 거치게 된다. 이후 각 도곽선 수치에 따라 정위치 편집, 위상 편집 등의 작업을 거치게 되면, 연속된 위치의 지적도를 만들 수 있게 된다. 디지타이저는 전자식 디지타이저, 기어엔코더 방식 디지타이저, 카메라 유도식 디지타이저 등이 있다.

㉠ 기어엔코더 방식 디지타이저는 압착된 도면 위에 확대경이 장착된 십자선을 올려놓고 해당 경계를 독취하는 방식으로 사용되었다.

출처 : 대한지적공사 70년사

ⓛ 카메라 유도식 디지타이저는 압착된 도면 위에 카메라가 이동하여 화면상에 비춰진 영
상을 확대 축소하여 확대경이 장착된 십자선을 올려 놓고 해당 경계를 독취하는 방식으
로 사용되었다.

출처 : 대한지적공사 70년사

ⓒ 좌표독취기의 경우 대부분의 전자식 면적측정기가 좌표를 이용하여 면적을 구하기 때문
에 좌표독취가 가능하였으며, 좌표독취 전용 장비로 아래 사진의 KOIZUMI사의 KP-100
등을 들 수 있다. 운용방식은 기어엔코더 방식 디지타이저와 거의 동일하며, RS-232케이
블을 이용하여 좌표를 컴퓨터로 전송할 수 있다.

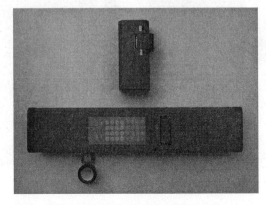

출처 : 한국국토정보공사 국토정보박물관 소장

ⓔ 캐드게이지는 아래 사진과 같은 소형 독취기로서 압착된 도면의 가운데 본체를 놓고 도
곽선을 독취 후 경계점을 독취하고, 본체를 옮겨 도곽선을 독취 후 첫 번째 본체가 있던
부분의 경계점을 취득하는 방법으로 진행하였다. 캐드게이지의 특성상 본체의 위치를
최소한 한 번 이상을 바꿔야 하기 때문에 발생되는 오차 등의 문제로 인하여 지적도면전
산화 본 사업에서는 활용되지 않았다.

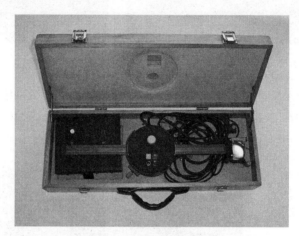

출처 : 한국국토정보공사 국토정보박물관 소장

② 스캐닝 이미지 디지타이저

스캐닝은 도면을 압착한 후 도면의 아날로그 형식의 데이터를 전산기에 의해 수치형식으로
전환하는 것으로, 문자 · 기호 · 선 등을 반사 또는 투과된 광선을 감지기가 감지하여 개별
적인 셀이나 픽셀로 구성된 래스터데이터가 작성된다. 스캐너는 도면을 진공압착하여 스캐
닝하는 방식과 도면을 1 : 1 정밀촬영하는 방식이 있다. 도면전산화사업에서는 진공압착하
여 스캐닝하는 방법이 사용되었다.

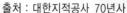
출처 : 대한지적공사 70년사

스캐닝된 래스터 자료, 즉 이미지의 디지털화(벡터데이터)는 소프트웨어를 이용하여 디지타이징을 통해 벡터데이터로 만드는 것으로 자동입력, 반자동입력, 수동입력 방법으로 나뉜다.

ⓐ 자동입력 방식은 지적도의 경계점뿐만 아니라 제도 중에 제도기구인 오구를 잠시 멈췄다든가 종이의 특성으로 잉크가 번지는 등의 현상이 발생한 지점을 경계점으로 인식하는 문제가 있다. 이는 많은 좌표점을 만들게 하고, 등록 당시의 경계점과 일치하지 않게 만드는 문제점이 있다.

ⓑ 반자동입력 방식은 작업자에게 경계점으로 인식 여부를 선택하게 하거나 특정 알고리즘을 이용하여 일정 범위 이상의 직선이탈 또는 일정 거리 이상을 띄어야만 경계점으로 인식하도록 하는 방법이다.

ⓒ 수동입력 방식은 오로지 작업자의 선택에만 맡기는 방식으로 지적도면전산화사업에서는 잘못된 경계점 생성에 따른 문제를 최소화하기 위해 수동입력 방식으로 진행하였다.

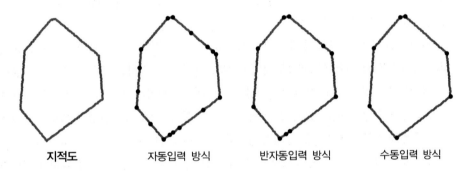

| 지적도 | 자동입력 방식 | 반자동입력 방식 | 수동입력 방식 |

③ **좌표입력**

법 제73조는 법 제86조에 따른 도시개발사업 등에 따라 새로이 지적공부에 등록하는 토지에 대하여는 토지의 소재, 지번, 좌표, 부호 및 부호도 등을 등록하는 경계점좌표등록부를 작성하도록 하고 있다. 경계점좌표등록부에는 좌표와 부호도를 통해 필지별 경계를 표현하고 있다. 해당 필지별로 경계점좌표를 입력하고 부호도에 따라 결선하여 벡터데이터를 구축한다.

(2) 측량에 의한 방법

토지정보를 취득할 수 있는 기본적인 방법으로는 지상(직접)측량, 위성측량, 항공사진측량(드론 및 위성영상 포함) 등으로 크게 구분할 수 있다. 항공사진측량의 경우 지상측량에 비해 상대적으로 단기간 내 넓은 지역의 영상을 취득할 수 있고, 이를 통해 필요 도면을 제작할 수 있다는 장점이 있으나 정밀도 측면에서는 한계가 있는 것이 현실이다. 다만, 최근 영상취득 장비(카메라 등)의 고도화 및 정밀화, 도화/도면제작 프로그램의 발전 등의 비약적인 발전으로 사진측량에 의해 수집된 데이터로도 과거보다는 상당히 정밀한 수준의 도면제작이 가능하게 되었다. 지상(직접)측량의 경우 각 필지단위별로 정밀한 토지측량 및 등록이 가능하나 긴 소요기간과 많은 비용이 소요된다. 토지등록 목적을 정확도나 정밀도 측면이 아닌 토지이용계획에 중점을 둔다면 항공사진측량 또는 위성영상을 통해 대단위 지역을 신속히 등록하는 방법이 적합하며, 등록필지에 대한 경계의 정확도 및 정밀도 등을 고려한다면, 지상측량 또는 항공측량과 지상측량의 병행을 고려해 볼 수 있다.(공간정보연구원 2017, p.45)

토지정보 취득방법의 결정은 토지등록 목적이 반영되어야 하며, 그 목적에 맞는 위치정확도를 확보할 수 있는 방법론의 채택이 무엇보다 중요하다. 즉, 최근 세계적인 추세 중 하나인 '목적에 맞는(FFP, Fit-For-Purpose)' 지적제도 또는 토지등록제도의 도입이 고려되어야 한다. 제1장에 기술한바와 같이 토지행정과 관리의 관점에서 국가의 특성과 데이터 구축의 목적을 고려해야 한다. 예를 들면 사람이 거의 거주하지 않는 사막이나 산림지역, 대규모 농장 지역에 센티미터급 정확도의 지적도면이 필요한가? 아니면 정확도는 다소 떨어지지만 저비용으로 쉽고 빠르게 취득할 수 있는 데이터를 이용할 것인가? [고해상도 항공사진(20센티미터급) 또는 위성영상(1~2미터급)] 등의 문제이다.

「공간정보의 구축 및 관리 등에 관한 법률」 하위규정인 지적측량규정 제5조는 지적측량을 기준점을 정하기 위한 기초측량과 1필지의 경계와 면적 등을 정하는 세부측량으로 구분하고, 지적측량의 방법을 평판측량, 전자평판측량, 경위의측량, 전파기 또는 광파기측량, 사진측량 및 위성측량 등으로 구분하고 있다. 또한 이후 규정을 통해 각각 측량방법별 측량절차와 오차 한계 등을 규정하고 있으므로 규정된 사항에 따라 데이터를 취득하여야 한다. 따라서 한국의 경우 토지의 등록은 법 규정의 절차와 방법을 따라야 한다. 기존의 평판측량, 경위의에 의한 방법 등은 지적학, 지적측량 등에서 많은 기술이 되고 있어 생략하고 본서는 토털스테이션, GNSS-RTK, 영상에 의한 방법 등을 위주로 자세히 기술한다.

① 토털스테이션(전자평판)에 의한 방법

지적측량규정 제5조의 경위의측량과 전자평판측량, 지적재조사측량규정 제4조의 토털스테이션 측량은 측량장비의 기능상의 차이가 있을 뿐 수치적인 방법에 의한 데이터를 취득하는 동일한 방법이다. 현장에서 취득된 데이터는 각과 거리로 이루어져 있어 반드시 사무실에서 계산(내업)을 통해서 결과확인이 가능하였는데, 최근에는 토털스테이션과 펜컴퓨터를 유선 혹은 무선(블루투스)으로 연결하여 실시간으로 현장에서 측정한 측량값/좌표를 펜컴퓨터의 스크린에서 확인하고 성과를 결정할 수 있는 편리한 측량시스템을 사용하고 있다. 이러한 측량시스템은 현재 도심 및 건축물 밀집지역에서 각과 거리를 관측하여 토지를 등록할 수 있는 장비로 다음 사진과 같이 현장에서 측량자료를 직접 확인할 수 있어 현장측량 후 사무실 내에서의 내업시간을 단축시키는 등 전체적인 측량소요시간을 획기적으로 줄이는 데 큰 역할을 한다.

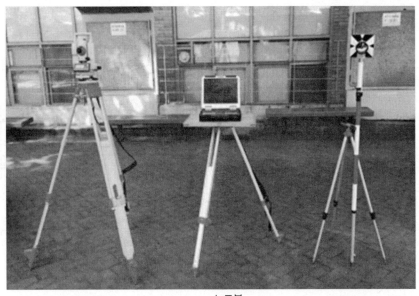

| 토털스테이션 | + | 노트북
(지적측량 운영 프로그램) | + | 반사타겟 |

출처 : NCS학습모듈 홈페이지(www.ncs.go.kr) 지적세부측량, p.23

② 실시간이동측량(GNSS-RTK)에 의한 방법

GNSS 측위방식 중 현장에서 실시간으로 좌표를 취득할 수 있는 실시간이동측량(RTK : Real Time Kinematic) 방식이 있으며, 크게 단일기준국 실시간이동측량(Single-RTK)과 다중 기준국 실시간이동측량(Network-RTK)으로 나뉜다. 단일기준국 실시간이동측량은 정밀한 위치정보를 가지고 있는 기준국의 반송파 위상에 대한 보정치를 이용하여 이동국(수신기)에서 신속하고 정확한 성과를 얻는 측량 방식으로 기준국과 이동국의 측정오차 중 공통성분이 상쇄되어 결과적으로 정확도를 높인다. 그러나 기준국과 이동국 간의 거리가 멀어질수록 두 수신기 간 전리층과 대류권 지연효과와 같은 측위오차의 영향이 달라지기 때문에 정확도가 저하되어 센티미터 단위의 정확도를 확보하기 위해서는 기선거리가 짧아야 하는 단점이 있다. 단일기준국 실시간이동측량은 다음 그림과 같이 2대 이상의 수신기가 필요하며 1대는 기준국이 되어 위성사료를 이동국에 송신하고 나머지는 이동국으로 사용한다. 일반적으로 핸드폰 등에 의한 통신방식을 사용하는 다중기준국 실시간이동측량에 비해 통신이 원활하므로 통신서비스가 어려운 산간, 오지 낙도 등에 활용이 편리한 장점이 있으나 반드시 국가기준점 등에 의한 현지화(Localization) 또는 보정(Calibration) 작업을 거쳐야 한다.

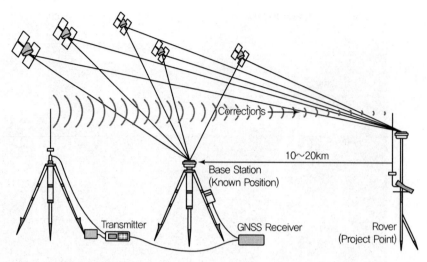

출처 : Jan Van Sickle 2008, p.209

반면, 다중기준국 실시간이동측량은 기준국과 이동국 간의 기선거리와 상관없이 원거리에 대해서도 높은 정확도의 위치측량을 가능하게 하는 측위방법으로 중앙 제어국에서 네트워크 내의 위성기준점 데이터를 이용하여 가상의 기준국에서의 관측치를 생성하고, GPS 측위오차를 모델링하여 이동국으로 가상 관측치와 보정 메시지를 전송하는 방식이다. 이동국에서는 전송받은 가상관측치와 보정 메시지를 이용하여 위치결정을 하는데, 다중기준국 실시간이동측량 시스템의 종류(VRS, FKP, MAC 등이 있음)에 따라 관측치와 보정메시지를 생성하는 방법과 전송방식에 차이가 존재한다.

중앙 제어국에서는 네트워크 내의 위성기준점 자료를 통합한 후 정수 바이어스, 전리층과 대류권 지연에 의한 신호 지연 등이 포함되어 있는 오차를 분리해 낸다. 오차들을 제거한 후 선형보간법을 통해 가상기준국의 가상 관측치를 생성하게 되며, 분리된 오차들은 가상기준점에서의 보정치를 생성하는 데 이용된다. 최근에는 다음 그림과 같이 다중기준국 실시간이동측량 방식에 현장용 컴퓨터를 연결하여 보다 효율적으로 활용되고 있다.

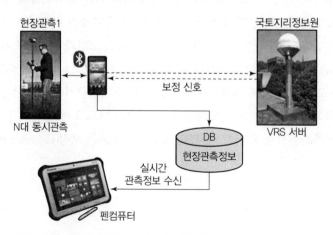

출처 : 한국국토정보공사 Landy-Go 설명서

③ 위성영상에 의한 방법

위성영상을 이용한 토지정보 취득은 정확도나 정밀도 확보 및 향상 측면보다는 정보를 취득해야 하는 필지가 넓고 방대한 지역을 대상으로 신속하게 등록할 때 사용할 수 있다. 최근 고해상도 위성의 등장으로 높은 해상도의 영상으로 정사영상 제작 환경이 조성되어, 이를 통해 신속한 토지현황 파악이나 토지정보 취득으로 지적도 제작이 가능해졌으며, 토지정보 취득 및 등록 과정은 다음 그림과 같다. (공간정보연구원 2017, p.46-52)

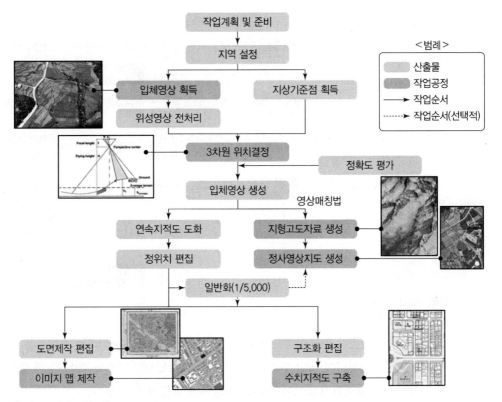

출처 : 공간정보연구원 2017, p.47

④ 항공사진에 의한 방법

항공사진측량은 위성영상과 마찬가지로 대단위 지역을 대상으로 짧은 시간에 토지정보를 취득할 수 있다는 장점이 있다. 위성영상의 경우 대상지역에 대해 필요에 따라 동일 궤도를 주기적으로 회전하는 위성을 통해 여러 번의 영상촬영을 지시하여 동일 영상을 취득할 수 있으나, 항공사진측량의 경우 촬영 당일의 기상상태(구름 등)에 따라 국지적인 영향을 받을 수 있어 영상을 촬영할 수 있는 기간이 위성영상에 비해 극히 제한적이라 할 수 있다. 특히 최근 기상현상 등으로 쾌청일수가 점점 줄어드는 상황이어서 항공사진측량 여건이 나빠지고 있다. 다만 과거에는 아날로그방식의 필름과 별도의 전문촬영 인력이 필요하였으나 최근에는 디지털기기로 교체됨에 따라 장비의 슬림화 및 인력절감, 촬영 및 영상해석의 자동화가 이루어지고 있다. 또한 1회 촬영으로 여러 각도에서 촬영하는 다중영상촬영방식이 일반화되었고, 자동영상처리기술이 발달되어 단시간에 보다 향상된 품질의 성과를 구축할 수 있게 되었다. 전체적인 영상취득 및 프로세스 공정은 위성영상을 이용한 토지등록 방법과 유사하며, 토지등록에 따른 필지정보를 취득하는 데 있어 방법론에 차이가 있을 뿐이며, 최종적으로 지적도면을 생성하는 절차는 위성영상과 유사하다. 항공사진측량은 일반적으로 수치지도(지형도/지적도) 제작에 사용되며, 수치지적도의 제작과정은 다음 그림과 같다. (공간정보연구원 2017, p.52-56)

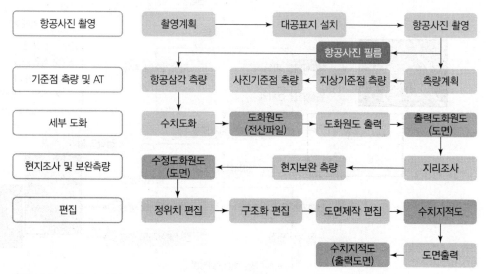

출처 : https://www.hist.co.kr/

위성영상이나 항공사진을 이용하는 경우 도심지에서 경계설정에 대한 정확성을 높이기 위해서는 지상측량방식에 의한 현지 보완측량이 필요하므로, 아래와 같이 각 단계별로 경계가 누락되거나 왜곡되지 않도록 주의를 기울여 등록할 필요가 있다.

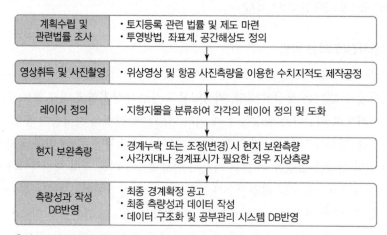

출처 : 공간정보연구원 2017, p.56

⑤ 드론영상에 의한 방법

드론은 저고도에서 비행하며 촬영하므로 위성영상 및 항공사진에 비해 상대적으로 높은 정확도를 얻을 수 있으나 촬영시간/비행시간이 짧아 소규모 지역의 토지정보 취득에 적합하다. 또한 항공사진측량은 넓은 지역을 한번에 촬영하기 때문에 설계된 사진 중복도에 따라 지상기준점(GCP)을 배치하고 항공삼각측량을 수행하는데, 드론측량의 경우 소규모지역에 보다 많은 지상기준점을 많이 설치하여야 하는 단점이 있다.

최근 드론을 활용한 분야는 매우 빠르게 성장하여 구글, 페이스북, 아마존 등에서는 태양광 UAV에 의한 무선인터넷 공급 및 무인 배달시스템에 활용하고 있으며, 공공분야에서는 산림보호, 불법조업 감시, 조난구조 등에서 활용하고 있다. 또한 무인정찰, 무인전투기 등 방위산업과 비료, 농약 살포, 수목방재 및 영농작업 등 농업분야, 영화, 드라마 방송, 사고현장 촬영 등 그 활용 범위가 크게 확대되고 있다.

드론은 회전익과 고정익, 회전익과 고정익의 장점을 조합한 수직이착륙 등 크게 세 가지로 분류할 수 있다. 회전익은 정지비행이 가능하여 대상물(건물, 시설물 등)에 대한 세밀한 촬영이 가능한 반면 고정익에 비해 비행시간이 짧은 단점을 지니고 있다. 그러나 회전익은 정지비행이 불가능하며 회전익에 비해 상대적으로 넓은 범위를 오랜 시간 촬영이 가능하다. 다만, 이착륙에 있어서 평탄한 활주로가 필요한 문제가 있어 이를 개선한 것이 수직이착륙 기종이다. 각각 서로 다른 장단점을 지니고 있기 때문에 상호보완을 위해 동시에 사용하여 업무를 처리하기도 한다. 드론을 이용한 정사영상 취득 작업절차는 다음과 같다.

㉠ 사전준비단계 : 촬영 대상지 선정과 대상지의 비행 및 촬영 조건 검토를 실시한다. 이때 항공법 및 보안법상의 승인절차에 필요한 행정절차를 검토하고 진행해야 한다.

㉡ 촬영계획 수립 단계 : 촬영 대상지의 사전답사를 통하여 비행경로 및 촬영고도를 설정하며, 비행안전을 위해 이착륙 경로상 주변지역의 고층건물이나 송전탑과 같은 시설물을 확인하고 이·착륙 대상지를 선정한다. 특히 고정익 드론의 경우 장비의 특성에 따라 안전한 이·착륙을 위하여 공간을 충분히 확보하여야 한다. 또한 대공표지를 설치할 장소를 미리 확인해야 한다.

ⓒ 지상기준점(GCP) 설치 및 측량 : 드론측량에 사용되는 지상기준점은 다음 그림과 같이
1km²당 9점 이상 고르게 분포하여 설치하는 것이 좋으며, 지적측량 기준점과 동일한 수
준의 정확도가 필요하다.

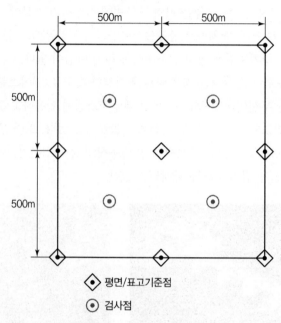

평면/표고기준점
검사점

출처 : 공간정보연구원 2017, p.76

ⓓ 촬영 : 고품질의 정사영상을 얻기 위해서는 드론의 비행방향(종중복도)은 70% 이상, 인
접 경로(횡중복도)는 70% 이상의 중복으로 영상을 취득하는 것이 좋다. 해당 지형 여건
에 따라 종·횡중복도를 높여 촬영할 필요가 있다. 조종자가 육안으로 드론의 비행을 확
인해야 하기 때문에 안전상 야간촬영이 불가하며, 구름에 의한 그림자 영상을 최소화하
려면 맑은 날씨에 비행하는 것이 좋다.

ⓔ 정사영상제작 : 촬영을 조건 맞춰 진행하더라도 기류의 영향으로 비행체의 자세가 순간
적으로 불안정하여 잘못된 위치가 촬영되거나 품질이 양호하지 않은 영상이 포함될 수
있다. 이러한 영상을 포함하여 정사영상을 제작하는 경우 공간해상도뿐만 아니라 위치
정확도에도 영향을 미칠 수 있으므로 비행기록과 영상품질을 확인하여 제외하여야 한
다. 선별된 영상들을 소프트웨어에 입력하여 프로세싱을 진행하고, 보정작업을 통해 정
사영상을 만든다. 정사영상을 이용하여 벡터라이징 등을 통해 토지 경계선을 취득하여
지적도를 작성할 수 있다.(공간정보연구원 2017, p.61-67)

이상과 같이 최근에 주로 사용되는 데이터 취득방법 이외에도 LiDAR, 삼변측량, 삼각측량, 트
래버스측량, 지거법 등 다양한 방법이 있다.

다만 토지를 등록하기 위해서는 지적측량규정 제5조에 규정된 측량방법인 평판측량, 전자평판측량, 경위의측량, 전파기 또는 광파기측량, 사진측량, 위성측량 이외의 측량을 적용할 수 없다. 평판측량, 전자평판측량, 경위의측량, 전파기 또는 광파기측량의 절차와 방법에 대해서는 지적측량규정에서 정하고 있으며, 이미 지적측량 교재에서 다루고 있어 본서에서는 상세한 기록을 제외하였다. 본서에서 다룬 토털스테이션(전자평판)에 의한 방법은 지적재조사법 및 하위규정에서 규정하고 있으며, 위성측량방법은 GNSS에 의한 지적측량규정, 지적재조사측량규정, 지적확정측량규정 등에서 규정하고 있다. 다만 사진측량은 위성영상, 항공사진, 드론영상 등이 해당 범주에 포함된다고 판단되지만 관련 연구가 지속적으로 진행되었으나 현재까지는 별도의 규정이 마련되지 않았다. 따라서 사진측량의 절차와 방법이 마련되어 있지 않기 때문에 사진측량으로 토지의 정보를 취득하더라도 등록할 수 없는 문제가 있다. 이뿐만 아니라 지적측량에서 사진측량 적용의 어려움으로 다음의 사항을 들 수 있다.

ⓐ 지적측량은 현장에서 경계를 복원해야 하는 경우가(경계복원측량, 분할측량 시 경계선에 맞춰 경계점 설치 등) 많기 때문에 사진측량 이외의 측량방법이 병행되어야 한다.
ⓑ 영상의 취득 시 지형물 등에 의해 인식이 안 되는 경우가(연구 결과에 따르면 약 60%의 인식률을 보이고 있어 나머지 지역은 다른 측량방법을 병행하여야 함) 많기 때문에 시간, 장비, 인력의 추가 투입이 필요하다.
ⓒ 지적재조사의 경우 기준점은 ±3cm 이내, 경계점은 ±7cm 이내의 성과를 취득하여야 하는데, 요구 정확도를 충족할 수 있는가의 문제점이 있다.

4 데이터의 처리(입력·수정·편집)

1. 토지의 등록

일반적으로 데이터는 데이터의 입력·수정·편집을 통해 관리가 이루어진다. 그러나 토지의 관리에 있어서 데이터는 다른 의미를 지니게 된다. 지적국정주의와 지적형식주의, 지적공개주의, 실질적 심사주의, 직권등록주의 등을 채택하고 있는 우리나라는 지적제도에 의해 토지가 관리되고 있다. 따라서 토지정보체계도 이러한 지적제도의 일환으로 일반적인 데이터의 관리와는 다른 특성을 지니고 있다. 일반적인 GIS 데이터의 입력 및 편집과 비교하여 그 특성을 구분하고자 한다.

1) GIS 데이터의 입력

GIS 데이터는 객체에 대한 지도정보가 가장 중요한 요소이고, 그 객체에 대한 속성정보의 관리가 필요하다. 예를 들어 구축되는 데이터 대상이 도로라고 한다면, 도로의 위치적인 정보를 수집하는 것은 순수한 도면제작 또는 수치화 작업이며, 이를 사용자에게 편리하게 설명하기 위한 도로번호, 도로면의 재질, 차선 수, 시간당 통행량 등은 일반적인 도로이용 사용자를 위한 정보가 될 것이다. 또한 각 지점의 위치좌표 및 시설물의 상세한 정보는 관리자 등을 위한 정보가 된다. 이러한 도로에 대한 특성이 속성데이터가 되며, 지도와 함께 입력 및 편집되어 공간적인 분석이 가능한 정보로 구축된다.

속성데이터는 플랫파일이라 할 수 있는데, 테이블의 열은 대상객체의 속성을 나타내고, 행은 대상객체의 항목을 나타낸다. 도로의 경우 도로번호, 도로면의 재질 등이 각 행을 이루고, 대상객체의 속성이 열에 위치하게 된다.

토지의 등록에 있어서는 토지소재, 지번, 지목, 면적 등이 각 행을 이루고, 해당 토지가 '세종시 세종동 211'이라면 속성데이터인 세종시 세종동, 211, 대, 520m²가 행에 위치하게 된다. 즉, 각각의 레코드를 작성함으로써 속성데이터가 입력된다. 따라서 GIS에서의 속성테이블은 그 목적에 따라서 다양하게 구성될 수 있지만, 토지정보체계에서의 속성테이블은 지적공부상 등록사항이 기본이 되어야 하며, 이는 관련 법률이 개정되지 않는 이상 바뀔 수 없는 차이가 있다. 그러므로 토지정보체계에 있어서의 속성테이블의 구성은 이미 확정되어 있는 경우가 많다. 대장별 등록사항에 대해서는 이미 '2.1 데이터의 종류'와 '2.2 데이터의 구조'를 참고한다.

▶GIS 데이터 예시

ID	구분	도로명	재질	차선 수	통행량
1	지방도로	봉은사로	아스팔트	4	150대/h
·	·	·	·	·	·
·	·	·	·	·	·
·	·	·	·	·	·

▶토지정보체계 데이터 예시

PNU	지번	지목	면적	소유자	공시지가
——	211	대	520m²	홍길동	150,000원/m²
·	·	·	·	·	·
·	·	·	·	·	·
·	·	·	·	·	·

반면, GIS에서의 속성테이블의 구성에서는 그 구성의 초기 단계에서 수집내용을 예측하여 구성하여야 하고, 여분의 테이블을 마련해야 한다. 물론 토지정보체계에서도 여분의 테이블은 필요하다. 또한 속성데이터의 종류, 즉 문자형태인가? 숫자형태인가? 다음으로 몇 개의 범주로 나뉘는 범주형인가? 아니면 수치형인가? 또한 범주형에 해당하는 경우 명목형인가? 순서형인가? 수치형에 해당하는 경우 이산형인가? 연속형인가? 등에 따라 고려해야 하는 사항이 많다.

범주형	몇 개의 범주로 나누어진 자료를 의미	
	명목형	성별, 혈액형, 성공 여부 등 단순히 분류된 자료
	순서형	개개의 값들이 이산적이며, 그들 사이에 순서관계가 존재하는 자료
수치형	이산형과 연속형으로 이루어진 자료를 의미	
	이산형	이산적인 데이터 값을 갖는 데이터로 출입 횟수 등을 의미
	연속형	연속적인 값을 갖는 데이터로 사람의 키, 온도 등을 의미

속성데이터 구성 과정에서 고려되어야 하는 내용은 다음과 같다.(Keith C. Clarke 2011, p.172-174)

① 데이터 값의 종류는 무엇인가? 예를 들어 데이터 값이 문자, 숫자, 소수의 형태이거나 미터, 시간 등의 단위 형태를 이루는 경우 종류에 따라 등록방법을 결정해야 한다.

② 데이터 값의 타당한 범위는 무엇인가? 예를 들어 퍼센트 값이라면 0～100으로 제한되어야 한다. 음의 값도 허용되는가? 문자의 경우 철자 또는 선택 범위가 허용되는가? 최대 허용되는 문자수는 얼마인가? 등이 있다.

③ 테이블 중 데이터가 누락되어 있는 경우 어떻게 해야 하는가? 예를 들어 통행량에 대한 속성데이터가 누락되었다면, −999 또는 NULL과 같은 누락치 표시자(Missing Value Flag)를 사용하게 된다. 만약 지적정보를 입력하는 데 있어서 지번과 같이 필수 입력항목을 누락한다면 어떻게 되는가? 만약 그러한 데이터 레코드가 만들어졌다면, 해당 토지가 특정되지 않으므로 의미 없는 데이터가 만들어진다. 따라서 필수 입력항목에 있어서는 누락치 표시자가 사용될 수 없고, 더 이상의 데이터 저장이 불가능하도록 하는 등의 설계가 필요하다.

④ 데이터 값을 중복하여 입력해도 되는가? 상기 입력된 '봉은사로'가 좌우로 나뉘어 있는 경우 좌측은 4차선이지만 우측은 2차선인 경우 각각 다른 데이터 값을 가지지만 '도로명'은 동일할 수 있다. 지적정보의 입력에 있어서 세종동 211의 지목은 '대'이지만 그 토지를 진입하기 위해 일부 토지가 도로로 이용되는 경우 지번을 나누고, 지목을 '도로'로 등록하지 않는 이상 지목은 '대'로만 등록해야 한다.

⑤ 고유한 속성은 어떤 것인가? 고유한 속성이라는 것은 두 개 이상의 데이터베이스 간 연결을 위한 것으로 토지정보체계에서는 토지고유번호(PNU : Parcel Number Unique)를 사용한다. 이는 지적도의 필지 도형과의 연결에도 사용된다.

위와 같은 고려 항목은 데이터베이스를 처음 설계할 때 우선적으로 정의되어야 하며, 속성 정의를 수행하는 데이터베이스 관리도구를 데이터 정의 모듈(Data Definition Module)이라 한다. 이 모듈은 보통 자체의 메뉴, 언어를 가지고 있다. 데이터는 기존의 문서 자료나 지도자료 등에 의해 수집되거나 새롭게 수집해야 하며, 필요에 따라 새로운 데이터베이스 등이 생성된 경우에는 기존 데이터베이스와의 연결이 필요하다.

상기 설명한 정보의 목록을 데이터 사전(Data Dictionary)이라고 하며, 데이터 사전을 미리 갖추고 있어야 데이터의 입력에 의한 오류를 최소화할 수 있다. 속성데이터 입력은 데이터베이스 관리도구 중 데이터 입력모듈을 통해서 이루어지지만, 결국 사람에 의해 일일이 입력된다. 따라서 데이터 입력에 있어서 구성된 항목별 각 속성의 자료형태와 수치 범위 등의 체크가 가능해야 하고, 수정, 삭제, 변경 등이 편리하며, 비상시 자료 손실에 대비할 수 있어야 한다.(Keith C. Clarke 2011, p.174-175)

2) GIS 데이터의 편집

초기 GIS 데이터의 등록은 지도 중심으로 이루어져 있었고, 한정된 편집 기능만을 갖추고 있었다. 일단 데이터를 입력한 후 오류를 찾아 수정하는 절차를 거치는데, 레코드를 삭제하거나 전체 데이터를 삭제한 후 재입력하는 방식으로 편집이 이루어져 있었다. 따라서 지도 데이터의 수치화 작업 과정에서 오류를 최소화하는 것이 우선되어야 했다.

이러한 작업 과정에서의 오류를 최소화하는 방법은 오류의 발생을 되도록 빨리 찾아내어 수정하는 것으로 디지타이징 방식으로 종이지도를 수치화하는 경우 슬리버, 스파이크, 스케일링 또는 인버전, 끝나지 않은 선, 이어지지 않은 노드 등이 발생할 수 있다.

구분	현상 및 원인
슬리버	하나의 선으로 표현되어야 하는데 2개 이상의 선이 그려지면서 매치되지 않는 노드가 발생하는 현상으로 각각 다른 방법에 의해 데이터가 수집되거나 도엽 등으로 구분되어 다른 지도에 그려진 객체를 각각 수치화한 경우 등에서 주로 발생한다.
스파이크	0 또는 매우 큰 데이터 값이 좌푯값으로 잘못 입력되어 발생하는 하드웨어 또는 소프트웨어적인 불규칙 오류로 Zinger라고 부르기도 한다.
스케일링 또는 인버전	넓은 폭을 가진 영화 스크린을 TV에서 보게 되면 위아래로 눌린 것처럼 지도가 왜곡되어 보이는 현상으로, 일반적으로 디지타이징 환경설정이 잘못된 경우에 발생한다.
기타 오류	위상 오류, 누락 또는 중복, 이어지지 않은 노드 등은 데이터 입력자의 작업 과정에서 나타나는 실수에 의한 경우가 많다.

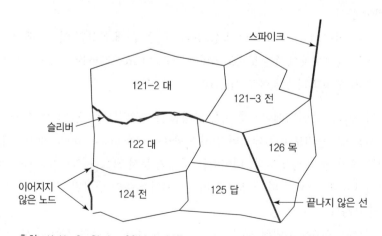

출처 : Keith C. Clarke 2011, p.115

　이러한 입력 및 편집 작업을 통해 입력된 데이터를 출력하는 것은 자료의 확인 작업에 많은 도움이 된다. 지도에 입력된 객체, 즉 도형의 위치 정확도에 대한 검증방법으로 가장 확실한 것은 별도의 정확도 높은 독립적인 지도 자료와 비교하는 것이며, 속성자료의 오류의 검색은 출력본, 즉 자료목록 또는 보고서 등에 기재된 속성데이터와 수치데이터를 확인하는 것이다. 이러한 절차를 거쳐 속성데이터와 지도데이터의 검증을 끝마치더라도 두 데이터베이스 간의 연결의 오류는 여전히 존재하게 된다. 또한 지도데이터의 위치오류나 속성데이터의 오류를 바로 잡았더라도 데이터의 논리적인 일관성을 보장하는 것은 아니다. 따라서 위상학적으로 모든 연결 체인들이 결절점에 교차하는가? 체인의 연결이 다각형으로 닫혀 있는가? 내부의 객체가 외곽 폴리곤에 의해 완전히 둘러싸여 있는가? 속성정보와 일치하는가? 객체가 작아 표현이 정확히 되지 않는가? 등 위상학적 관계 검증하여야 한다.

　다음으로 지도상에 위치 표현은 어느 정도까지 가능한가? 이것은 두 가지의 의미가 있을 수 있는데, 첫째는 현장에서 직접 측정한 자료와 일치하는 것으로 그 차이에 대한 일정한 수치적 범위로써 표현이 가능하다. 둘째, 지도상 객체와 속성데이터에 관련된 것으로 해당 객체의 명칭 등이 잘못 기재된 경우 등이다. 이런 종류의 불일치를 분류오류(Misclassification)라고 하며, 해당 데이터가 이미 데이터베이스상에 있으므로 다양한 점검 절차를 자동화하여 개선할 수 있다.

　마지막으로 축척과 정밀도에 관한 것으로 축척 1 : 1,000 수치지도와 1 : 25,000 지형도를 보유하고 있는 경우 두 지도가 갖고 있는 객체에 대한 속성데이터, 객체의 표현방식 등이 동일하지 않기 때문에 비교 자체가 적절하지 않을 수 있고, 정밀도에도 차이가 있을 수 있다. 특히 GIS에 있어서는 축척의 레벨에 따라 객체의 단순화 등이 달라질 수 있음을 감안하여 데이터를 인식하여야 한다.(Keith C. Clarke 2011, p.176-178)

3) 토지정보체계에 있어서의 지적정보 등록

　토지정보체계는 상기의 GIS데이터 입력 및 편집 절차를 당연히 따르고 있다. 그러나 이에 앞서 더 고려해야 할 사항은 바로 지적제도체계에 따른 토지등록의 원칙과 법에서 정한 절차와 방법, 그리고 이에 따른 법적효력이다. 즉, 토지 관련 정보의 등록은 단순히 어떠한 사실에 대한 데이터를 수집하고, 입력하여 데이터베이스를 구축하는 차원을 넘는 것이다. 일반적으로 특정 데이터에 대한 수집과 관리에 있어서 기획전문가나 데이터 수집전문가 해당 목적에 따라 자유롭게 데이터베이스를 구성한다. 그러나 토지 관련 정보는 국가가 정한 원칙과 법에서 정한 절차와 방법을 따라야 한다. 즉, 토지등록의 원칙 및 법률을 기반하여 일반적인 GIS 데이터베이스 구축 절차 및 방법을 적용하게 된다.

(1) 토지등록의 원칙

　우리나라는 지적제도와 등기제도를 통해 토지에 관한 정보를 등록하여 공시하도록 하고 있다. 특히 지적제도에는 지적공부를 작성하도록 하여 토지에 관한 사실관계를 등록하고 있다.「지적법」(시행 1950.12.1) 제37조는 모든 토지에 대하여 지적공부에 등록하도록 규정하였고,「공간정보의 구축 및 관리 등에 관한 법률」(시행 2021.4.8.) 법 제64조 제1항은 "모든 토지에 대하여 필지별로 소재 · 지번 · 지목 · 면적 · 경계 또는 좌표 등을 조사 · 측량하여 지적공부에 등록하여야 한다."고 규정하여 지적국정주의(國定主義), 직권등록주의(職權登錄主義)를 채택하고 있다. 또한 동법 제64조 제2항은 "지적공부에 등록하는 지번 · 지목 · 면적 · 경계 또는 좌표는 토지의 이동이 있을 때 토지소유자의 신청을 받아 지적소관청이 결정한다."고 하여 일정한 형식을 갖추어야 하는 지적형식주의(形式主義)와 이러한 토지이동에 대한 법령에 따른 절차상의 적법성과 현장의 사실관계를 심사하여 지적공부에 등록하는 실질적 심사주의(實質的審査主義)를 채택하고 있다. 마지막으로 동법 제75조 내지 76조는 지적공부의 등록사항을 토지소유자나 이해관계인뿐만 아니라 지적공부가 필요한 모든 국민에게 공개하도록 하는 지적공개주의(公開主義)를 운영하고 있다.(한국국토정보공사 2019, p.314-317)

(2) 지적공부 등록의 효력

지적공부에 새로이 토지를 등록하거나 이미 등록된 토지의 등록사항을 변경 또는 말소하는 행위에 관한 법률적 효력으로 ① 공정력, ② 구속력, ③ 확정력, ④ 강제력을 갖는다.(문승주 2021, p.142-145)

① 지적소관청의 행정행위로 지적공부에 1필지의 토지가 등록되면, 공정력에 의해 유효한 것으로 받아들이게 된다. 이와 같은 공정력과 모든 국가기관이 부인할 수 없는(구속력) 구성요건적 효력으로 등기창설력과 추정력이 발생하게 된다.(박균성 p.67-69) 등기창설력은 모든 토지는 '선등록 후등기원칙'에 따라 1필지별로 지적공부를 등록하여야 등기부를 창설할 수 있는 힘을 말하며, 추정력은 지적소관청이 지적공부에 등록한 토지는 실제로 존재하며 실체적인 소유권을 인정하는 것으로 추정되는 힘을 말한다.(류병찬 2017, p.278-279) 다만 추정력은 실체적으로 인정되는 효력으로 행정법상의 효력은 아니다.

② 지적공부에 새로이 등록하거나 이미 등록된 토지의 지번 · 지목 · 면적 등을 변경 등록하는 행위가 법정요건을 갖추어 이루어진 경우에는 행정청과 상대방을 구속하게 된다. 따라서 소관청이나 토지소유자 또는 이해관계인은 토지등록의 행정처분이 유효하게 존재하는 한 그것을 존중하고 또 그에 따라야 한다.(김영학 · 이왕무 · 이동현 · 김남식 2015, p.255)

③ 확정력은 상대방 등이 더 이상 그 효력을 다툴 수 없게 되는 힘인 불가쟁력과 일정한 행정행위에 있어서는 지적소관청 자신도 임의로 취소 또는 철회할 수 없는 힘인 불가변력으로 나뉜다.(한국국토정보공사 2019, p.324) 공간정보관리법은 지적공부의 종류(공간정보관리법 제2조 제19호), 등록사항(법 제71조 내지 제73조), 조사 · 측량방법 및 지상경계 설정기준(동법 제64조 내지 제65조), 등록사항별 기준(동법 제66조 내지 제68조), 공부의 관리 및 열람(동법 제69조, 제75조), 토지이동 및 정리(동법 제77조 내지 제90조) 등 지적행정 전반에 걸쳐 엄격한 절차를 규정하고 있다. 또한 등록사항에 잘못이 발견된 경우 지적소관청이 직권으로 정정하거나 토지소유자가 인접 토지소유자의 동의서나 법원의 확정판결을 받아서 정정

할 수 있도록 각각 규정하고 있다. 따라서 준사법적 절차를 거쳐 행해지는 지적공부의 등록, 즉 기재행위는 불가변력이 인정된다.

(3) 지적공부 등록 개관

우리나라는 일제강점기 1910년 토지조사사업을 시작하여 임야조사사업을 종료하면서 전국의 대부분의 토지를 지적공부에 등록하게 되었으며, 토지기록 전산화(토지대장 및 임야대장 등, 1982년)를 실시하였고, 지적도면 전산화(지적도 및 임야도 등, 2000년)를 실시하였다. 각 사업을 통해 구축된 속성정보와 도형정보 데이터베이스를 연계하여 필지중심토지정보시스템 (PBLIS, 2000년)을 개발하였고, 현재의 한국토지정보시스템(KLIS) 및 부동산종합공부시스템이 운영되고 있다. 따라서 속성정보와 도형정보를 구분하고, 각각의 전산화 작업(입력)과 토지이동에 따른 데이터의 갱신 및 정비(수정·편집) 순서로 내용을 전개하고자 한다.

2. 속성정보 등록 및 갱신

1) 개요

데이터의 종류에서 이미 설명한 바와 같이 토지정보체계의 속성정보는 토지대장, 임야대장, 공유지연명부, 대지권등록부 등의 지적공부에 등록된 등록사항이다.

속성정보는 일반적으로 문자형, 숫자형, 날짜형, 이진형으로 구성되며, 다음과 같은 특징을 보이고 있다.(송용희·조정관·민웅기 2013, p.72)

① 토지대장, 임야대장, 공유지연명부, 대지권등록부가 이에 해당한다.
② 토지 지번별 등록사항, 그 성격 등을 기술하는 자료이다. 지적·임야도 등으로 특정된 필지의 특성이나 관계를 주로 나타낸다.
③ 지번별 등록사항을 문자, 숫자 등으로 표현한다.
④ 등록사항을 코드체계에 따라 관리하고 있다.

2) 토지기록전산화(대장전산화)

토지기록전산화 사업의 목적은 물권 공시제도의 물적편성에 따라 개인 소유현황 파악이 곤란하고, 토지 거래의 익명성에 따른 투기거래 성행, 각종 토지 관련 정보의 행정업무 활용의 비효율성, 각종 토지 행정기법의 한계성 등을 해결하기 위해 추진되었다.

전산화를 위해서는 요구되는 대상 전반에 관하여 ① 업무처리 절차의 표준화, ② 자료의 통일성, ③ 자료의 무결성, ④ 전산상 코드의 표준화, ⑤ 전산화 대상 기관의 관리자 및 실무자의 전산 마인드 함양과 교육, ⑥ 관련 법규 등의 사전준비를 필요로 하게 된다. 토지기록전산화 사업에서도 다음과 같은 전산화를 위한 준비를 거쳐 추진되었다.(한국교육개발원 1997, p.206-207)

기간	사전준비 내용
1975	지적법 개정
1975~1978	토지 · 임야대장 카드화
1978~1982	1 · 2차 시범사업 및 교육
1979~1980	소유자 주민등록번호 등재
1981~1984	면적단위를 척관법에서 미터법으로 환산 및 등록
1982~1984	기존자료 정비

특히 지적법 전문개정으로(1975.12.31.) 1910년부터 시작된 토지 · 임야조사사업으로 작성된 지적공부의 전산화 기반을 조성하게 되었는데, 대표적인 내용은 다음과 같다. (지종덕 2012, p.34-35)

- 한지부책식 대장을 카드식 대장으로 개선하는 것이며, 카드식 대장에는 앞에서 설명한 코드체계를 도입하였다. 이는 이후 실시된 토지기록전산화 사업의 기반이 되었다.

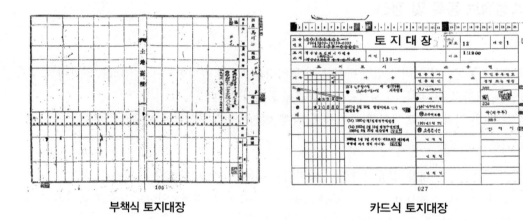

부책식 토지대장   카드식 토지대장

- 면적단위를 척관법에 의한 평(坪), 보(步)에서 미터법에 의한 ㎡로 환산하여 단위를 통일하도록 하였다.

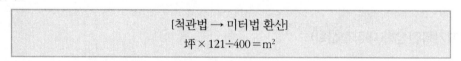

[척관법 → 미터법 환산]
$$坪 \times 121 \div 400 = m^2$$

- 토지 및 임야대장에 토지소유자의 주민등록번호를 등록하도록 등록사항을 신설하였다. 또한 비법인 등록번호부여체계를 마련하여 토지소유자의 검색 및 분류 등 다양한 통계활용이 가능하도록 하였다. 주민등록번호 이외에도 법 개정으로 추가된 등록사항으로 도호, 용도지역 등이 있다.

(1) 코드화 작업

일반적으로 코드화란 사물을 표현하는 기호 또는 부호화된 정보로서 정해진 지침에 따라 취득된 각 등록사항을 계통적인 숫자 또는 기호로 바꾸어 전산매체에 기록하는 것을 말한다. 따라서 토지기록전산화 작업의 효율적인 추진을 위해서는 등록사항 및 행정업무의 전산화 가능범위를 정하고 컴퓨터가 읽을 수 있도록 코드화 작업을 실시해야 한다.

지적공부의 속성정보에 대한 코드화 작업은 부동산종합공부시스템 운영 및 관리규정에 따라 이루어진다. 속성자료는 항목의 가짓수가 정해져 있는 경우와 정해져 있지 않은 경우가 있다. 예를 들어 지목의 경우 28가지로 정해져 있기 때문에 이를 문자로 인식하여 입력할 때, '목장용지'의 경우 8바이트의 저장 공간이 필요하게 되지만, 28가지 지목에 각각에 대하여 두 자리 수의 번호를 부여하면 2바이트의 저장 공간이면 충분하며, 자료의 입력속도를 높일 수 있다. 또한 코드화 작업은 정보에 대한 표준화 기능을 가지며, 중복되는 내용의 간소화 및 분류 등 다음 표와 같은 기능에 의해 운영되고 있다. 이 중 일반적인 코드의 3대 기능은 식별기능, 분류기능, 배열기능이다.(한국교육개발원 1997, p.81, 210-211)

기능	내용
표준화 기능	정보의 다양성과 위치에 따라 변하지 않도록 통일성 유지
간소화 기능	효율화 관점에서 정보를 간략하게 하는 역할
분류 기능	그룹의 관점에서 정리하는 역할
식별 기능	혼동 또는 착각을 방지하는 역할
암호 기능	비밀유지 또는 보안유지 역할
배열 기능	질서의 관점에서 배열하는 기능

출처 : 한국교육개발원 1997, p.211

지적공부 등록사항에 대한 코드 체계 중 일부를 살펴보면 다음과 같이 구성되어 있다.(부동산종합공부시스템 운영 및 관리규정 별표 3)

① 행정구역

코드체계	*	*	*	*	*	*	*	*	*	*
	시·도 (숫자 2자리)		시·군·구 (숫자 3자리)			읍·면·동 (숫자 3자리)			리 (숫자 2자리)	
코드										

② 대장구분

코드체계	* ← 숫자 1자리		
코드	내용	코드	내용
1	토지대장	8	토지대장 (폐쇄)
2	임야대장	9	임야대장 (폐쇄)
.	.	.	.
.	.	.	.
.	.	.	.

③ 축척구분

코드체계	* * ← 축척 수치의 앞 2자리		
코드	내용	코드	내용
00	수치	12	1 : 1200
05	1 : 500	24	1 : 2400
06	1 : 600	30	1 : 3000
10	1 : 1000	60	1 : 6000

④ 지목

코드체계	* * ← 숫자 2자리		
코드	내용	코드	내용
01	전	15	철도용지
02	답	16	제방
.	.	.	.
.	.	.	.
.	.	.	.

⑤ 소유 구분

코드체계	* * ← 숫자 2자리		
코드	내용	코드	내용
00	일본인, 창씨명 등	05	군유지
01	개인	06	법인
02	국유지	07	종중
03	외국인, 외국공공기관	08	종교단체
04	시, 도유지	09	기타단체

(2) 토지 · 임야대장 카드화(1975~1978년)

부책식 대장을 카드화 작업을 실시한 것으로 문자는 한글과 아라비아 숫자로 기재하며, 정형화된 문자는 인장을 제작하여 날인하는 것을 원칙으로 다음과 같은 방법으로 작업하였다.(창원시 진해구 2020, p.237-238)

① 고유번호, 면적, 주민번호, 지번, 직인 인장번호의 인장은 각 단위숫자를 0~9까지 두되 각 숫자를 회전할 수 있도록 한다.

② 면적의 경우 각 단위마다 별(★)표를 추가로 두어 단위 앞에 가필을 할 수 없도록 한다.

③ 토지소재, 지목, 토지이동 사유 및 소유권변동은 종목별로 인장을 제작하여 날인한다.

④ 지목과 사유 및 권리변동은 전산화를 대비하여 종류별로 일련번호를 부여한다.

⑤ 연월일, 이동지번, 소유자 주소, 성명 또는 명칭은 필기한다.

⑥ 지적도의 부호, 매수, 비고, 등급, 용도지역 등은 인장과 필기를 선택할 수 있다.

⑦ 인장날인 인주와 필기용 잉크는 고속흡입이 되고 변질되지 않는 흑색 또는 적색의 특수 제도잉크와 인주 또는 스탬프를 사용한다.

카드식 대장의 기재사항의 범위 및 대상, 확인대조는 다음과 같은 방법으로 작업하였다.

① 카드식 대장 기재 기준은 작성일 현재 부책식 대장의 등록사항의 최종 제원 및 사유만을 기재한다.
- 토지이동의 최종 제원 및 사유
- 토지등급 및 기준수확량 등급의 최종 설정 및 수정 연월일 및 등급
- 최종 토지소유자의 권리이동 원인과 변동 연월일, 주소, 성명 또는 명칭

② 조사 및 법 개정 후 기재사항
- 조사 후 기재사항 : 도호, 용도지역, 주민등록번호
- 법 개정 후 기재사항 : 미터법에 의한 면적 환산

③ 기재사항의 작성자는 사유 첫 란 상부에 '연월일 작성'이라 하고 말미에 작성자가 날인하고, 확인자는 소유자 성명 또는 명칭란 말미에 공부와 대조하여 확인 날인한다.

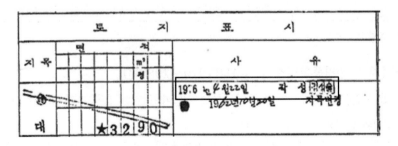

카드식 대장 작성 시 부책색 대장에 기록된 모든 연혁을 기록하지 않았으며, 척관법 단위의 면적이 기재되었다. 이는 이후에 진행할 미터법 환산 등 방대한 업무량에 대비하여 신속한 전산화를 위한 조치이다.

(3) 1 · 2차 시범사업(1978~1982년)

1차 시범사업	기간	1978~1982년
	목적	지적사무처리의 전산화로 지적행정의 능률을 극대화하고, 급증하는 지적민원의 전산 자동처리로 대민서비스를 획기적으로 개선하여 신뢰받는 지적행정체계 구축
	사업 내용	대전시를 대상으로 총18개 항목의 등록사항 전산입력 • 토지표시사항 : 토지소재, 지번, 지목, 면적, 이동사유 및 일자, 고유번호 • 소유권표시사항 : 소유자 주소, 성명, 주민등록번호, 변동일자 및 원인 • 기타사항 : 토지등급, 기준수확량등급 및 수정일자, 도면번호
2차 시범사업	기간	1978~1981년
	목적	행정 전산화를 통한 행정효율화, 전국적 규모로 확대 적용 시 발생 가능한 시행착오적 물적 낭비요인의 극소화, 기존설비의 최대한 활용
	사업 내용	충청북도 내 11개 시 · 군의 데이터베이스 구축 및 사무처리 분석 • 토지(임야)대장 속성 입력을 통한 데이터베이스 구축 및 토지 관련 정보의 효율적 관리방안 도출 • 지적부서의 각종 민원사무를 신속 · 정확하게 처리하기 위한 시간낭비 요인 등 분석 • 관련업무 전산화를 통한 토지행정의 호환성 향상 방안 도출

출처 : 지종덕 2012, p.32-33

(4) 토지소유자 주민등록번호 등재정리(1979~1980년)

전산화를 위한 토지소유자의 주민등록번호 등재를 위해 실시한 작업으로 다음과 같이 진행하였다.(창원시 진해구 2020, p.259-261)

① 등재 대상은 필지별 조사일 현재 소유자를 대상으로 하였으며, 국가, 공공기관, 사회단체, 각종 법인의 소유토지와 소유자 미복구 토지는 제외하였다.

② 소유자의 등재정리는 소유자의 자진신청을 권장하여 정리하되, 신청되지 않은 토지는 직권으로 조사하였다. 자신신청을 권장하기 위해 신문, 방송망 등 매스컴, 반상회, 군보, 도보 기타 간행물을 통하여 홍보를 실시하였고, 리 · 동 회의 시 주민을 계도하도록 하였다.

③ 직권조사는 읍 · 면 · 동에 비치된 주민등록표, 호적부 등을 대조확인 또는 조회하여 정리하였다. 또한 지적공부 발급 신청 등 지적민원업무 접수 시에도 조사하여 정리하였다.

④ 조사절차는 행정구역별로 순차조사 정리하는 것을 원칙으로 하며, 다음과 같이 진행하였다.

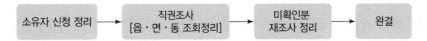

미확인분 재조사 정리는 토지(임야)대장상 미정리분을 발췌하여 등기부를 대조확인 및 기타자료를 조사하여 정리하였다. 또한 미등기토지, 10년 이상 소유권 변동이 없는 토지(시지역), 기타 소유권 확인이 필요하다고 확인되는 토지 등은 등기부와 대조확인한 후 주민등록번호를 등재 정리하였다.

주민등록번호 등재를 위한 카드식 대장 정리순서는 다음과 같다.

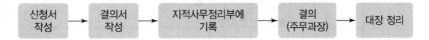

국가 및 지방자치단체, 외국인, 외국 공공기관, 법인 아닌 사단 · 재단 등은 고유성과 범용성이 있도록 연구를 통해 별도의 등록번호를 부여하였다.

(5) 미터법 환산 등록(1981~1984년)

토지조사사업 당시 면적 등록은 평(坪)으로 하였으며, 임야조사사업당시 면적 등록은 정(町) · 단(段) · 무(畝) · 보(步)로 하였다. 면적 또한 토지의 면적이라는 뜻에서 지적(地積)으로 불렸다. 1975년 지적법 개정으로 척관법에 의한 평(坪)과 무(畝)를 미터법에 의한 평방미터로 개정하였고, 이후 1986년 지적법 개정으로 '평방미터'를 '제곱미터'로 개정하였다.

1975년 지적법 개정으로 '지적(地積)'을 '면적(面積)' 명칭을 변경하여 용어의 혼동을 방지하고, 면적에 대한 정의를 명확히 하였다. 면적은 지적측량에 의하여 지적공부에 등록한 필지의 수평면상 넓이로, 수평면상 넓이는 지표상에서 측정한 도형을 수평면에 투영한 넓이를 말한다.

평(坪)을 평방미터(m²)로의 환산 상수는 다음과 같은 방법으로 산출되었다.(한국국토정보공사 中 권 2018, p.117)

① 길이단위 계산(척(尺) 단위자와 미터(m) 단위자의 상수 산출)

- 척(尺) 단위 11칸(間)이 미터 단위자 20m에 일치
- 20m/11間＝1.18181818181m

② 면적단위 계산

- 1평(坪) = 1.18181818181m × 1.18181818181m = 3.3058m²
- 또는 1평(坪) = (20m × 20m)/(11間 × 11間) = 400/121 = 3.3058m²

③ 면적단위 상수

- 평(坪)에서 제곱미터(m²) 환산 상수 : 3.3058
- 평방미터(㎡)에서 평(坪) 환산 상수 : 0.3025

위의 면적단위 상수를 적용하여 평방미터로 환산하여 기재하고, 기존의 척관법 면적은 2선으로 폐지하였다. 사유란에는 '연월일 평방미터로 환산등록'이라고 기재하였다. 면적 단위 앞에는 가필을 하지 못하도록 별(★)표를 기재한 것을 볼 수 있다.

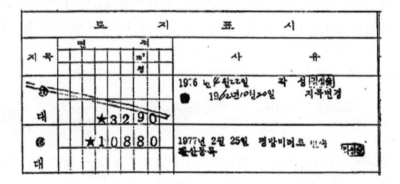

(6) 토지기록전산 자료 작성(1982~1984년)

1982년에 시달된 '토지기록전산입력자료작성지침'에 따라 전국의 토지(임야) 대장 등에 대한 전산화 입력작업이 다음과 같은 절차로 실시되었다.(지종덕 2012, p.35-37)

① 행정구역 순서에 따라 읍 · 면, 리 · 동별 지번순서로 토지(임야) 대장을 복사하였다. 이때 토지표시와 소유권표시의 최종 사유가 나타나도록 복사하였다.

② 토지(임야) 대장상 등록사항을 코드체계 등에 의해 전산 입력하였다.

③ 전산 입력이 완료된 원시자료는 리 · 동별 지번순서로 500필 단위로 편철하였으며, 잔여분이 200필 미만인 경우 당해 리 · 동의 최종분에 합철하도록 하였다. 동별로 200필 미만인 임야대장은 읍 · 면단위로 편철하되 노란색 중간표지를 넣어 구분하도록 하였다.

④ 전산입력이 완료된 데이터를 출력하여 소유권변동 사항을 중점적으로 확인하여 오류가 표시된 사항은 토지표시사항까지 확인하였다.

⑤ 전산화 작업 중 변동자료에 대하여 1개월 단위로 정리순서에 따라 이동종복의 구분 없이 편철하였다. 다만 토지 이동정리와 소유권 이동정리는 구분 편철하여 누락 · 중복 등의 착오가 없도록 지적사무정리부와 대조 · 확인하였다.

3) 속성정보의 갱신(토지이동)

지적공부의 속성정보를 등록한 이후 원활한 관리를 위해서는 속성정보의 실시간 갱신이 중요한 사항이다. 속성정보의 갱신에 대해서 「공간정보의 구축 및 관리 등에 관한 법률」 제77조 내지 제82조는 토지이동의 발생 시 토지소유자의 신청의무를 명시하고 있으며, 동법 시행령 제82조는 등록사항에 정정사항이 발생하는 경우 직권으로 조사·정정할 수 있도록 하고 있다. 또한 법 제88조는 등기전산 정보자료와 비교하여 토지소유자 등의 정보의 부합 여부를 확인하고 정리할 수 있도록 하고 있다. 따라서 토지소유자 등 이해관계인의 신청, 지적소관청의 현지조사 및 직권정정, 등기관서 등 관계기관의 통보 등에 따라 속성정보를 갱신한다.

(1) 토지소유자의 신청

법 제77조 내지 제81조는 토지이동(신규등록, 등록전환, 분할, 합병, 지목변경 등)이 있는 경우 토지소유자가 토지이동 신고를 하도록 규정하고 있으며, 법 제84조는 지적공부의 등록사항에 잘못이 있음을 발견하면 지적소관청에 정정을 신청할 수 있도록 하고 있다. 따라서 토지 관리의 주체인 토지소유자가 토지이동 등이 발생한 경우 일정 기간 이내에 지적소관청에 신청하고, 이를 기초하여 지적소관청은 지적공부의 정보를 갱신하게 된다. 물론 「공간정보의 구축 및 관리에 관한 법률」뿐만 아니라 타 법령의 저촉사항도 검토를 마쳐 이루어지며, 신규등록, 등록전환, 분할, 합병 등에 있어서는 속성정보뿐만 아니라 도형정보까지 갱신하여야 속성정보와 도형정보가 일치하게 유지할 수 있다. 법 제77조 내지 제81조의 신고의무를 이행하지 않은 토지소유자에 대한 별도의 처벌 규정은 없으나 이를 거짓으로 신청하는 경우에는 1년 이하의 징역 또는 1천만 원 이하의 벌금에 처하도록(법 제109조 10호) 규정하고 있어 지적공부의 합법성, 최신성 등을 유지하도록 노력을 기울이고 있다.

(2) 지적소관청의 현장조사 및 직권정정

법 제64조 제2항은 토지이동이 잇는 경우 토지소유자의 신청을 받아 지적소관청이 결정하여 등록하지만, 신청이 없는 경우 지적소관청이 직권으로 조사 및 측량을 실시하여 토지이동을 결정하고 지적공부를 정리할 수 있도록 하고 있다. 이는 토지의 사실관계를 기록하는 지적공부와 실제 현황과 일치하지 않는 경우 실세계를 착각하여 발생할 수 있는 다양한 문제를 사전에 방지하기 위함이다. 한국은 토지조사사업으로 지적공부를 등록한 이후 한국전쟁 등의 지형·지물 등의 훼손과 급격한 도시화 등으로 지적공부의 등록사항과 실제 현황이 일치하지 않는 부분이 있고, 이를 개선할 수 있도록 지적소관청의 직권정정 권한과 등록사항정정, 바다로 된 토지의 등록말소 등의 규정을 두고 있으나 전 국토의 14.8%에 해당하는 토지의 지적불부합으로 인해 지적재조사에 관한 특별법을 제정하고 지적재조사사업을 추진 중에 있다.(김일·문승주 2020, p.10-14)

(3) 관계기관의 통보

법 제88조는 등기전산정보자료와 비교하여 토지소유자 등의 정보의 부합여부를 확인하고 정리할 수 있도록 하고 있으므로, 관계기관에서 관리하는 정보가 변경되는 경우 지적공부의 정보도 갱신하여야 한다. 관계기관 정보를 등록해야 하는 사항으로 법 제71조 및 규칙 제68조는 소유자 성명 및 주소, 소유권지분, 대지권비율, 개별공시지가와 기준일, 전유부분의 건물표시, 건물의 명칭 등이 있으며, 지적재조사에 관한 특별법 제24조 및 규칙 제13조는 구분지상권에 관한 사항, 도로명주소, 「토지이용규제 기본법」에 따른 토지이용과 관련된 지역 · 지구 등의 지정에 관한 사항 등을 규정하고 있다. 도형정보에 해당하지만 지상건축물 및 지하건축물의 위치도 또한 등록하도록 하고 있다.

3. 도형정보 등록 및 갱신

1) 개요

토지정보체계에서 도형정보는 주로 지적도, 임야도, 경계점좌표등록부 등의 공부에 등록사항으로 각 필지의 위치를 특정하는 중요한 정보이다. 도형정보는 대부분 위치를 나타내는 정보로 일반적으로 측량을 통해 수집된다. 따라서 「지적측량 시행규칙」 제5조에서 규정하고 있는 측량방법인 평판(平板)측량, 전자평판측량, 경위의(經緯儀)측량, 전파기(電波機) 또는 광파기(光波機)측량, 사진측량 및 위성측량 등의 방법에 따라 현장에서 취득된 정보로 등록하여야 한다. 그러나 토지(임야)조사사업으로 지적 · 임야도에 등록되어 있거나 경계점좌표등록부에 의해 좌표형태로 등록된 경우 기 등록된 도면상의 경계를 전산화하는 작업을 실시하게 되었다.

(1) 특징

도형정보는 다음과 같은 특징으로 이루어져 있다. (송용희 · 조정관 · 민웅기 2013, p.72)

① 지적도, 임야도, 경계점좌표등록부 등이 이에 해당한다.
② 점, 선, 면과 같이 위치, 형태, 크기, 방위 등을 가지는 정보이다. 지적기준점, 경계점 등은 점의 형태로, 행정구역 선 등은 선의 형태로, 경계는 면의 형태를 띠게 된다.
③ 객체 간의 공간적 위치관계를 설명할 수 있는 공간관계를 갖는다. 지적도의 도형과 토지대장상의 속성정보는 식별자인 지번에 의해 연결된다.
④ 일필지의 위치, 경계점간 거리, 주변 토지와의 거리 등을 파악할 수 있다.

도형정보는 공간자료 또는 공간정보라는 표현으로도 사용되며, 컴퓨터에서 저장 · 처리하는 방식에 따라 벡터방식과 래스터방식으로 나뉜다. 지적공부 중 도형정보를 다루는 지적도, 임야도, 경계점좌표등록부는 벡터방식의 데이터를 관리하며, 최근 등록정보의 확대 및 업무활용의 확대를 위해 항공사진 또는 드론영상의 중첩 등으로 래스터방식의 데이터가 수집되어 관리되고 있다. 다만, 해당 자료는 법적으로 규정되어 있는 것은 아니다. 도형정보의 구성요소에 대해서는 '2.1 데이터의 종류'에서 이미 설명하였으므로 이를 참고하기 바란다.

(2) 레이어

레이어란 하나의 주제와 관련된 자료로 작성된 것으로 GIS에서는 대표적인 사례로 도로망도, 수계망도 등이 있다.(국토지리정보원 2016, p.84) 지적공부인 지적도, 임야도의 경계를 비롯한 등록사항은 다음 표와 같이 레이어를 관리하고 있다.

레이어 번호	등록사항	타입	비고
1	경계	LINE	각 필지별 경계
10	지번	TEXT	Point 값으로 필지 경계 내에 위치
11	지목	TEXT	Point 값으로 필지 경계 내에 위치
30	문자정보	TEXT	제명, 행정구역 명칭, 각종문자 등
60	도곽선	LINE	

2) 도면전산화

(1) 지적도면의 정비

지적도면 전산화에 앞서 지적도면 전산화의 기본 자료가 되는 지적·임야도 및 수치지적부를 점검하여 오류사항 및 누락사항이 있을 경우 사전에 지적소관청이 정비하는 작업이다.

① 지적도면 정비 작업을 실시하기 위한 기초자료 및 정비대상은 다음 표와 같다.

구분	장부
기초자료	지적도, 임야도, 일람도, 지번 색인표, 수치지적부 및 수치지적도, 지번별 조서, 폐쇄도면, 토지조사 세부측량원도, 토지이동 측량결과도, 지적공부 정리 결의서, 지형도·항측도 및 관련도면 등
정비대상	지적도, 임야도, 지번색인표, 수치지적부, 일람도, 색인도

② 지적도면 정비절차는 ㉠ 리·동 및 축척별로 현재의 도면 수량을 파악하여 지적 공부 목록 현황과 대조하고, ㉡ 일제 정비 착수 전 리·동별 정비계획에 따라 지적·임야도면을 복사하여 리·동별로 편철한다. ㉢ 도면에 등록된 오류 사항이 발견될 경우 '지적공부 오류등록사항 관리대장'에 기재하고 증빙 서류를 첨부하여 토지이동정리결의서를 작성 후 지도면 오류사항을 정비한다.

③ 등록사항별 정비방법

정비 항목	정비방법
도호	• 1/5,000∼1/25,000 지형도에 좌표계(원점)별, 축척별, 행정구역별로 지적도, 임야도의 도곽을 묘화하여 도면번호의 정확성 여부 확인 • 지적 · 임야도의 제명에 도면장수와 도면번호의 정확한 기재 여부 확인 및 정비 • 경지정리사업 등이 완료되어 동일 축척으로 지구 내 · 외 도면의 번호가 동일하게 부여되어 있는 경우와 증보도면이 있는 경우 해당지역의 마지막 도면번호의 다음 번호부터 순차적으로 일련 번호를 부여하고 '도면번호 변경관리 대장'조서를 작성
도곽선	• 수작업으로 재작성한 도면 중 도곽 크기를 임의로 조정하여 작성하였거나 산토지대장(간주 지적도)지역의 도면은 세부측량원도와 폐쇄도면을 참고하여 도곽 정비 • 도곽선이 훼손되어 있을 경우에는 세부측량원도와 폐쇄도면의 도곽선을 참고하여 도곽선의 교차점에 주선 1cm 길이의 십자선 표시 • 도곽선이 구획되어 있지 않은 도면은 세부측량원도를 참고하여 구획 • 지적측량 원점명 및 기타 원점지역의 명칭을 제명 마지막에 연필로 기재 (○○군 ○○면 ○○리 지적도 ○○장중 제 ○○호 축척 ○○○분의 1 '(구암)')
도곽선 수치	• 도곽의 수치가 누락된 도면은 일람도와 인접도면의 도곽 수치를 확인하여 좌측 하단부와 우측 상단부에 종 · 횡선 도곽 수치를 붉은색으로 제도하며, 정규 도곽이 아닌 임야도 등은 지적도를 참조하여 제도 • 도곽의 수치가 기재되어 있지 않은 도면의 정위치 및 비정위치 판단방법 지적기준점 설치 도곽 내 2점 이상 → 지적기준점으로 현황측량 → 정위치 : 도곽수치 기재 / 비정위치 : 도곽선 재구 • 도곽선수치 정비 절차 1/5,000 지형도에 지적 · 임야도 도곽선의 크기로 구획하여 지적 · 임야도의 도곽선과 대비 ↓ 현황측량 결과와 지적 · 임야도 및 1/5,000 지형도, 항측도 등 관련 자료를 검토하여 도곽선 수치를 결정 ↓ 현황측량이 불가능한 지역은 지적 · 임야도를 신 · 축도하여 1/5,000 지형도 등을 이용하여 도상좌표로 결정 ↓ 좌하단 또는 우상단 1지점의 좌표가 결정되면, 도곽선의 크기를 가감하여 다른 도곽선의 수치를 결정하되, 정규도곽이 아닌 임야도 등은 특히 유의하여야 함 • 도곽의 수치가 기재되어 있지 않은 도면은 '도곽선수치미결정현황' 조서를 작성하여 관리
행정구역	• 행정구역선이 2종 이상 겹치는 경우 : 최상급 행정구역선만 표시 • 행정구역이 변경된 도면 : 현재의 행정구역 명칭으로 제명을 정비 • 행정구역 명칭이 누락된 경우 : 명칭을 기재

정비 항목	정비방법
행정구역	• 행정구역경계 일제 조사 · 정비방법 행정구역경계는 폴리에스터필름 또는 트레이싱페이퍼로 정비도면을 작성하여 경계 부합 여부 조사 ↓ 행정구역경계가 중첩 또는 이격되는 경우에는 세부측량원도, 폐쇄도면 등 관련 자료를 조사하고 시 · 군 · 구 경계선인 경우에는 인접 소관청과 공동으로 현지 확인을 거친 후 경계를 결정 – 행정구역경계가 이격되어 중앙으로 경계를 결정할 경우 : 경계점을 좌표로 산출하여 결정하고, 좌표는 결의서에 첨부. 단, 경계가 이격되었다고 하여 신규등록을 하여서는 아니 됨 – 지구 외로 제척된 토지가 나중에 축척변경하여 소축척에 남아 있는 토지는 말소하여야 함
지적 · 임야도	• 대장정보와 도면정보의 토지소재, 지번, 지목을 일치시킨 다음 작업을 진행 • 경계선이 불분명한 경우 : 세부측량원도, 폐쇄도 또는 토지이동측량 결과도를 조사하여 정비 • 구획(경지)정리지구 등으로 토지이동정리가 불분명한 경우 정비방법 　– 지구 내 지역의 채색이 누락된 도면 : 붉은색으로 엷게 채색 　– 구획정리, 경지정리, 연속지, 광대지 등 대단위 사업이 완료된 지역 : 토지이동 정리 누락사항을 확인하여 정비 　– 지구 외로 제척된 토지이동정리사항 : 지구계분할측량결과도 및 이동지결의서와 대조하여 정비 • 등록전환 및 축척변경 후 도면 정비방법 　– 등록전환된 필지는 임야도 말소 여부와 지적도면에 등록 여부를 확인하여 정비 　– 축척변경된 지번은 양홍 쌍선으로 말소 정비 　– 지적도와 임야도에 이중으로 등록된 필지는 지적사무처리규정에 의거 정비하고, '이중등록지관리대장' 조서를 작성 　– 등록전환되어 지적도와 임야도 모양이 서로 상이한 필지는 등록 당시 측량결과도 등을 확인하여 정비하며, 특히 구법에 의하여 신규등록 방식으로 지적도에 등록된 필지는 임야도, 지적도, 측량결과도를 참고하여 정비 　– 2개의 도곽 이상에 등록되어 있는 필지가 경계선, 지번, 지목이 누락되었거나 중복된 필지는 일필지 조회, 이동정리 결의서, 측량결과도 등을 조사하여 정비하여야 하며, 면적이 큰 쪽에는 흑색으로 주기하고, 다른 도곽에는 홍색으로 주기 • 도곽선에 걸쳐 있던 필지가 분할되어 전 필지가 도곽선 밖에 위치하게 된 경우 : 기존 도곽의 경계를 말소하고, 해당 도곽선 안에 경계 · 지번 및 지목을 제도하여 정리 • 도면이 더럽혀진 경우 : 도면등록사항(경계선, 지번, 지목 등)이 훼손되지 않도록 '연한 지우개'로 깨끗이 정비 • 굴곡점 판단이 곤란한 경계점 : 6H 이상 연필로 지적선의 수직방향으로 2~3mm 크기의 삐침선을 표시
수치 지적부	• 수치지적부에 등록된 사항을 점검하여 변경된 좌표와 부호의 오류가 있는 경우 : 지적사무처리규정에 따라 정비 • 필지 속에 필지가 있는 경우 : 바깥쪽의 종번 이후의 번호부터 순차적으로 부여 • 토지(임야)대장에 등록된 지목을 수치지적부의 '비고'란에 지목코드와 지목을 연필로 기재

(2) 지적도면 전산파일 작업

지적도면 전산파일은 도면의 신 · 축에 관계없이 현상태 그대로 작성하며, 전산데이터의 취득 단위는 mm 단위로 소수점 이하 2자리 이상 취득하여야 한다.

① 작업 순서

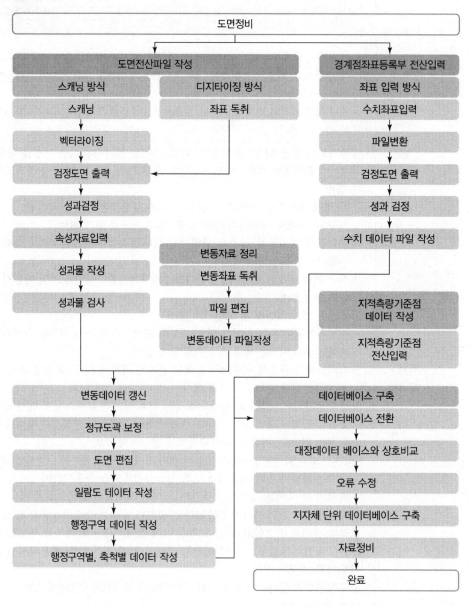

② 지적도면 전산화 파일 포맷 및 파일명 부여방법

<table>
<tr><td rowspan="8">**파일 포맷**</td><td colspan="1">**파일 내용**</td><td>**형식**</td><td>**비고**</td></tr>
<tr><td>스캐너에 의하여 작성된 이미지 파일</td><td>TIF</td><td></td></tr>
<tr><td>이미지 데이터를 이용한 벡터라이징 결과 파일</td><td>VCF</td><td></td></tr>
<tr><td>독취기(Digitizer)에 의한 독취</td><td>MAP</td><td></td></tr>
<tr><td>지적도 제도 및 속성자료 입력 파일</td><td>KSL</td><td></td></tr>
<tr><td>임야도 제도 및 속성자료 입력 파일</td><td>KSM</td><td></td></tr>
<tr><td>수치지적부, 지적측량기준점 입력 파일</td><td>CSV</td><td></td></tr>
<tr><td>최종 결과 파일</td><td>DXF</td><td>VER 12 또는 13</td></tr>
<tr><td>지적도면 데이터베이스</td><td>LSIFF</td><td></td></tr>
<tr><td>**파일명 부여**</td><td colspan="3">

□ □□ □□□ □□ □□ □□□.□□□
- 확장자(3자리)
- 도면번호(3자리)
- 축척 코드(2자리)
- 리 코드(2자리)
- 읍·면·동 코드(3자리)
- 시·군·구 코드(3자리)
- 시·도 코드(2자리)

</td></tr>
</table>

③ 지적도면 전산화 방법
- 지적도면의 수치화는 스캐너로 스캐닝한 이미지 데이터를 벡터라이징하거나, 좌표독취기로 디지타이징하는 방법에 의한다.
- 스캐닝과 디지타이징 작업은 지적·임야도 원본을 이용하여 작업하여야 한다.
- 도면으로부터 취득 할 도형 및 속성자료 중 도형자료는 도곽점(4점), 일필지 경계점, 행정구역선, 속성자료는 행정구역명칭, 도면의 장번호, 지번, 지목, 도곽선 수치, 축척, 원점명을 대상으로 한다.

④ 스캐닝
- 스캐닝 작업 대상 : 폴리에스터 필름, 일반켄트지, 알루미늄 켄트지도면 중 보존 상태가 양호한 지적도
- 스캐닝 작업 : 장비를 충분히 예열한 후 도면을 지정된 위치에 반듯이 편 상태로 흡착시키고 작업을 시작
- 벡터라이징 작업 시 선의 굵기는 0.1mm로 설정하여 작업
- 벡터라이징은 스크린 디지타이징 방식에 의하되 반드시 수동으로 하여야 하며, 이미지파일을 80배 이상 확대한 상태에서 작업
- 경계점 디지타이징 작업은 필지별 독취 또는 외선독취방법으로 하되 불필요한 굴곡점을 만들어서는 아니 됨

⑤ 디지타이징

- 디지타이징 작업 대상
  - 도면의 훼손이 심하여 스캐닝 작업으로는 식별이 어려운 도면
  - 도면의 재질이 한지배접지로 작성된 도면
  - 지질이 양호하더라도 한 개의 도곽 내에 필지수가 적은 도면과 같이 스캐닝 작업이 비효율적인 도면
- 디지타이저로 작업할 경우 지정된 위치에 도면을 평평하게 흡착 또는 압착시킨 후 작업
- 경계점 디지타이징 작업은 필지별 독취 또는 외선독취방법으로 하되 불필요한 굴곡점을 만들어서는 아니 됨

⑥ 지적도면의 전산화를 위한 데이터의 입력 내용

행정구역 명칭, 도면번호 및 축척, 도곽선 및 도곽선수치, 행정구역선, 필지 경계선, 지번 · 지목, 작업자 표시, 기타 도면상에 기재되어 있는 필요한 사항

⑦ 전산파일 편집방법

구분	편집방법
도곽선 및 필계점좌표의 기준	• 해당 지적도면에 기록된 평면직각종횡선좌표를 기준으로 가산 • 통일원점 지역은 m 단위 • 특별소삼각지역은 m 단위 • 구소삼각지역은 간(間)으로 하되, 그중 m 단위를 사용하는 지역은 m 단위
필계점좌표	• 해당 도면의 축척으로 변환 • 자릿수는 m 단위로 소수점 이하 3자리 이상
지번 및 지목	• 지번은 아라비아 숫자, 지목은 한글로 입력되어야 하며, 같은 종류의 속성이 중복되지 않아야 함, 글자는 명조체

- 필계점단일화 작업으로 중복되는 필지 경계선이 없도록 해야 함
- 필지경계의 폐합 처리 시 발생하는 허용오차는 '0'을 원칙으로 함
- 모든 데이터는 종류별로 레이어 구분을 하여야 함

파일 구분	레이어 구분		비고
	이름	번호	
도곽별 필지	도곽별 필지선	1	
	지번	10	
	지목	11	
	분할등록 필지	12	
	필지분리	13	
	도호	14	
	필지경계 참조선	15	
	필지 내 필지(Hole)	16	
도곽	도곽선	60	
	도호	61	
	동명	62	

- 지적도면에 표시되는 지번, 지목은 폐합된 필지 내부에 위치하여야 하며, 지적도의 축척
  으로 출력 시 인접 경계선 및 지번 등과 겹치지 않아야 함

(3) 도형정보 독취 시 발생 오차

① 오버슈트(Overshoot) : 교점을 지나 독취된 경우
② 언더슈트(Undershoot) : 인접 경계선에 미달된 경우
③ 스파이크(Spike) : 교차점에 선분이 만나지 못한 경우
④ 슬리버(Sliver Polygon) : 한 개의 선으로 입력되어야 하는 지점에 두 개의 선이 입력되어 좁
  고 긴 불필요한 폴리곤이 형성된 경우
⑤ 점/선 중복 : 이중 입력된 경우

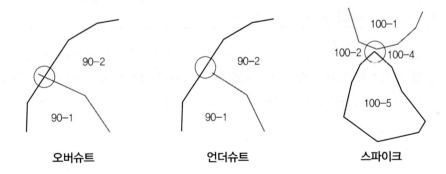

오버슈트   언더슈트   스파이크

(4) 성과물 검사 및 수정

① 벡터라이징 또는 디지타이징하여 작성된 도면파일을 폴리에스터필름(#150)에 제도 후 원본 도면과 대조하여 경계선의 이탈·누락과 지번·지목 등의 입력 사항을 육안으로 검사하여 오류사항 발견 시 즉시 수정

② 출력도면과 지적·임야도를 육안 대조하여 도곽선 및 필지경계선이 0.1mm 이상의 편차가 있는 경우 작업방법을 변경하거나 오류요인을 제거하고 재작업을 하여야 하며, 편차가 나는 부분을 지적·임야도와 맞추기 위하여 별도의 보정은 안 됨

③ 수치파일에 의하여 작성된 도면을 지적·임야도와 대조하여 필지 경계선 및 속성에 대한 검사 실시

④ 도호별 수치파일작성관리대장에 의하여 작업방법에 따라 성과품 검사

⑤ 도면에 제도된 경계선의 굵기 검사

⑥ 필지의 속성(지번·지목 등)을 지적·임야도와 대조 검사

⑦ 필지가 작아 육안으로 속성 및 경계선의 확인이 곤란한 경우 CAD프로그램 등을 이용하여 파일을 확대하여 원본과 대조검사

⑧ 스캐닝 방식에 의하여 작성된 도면의 경우 이미지파일, DXF납품파일과의 부합 여부 확인

(5) 경계점좌표등록부 전산입력 작업

경계점좌표등록부에 등재된 각 필지의 좌표를 필지별로 전산 입력하여 파일을 구축하는 작업으로 전산입력을 위한 기초자료 및 데이터의 입력내용은 다음 표와 같다.

기초자료	데이터의 입력 내용
• 수치지적부 원본 또는 복사본 • 수치지적도 원본 또는 복사본 • 수치지적도 일람도 원본 또는 복사본 • 토지대장 지번별 조서 원본 또는 복사본 • 이동측량결과도 및 계산부 원본 또는 복사본 복사	• 행정구역명칭 • 도면번호 및 장번호 • 지번·지목 • 필계점부호 및 좌표

① 경계점좌표등록부 전산입력 내역에 대하여는 '수치지적부 전산입력 관리대장'에 작성 연월일, 토지소재, 입력지번, 지번수, 파일명, 작성방법, 작성자 직·성명을 기록한다.

② 경계점좌표등록부 입력 레이어는 다음 표와 같다.

파일 구분	레이어 구분		비고
	이름	번호	
도곽별필지	도곽별 필지선	1	
	지번	10	
	지목	11	
	분할등록 필지	12	
	필지분리	13	
	도호	14	
	필지경계 참조선	15	
	필지내 필지(Hole)	16	
도곽	도곽선	60	
	도호	61	
	동명	62	

③ 경계점좌표등록부 입력파일의 형식은 다음과 같다.

```
st,,                         ───────────   파일 시작
0, 0, 0                      ───────────   본번, 부번, 지목코드
000000.00,000000.00,         ───────────   X좌표, Y좌표
  .                                          .
  .                                          .
  .                                          .
e,,                ───────────   필지 끝
en,,                          ───────────   파일 끝
```

④ 경계점좌표등록부 입력파일은 행정구역별, 축척별로 작성하며, 파일명 부여는 앞의 방법을 따라 도호를 제외한 12자리로 하며, 확장자는 csv로 한다.

⑤ 성과 검사 및 수정은 다음의 표와 같이 한다.

도면제도	입력된 수치파일을 도면형태로 변환하여 수치지적도와 동일한 형태로 폴리에스터 필름(#150) 용지에 검사용 도면 출력
검사 및 수정	입력된 데이터를 출력하여 수치지적부와 대조하여야 하며 오류사항이 발생할 경우 즉시 수정

3) 도형정보의 갱신

(1) 지적 · 임야도 정비

도면에 등록되어 있는 필지에 오류가 있어 정비를 요하는 필지를 정비대상필지로 한다. 여기서 말하는 지적 · 임야도에 등록되어 있는 필지의 오류의 유형은 다음 표와 같다.

지적공부	대분류	세분류	오류 내용	
지적도 임야도 지역	대장오류 (공부 상호 간 오류)	• 대장 또는 도면 누락 • 지목 · 축척 · 도면번호 기타 불일치 • 지번 중복		
	도면오류 (도면 자체 오류)	개별필지 오류	[공통사항] • 겹침 • 이격 • 중복 • 다중경계	• 선형왜곡 • 토지이동정리 오류 • 공백 • 면적공차 • 미세폴리곤 • 기타
		도곽간 필지 오류		• 선형왜곡 • 토지이동정리 오류 • 누락 • 나뉜필지 • 기타
		접합 오류 (축척간, 행정구역간, 원점간)		• 누락 • 공백 • 기타
경계점좌표 등록부지역	대장－도면간 오류	필지 오류	• 대장오기 및 산정오류	
		속성불일치	• 축척불일치	
	도면 오류	필지 오류	• 나뉜필지 • 겹침 • 대장도면간 누락 • 이격 • 기타	

① 정비참고자료

지적 · 임야도의 오류 정비를 위해 지적소관청은 다음의 정비참고자료를 준비하여야 한다.

참고자료	
• 폐쇄 지적(임야)도	• 경계점좌표등록부
• 폐쇄 토지(임야)대장(부책식 대장, 카드식 대장 포함)	• 확정측량계산부
	• 좌표면적 점간거리 계산부
• 토지(임야)조사부	• 지적측량현황데이터
• 세부측량원도	• 기준점성과표
• 지적복구도	• 정사영상
• 지적측량결과도	• 그 밖에 도면 정비 업무에 활용할 수 있는 자료
• 토지이동정리결의서	

② 도면정비 절차

도면정비를 위한 자료를 준비하여, 정비자료에서 오류를 추출한 후, 도면 오류유형을 분석하고, 정비대상필지 선정 후, 도면 오류정비를 실시하여, 정비데이터 검사를 한다. 검사 결과 이상 없으면 지적공부의 정정요청 및 반영을 하고, 정비완료데이터 관리 및 결과보고를 하는 순서로 진행되며, 지적 · 임야도면지역 및 경계점좌표등록부 지역의 세부적인 절차는 다음 그림과 같이 진행한다.

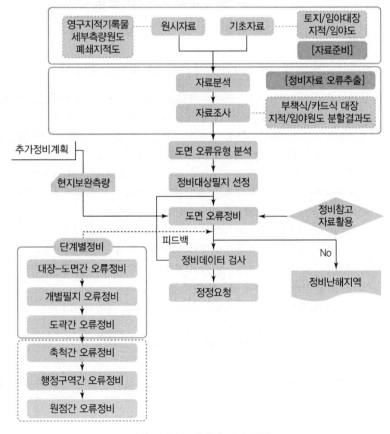

지적 · 임야도면지역 정비 절차

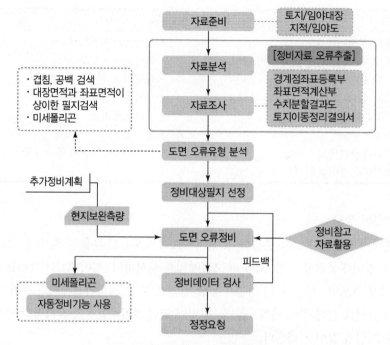

경계점좌표등록부지역 정비 절차

③ 기본원칙

• 정비대상필지 중 정비보류지역을 제외한 오류필지의 정비

> • 등록사항정정 준용 : 지적소관청은 지적공부의 등록사항에 잘못이 있음을 발견하면 대통령령으로 정하는 바에 따라 직권으로 조사 · 측량하여 정정할 수 있음
>
> • 지적소관청이 법 제84조제2항에 따라 지적공부의 등록사항에 잘못이 있는지를 직권으로 조사 · 측량하여 정정할 수 있는 경우는 다음 각 호와 같다.
>
> 1. 제84조제2항에 따른 토지이동정리 결의서의 내용과 다르게 정리된 경우
> 2. 지적도 및 임야도에 등록된 필지가 면적의 증감 없이 경계의 위치만 잘못된 경우
> 3. 1필지가 각각 다른 지적도나 임야도에 등록되어 있는 경우로서 지적공부에 등록된 면적과 측량한 실제면적은 일치하지만 지적도나 임야도에 등록된 경계가 서로 접합되지 않아 지적도나 임야도에 등록된 경계를 지상의 경계에 맞추어 정정하여야 하는 토지가 발견된 경우
> 4. 지적공부의 작성 또는 재작성 당시 잘못 정리된 경우
> 5. 지적측량성과와 다르게 정리된 경우
> 6. 법 제29조제10항에 따라 지적공부의 등록사항을 정정하여야 하는 경우
> 7. 지적공부의 등록사항이 잘못 입력된 경우
> 8. 「부동산등기법」 제37조제2항에 따른 통지가 있는 경우(지적소관청의 착오로 잘못 합병한 경우만 해당한다)
> 9. 법률 제2801호 지적법개정법률 부칙 제3조에 따른 면적 환산이 잘못된 경우

• 정비대상필지의 면적 및 경계의 허용오차 기준

• 등록전환이나 분할을 위하여 면적을 정할 때에 발생하는 오차의 허용범위 및 처리방법 준용
1. 등록전환을 하는 경우
    가. 임야대장의 면적과 등록전환될 면적의 오차 허용범위는 다음의 계산식에 따른다. 이 경우 오차의 허용범위를 계산할 때 축척이 3천분의 1인 지역의 축척분모는 6천으로 한다.

    $$A = 0.026^2 M \sqrt{F}$$

    (A는 오차 허용면적, M은 임야도 축척분모, F는 등록전환될 면적)
    나. 임야대장의 면적과 등록전환될 면적의 차이가 가목의 계산식에 따른 허용범위 이내인 경우에는 등록전환될 면적을 등록전환 면적으로 결정하고, 허용범위를 초과하는 경우에는 임야대장의 면적 또는 임야도의 경계를 지적소관청이 직권으로 정정하여야 한다.
2. 토지를 분할하는 경우
    가. 분할 후의 각 필지의 면적의 합계와 분할 전 면적과의 오차의 허용범위는 제1호가목의 계산식에 따른다. 이 경우 A는 오차 허용면적, M은 축척분모, F는 원면적으로 하되, 축척이 3천분의 1인 지역의 축척분모는 6천으로 한다.
    나. 분할 전후 면적의 차이가 가목의 계산식에 따른 허용범위 이내인 경우에는 그 오차를 분할 후의 각 필지의 면적에 따라 나누고, 허용범위를 초과하는 경우에는 지적공부(地籍公簿) 상의 면적 또는 경계를 정정하여야 한다.
    다. 분할 전후 면적의 차이를 배분한 산출면적은 다음의 계산식에 따라 필요한 자리까지 계산하고, 결정면적은 원면적과 일치하도록 산출면적의 구하려는 끝자리의 다음 숫자가 큰 것부터 순차로 올려서 정하되, 구하려는 끝자리의 다음 숫자가 서로 같을 때에는 산출면적 이 큰 것을 올려서 정한다.

    $$r = \frac{F}{A} \times a$$

    (r은 각 필지의 산출면적, F는 원면적, A는 측정면적 합계 또는 보정면적 합계, a는 각 필지의 측정면적 또는 보정면적)
• 경계점좌표등록부가 있는 지역의 토지분할을 위하여 면적을 정할 때에는 제1항제2호나목에도 불구하고 다음 각 호의 기준에 따른다.
1. 분할 후 각 필지의 면적합계가 분할 전 면적보다 많은 경우에는 구하려는 끝자리의 다음 숫자가 작은 것부터 순차적으로 버려서 정하되, 분할 전 면적에 증감이 없도록 할 것
2. 분할 후 각 필지의 면적합계가 분할 전 면적보다 적은 경우에는 구하려는 끝자리의 다음 숫자가 큰 것부터 순차적으로 올려서 정하되, 분할 전 면적에 증감이 없도록 할 것
• 경계의 허용오차는 지적측량성과와 검사성과의 연결교차 준용
1. 지적삼각점 : 0.20미터
2. 지적삼각보조점 : 0.25미터
3. 지적도근점
    가. 경계점좌표등록부 시행지역 : 0.15미터
    나. 그 밖의 지역 : 0.25미터
4. 경계점
    가. 경계점좌표등록부 시행지역 : 0.10미터
    나. 그 밖의 지역 : 10분의 3M밀리미터 (M은 축척분모)
• 지적측량성과를 전자계산기기로 계산하였을 때에는 그 계산성과자료를 측량부 및 면적측정부 로 본다.

- 오류의 정비는 정비참고자료를 기반으로 정비하는 것을 원칙으로 하며, 필요시 현지측량
  성과를 활용하여 정비한다.
- 정비대상필지에 대해 토지이동이 발생하는 경우는 등록사항정정 규정에 따라 토지이동
  정리결의서를 작성한다.
- 면적증감이 수반되는 경계변경 또는 면적이 변경되는 필지

> - 등록사항정정으로 인접 토지의 경계가 변경되는 경우에는 다음 각 호의 어느 하나에 해당하는
>   서류를 지적소관청에 제출하여야 한다.
>   1. 인접 토지소유자의 승낙서
>   2. 인접 토지소유자가 승낙하지 아니하는 경우에는 이에 대항할 수 있는 확정판결서 정본(正本)
> - 지적공부의 등록사항 중 경계나 면적 등 측량을 수반하는 토지의 표시가 잘못된 경우에는 지적소
>   관청은 그 정정이 완료될 때까지 지적측량을 정지시킬 수 있다. 다만, 잘못 표시된 사항의 정정을
>   위한 지적측량은 그러하지 아니하다.
> - 지적소관청은 토지의 표시가 잘못되었음을 발견하였을 때에는 지체 없이 등록사항 정정에 필요
>   한 서류와 등록사항 정정 측량성과도를 작성하고, 토지이동정리 결의서를 작성한 후 대장의
>   사유란에 '등록사항정정 대상토지'라고 적고, 토지소유자에게 등록사항 정정 신청을 할 수 있도
>   록 그 사유를 통지하여야 한다.

④ 일반기준

구분	정비방법
속성정보(지목, 축척, 도호번호) 불일치오류	• 원칙 : 대장 속성정보를 기준 • 예외 : 대장의 오기(誤記)로 인해 발생되는 경우는 그러하지 아니함
구획정리나 경지정리사업 지구	• 원칙 : 필지경계 우선 정비 • 예외 : 지구계 성과결정이 기존 도해지역과 상이할 경우에는 그러하지 아니함
도곽선 주위의 경우	• 성필된 필지경계를 우선 정비
직선선형요소 (도로, 구거, 하천, 지구계선 등)	• 직선으로 형태 유지
측량데이터를 이용한 정비의 경우	• 현지에 경계복원 필지 및 주변필지의 성과결정선을 기준으로 정비
경계점좌표등록부 시행지역	• 필지별로 경계점좌표등록부에 등록되어 있는 좌표와 도면에 등록되어 있는 좌표를 대사하여 좌표를 일치시킨 후 오류정비 수행

⑤ 오류 유형별 정비방법(대장오류)

오류 유형	정비방법
도면 및 대장 누락 오류 	• 정의 : 도면에 필지가 등록되었으나 대장에 누락된 경우 또는 대장에 등록되어 있으나 도면에 누락된 경우 • 지적공부 미정리로 인한 대장 누락인 경우 : 대장복구 및 도면정리 • 도면의 필지 누락인 경우 : 도면정리 및 대장말소 • 구획정리, 도시계획사업, 경지정리 등 특정한 사업으로 인한 누락은 그러하지 아니함
도면 및 대장 불일치 오류 	• 정의 : 도면 속성정보와 대장의 속성정보가 불일치하는 경우 • 도면의 오기(誤記) 여부를 확인한 후 대장을 기준으로 도면의 속성정보를 정비 • 대장의 오기(誤記)로 인해 발생하는 경우 : 대장의 속성정보를 정비
동일 행정구역 내 지번중복 오류 	• 정의 : 동일한 행정구역 내에 같은 지번이 2개 이상인 경우 • 지번중복인 경우 : 1개의 지번이 부여된 도면으로 도면을 정리하여 정비 • 도면전산화 시 오기(誤記)로 발생된 오류인 경우 : 해당 필지를 지번정정으로 정비 • 지번을 변경하는 경우 : 지번 변경

⑥ 오류 유형별 정비방법(도면오류 – 개별필지 오류)

오류 유형	정비방법
필지경계 겹침 오류 	• 정의 : 필지와 인접필지의 경계가 일정 부분 겹치는 경우 • 필지의 형태 및 면적 허용오차 범위 내에 경계점을 이동 및 추가·삭제하여 정비
필지 이격 오류 	• 정의 : 필지와 필지의 인접 부분이 접합되어 있지 않고 경계 사이에 공백이 발생되는 경우 • 필지의 형태 및 면적 허용오차 범위 내에 경계점을 이동 및 추가·삭제하여 정비

오류 유형	정비방법
필지 내부 등 지번중복 오류 	• 정의 : 동일좌표 또는 필지 내부에 동일지번이거나 지번이 다른 필지가 존재하는 경우 • 대장정보 일치 : 중복 등록된 1필지를 삭제 • 대장정보 불일치 : 참고자료를 확인하여 필지를 새로이 생성(대장상의 면적과 비교하여 면적공차 허용범위 이내여야 함)
필지 다중경계 오류 	• 정의 : 필지경계가 이격과 겹침 등 2개 이상의 오류가 동시에 존재하는 경우 • 필지의 형태 및 면적 허용오차 범위 내에 경계점을 이동 및 추가 · 삭제하여 정비
선형왜곡 오류 	• 정의 : 필지가 폐합된 다각형을 형성하지 못하여 경계가 왜곡된 필지의 경우 • 도면전산화 과정에서 발생하는 경우 : 정비참고자료를 확인 후 오류가 있는 경계점을 이동하거나 삭제하여 정비 • 원시적인 문제로 발생되는 경우 : 등록사항정정으로 정비
토지이동정리 오류 	• 정의 : 토지이동정리 시 필지 경계가 잘못 정리되어 발생된 경우 • 정비참고자료와 대조하여 그에 따른 오기(誤記) 여부 등을 확인 후 등록사항정정 절차 준용
필지공백 오류 	• 정의 : 필지에 오류가 있어서 필지가 생성되지 아니한 경우와 지번이 부여되지 않은 필지 및 분필된 필지가 도면정리 시 누락된 경우 • 대장에 필지정보가 등록되어 있는 경우 : 지적도면에 필지를 등록 • 대장에 지번이 없는 경우 : 지적복구 또는 신규등록 여부를 지적소관청이 판단하여 결의 후 등록
면적공차 오류 	• 정의 : 성필된 필지가 면적 허용오차범위를 벗어나는 경우 • 면적을 정정하는 경우 : 등록사항정정 절차 준용

오류 유형	정비방법
미세폴리곤 오류 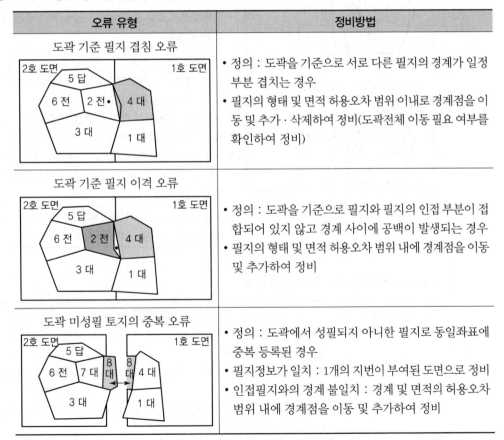 2 전　　4 대	• 정의 : 토지이동으로 인한 필지와 인접필지 사이의 경계점 누락으로 발생되는 미세한 이격 • 자료정비시스템에서 개별 또는 다수의 필지를 미세폴리곤 제거한계(Tolerance)를 기준으로 자동 미세폴리곤 제거를 수행하여 정비 • 미세폴리곤 정비 시 인접필지의 경계점을 추가할 수 있음 　－도해지역 : 면적변동이 없는 경우 　－경계점좌표등록부지역 : 면적 및 경계 설정에 영향을 주지 않는 범위 • 공차한계범위 　－도해지역 : 0.01m 이하 　－경계점좌표등록부 시행지역 : 0.005m 이하

⑦ 오류 유형별 정비방법(도면오류 – 도곽 간 필지 오류)

오류 유형	정비방법
도곽 기준 필지 겹침 오류 2호 도면　　　　　1호 도면 5 답 6 전　2 전•　4 대 3 대　　1 대	• 정의 : 도곽을 기준으로 서로 다른 필지의 경계가 일정 부분 겹치는 경우 • 필지의 형태 및 면적 허용오차 범위 이내로 경계점을 이동 및 추가·삭제하여 정비(도곽전체 이동 필요 여부를 확인하여 정비)
도곽 기준 필지 이격 오류 2호 도면　　　　　1호 도면 5 답 6 전　2 전　4 대 3 대　　1 대	• 정의 : 도곽을 기준으로 필지와 필지의 인접 부분이 접합되어 있지 않고 경계 사이에 공백이 발생되는 경우 • 필지의 형태 및 면적 허용오차 범위 내에 경계점을 이동 및 추가하여 정비
도곽 미성필 토지의 중복 오류 2호 도면　　　　　1호 도면 5 답 6 전　7 대　8 대　8 대　4 대 3 대　　1 대	• 정의 : 도곽에서 성필되지 아니한 필지로 동일좌표에 중복 등록된 경우 • 필지정보가 일치 : 1개의 지번이 부여된 도면으로 정비 • 인접필지와의 경계 불일치 : 경계 및 면적의 허용오차 범위 내에 경계점을 이동 및 추가하여 정비

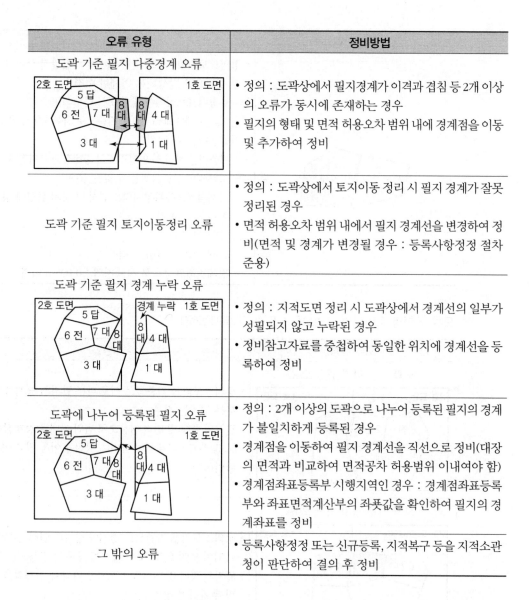

오류 유형	정비방법
도곽 기준 필지 다중경계 오류	• 정의 : 도곽상에서 필지경계가 이격과 겹침 등 2개 이상의 오류가 동시에 존재하는 경우 • 필지의 형태 및 면적 허용오차 범위 내에 경계점을 이동 및 추가하여 정비
도곽 기준 필지 토지이동정리 오류	• 정의 : 도곽상에서 토지이동 정리 시 필지 경계가 잘못 정리된 경우 • 면적 허용오차 범위 내에서 필지 경계선을 변경하여 정비(면적 및 경계가 변경될 경우 : 등록사항정정 절차 준용)
도곽 기준 필지 경계 누락 오류	• 정의 : 지적도면 정리 시 도곽상에서 경계선의 일부가 성필되지 않고 누락된 경우 • 정비참고자료를 중첩하여 동일한 위치에 경계선을 등록하여 정비
도곽에 나누어 등록된 필지 오류	• 정의 : 2개 이상의 도곽으로 나누어 등록된 필지의 경계가 불일치하게 등록된 경우 • 경계점을 이동하여 필지 경계선을 직선으로 정비(대장의 면적과 비교하여 면적공차 허용범위 이내여야 함) • 경계점좌표등록부 시행지역인 경우 : 경계점좌표등록부와 좌표면적계산부의 좌푯값을 확인하여 필지의 경계좌표를 정비
그 밖의 오류	• 등록사항정정 또는 신규등록, 지적복구 등을 지적소관청이 판단하여 결의 후 정비

⑧ 오류 유형별 정비방법(경계점좌표등록부 지역)

오류 유형	정비방법
대장오기 및 면적산정 오류	• 정의 : 경계점좌표등록부 시행지역의 대장면적을 잘못 등록하거나 좌표면적을 잘못 산정한 경우 • 대장면적을 잘못 등록한 경우 좌표면적계산부와 대사하여 대장정보를 정정하여 정비 • 면적산정이 잘못된 경우 : 필지의 경계점 좌표를 확인하여 면적을 재산정하여 정비

⑨ 축척간 · 원점간 · 행정구역간

구분	정비방법
축척간 오류	• 원칙 : 대축척의 필지경계선을 기준으로 소축척의 필지경계선을 정비 • 예외 : 대축척의 필지 경계선이 잘못 등록된 것이 명확한 경우 • 지적측량기준점에 의한 지적기준점과 점유현황과의 부합 여부를 참고한 후 폐쇄도면, 측량결과도, 정사영상사진 등의 관련 자료를 비교 분석한 결과에 의하여 정비 • 대축척의 필지로 등록전환될 때 필지의 형태와 면적의 변화가 허용오차 범위 내에 될 수 있도록 정비 • 정비가 난해한 경우 : 등록사항정정 절차 준용
원점간 오류	• 행정구역(읍 · 면, 리 · 동)이 같고 측량원점이 다른 경우 : 직각좌표계원점을 기준으로 정비 • 원점이 혼재하는 지역 : 직각좌표계원점으로 변환처리한 후 오류추출 및 정비처리 하는 것을 원칙으로 함 • 원점의 직각좌표계원점 변환은 대상지역에 대해 기준점 활용 영역별, 좌표변환 방법별 검증을 통해 도출된 최적방법에 의한 변환을 원칙으로 함(예외 : 기준점에 의한 변환이 불합리한 경우에는 지구경계의 형태에 따라 변환) • 정비가 난해한 경우 : 등록사항정정 절차 준용
행정구역간 오류	• 행정구역간 인접하는 지역의 축척이 서로 상이한 경우 : 대축척의 필지경계선을 기준으로 정비 • 행정구역간 인접하는 지역의 축척이 서로 동일한 경우 : 면적허용오차범위를 벗어나지 않고 필지의 형태에 변화를 최소화하는 지점에 경계점을 이동 및 추가 · 삭제하여 정비 • 지적측량기준점에 의한 지적기준점과 점유현황과의 부합여부를 참고한 후 폐쇄도면, 측량결과도, 정사영상 등의 관련 자료를 비교 분석한 결과에 의하여 정비 • 정비가 난해한 경우 : 등록사항정정 절차 준용

(2) 지적공부 이동정리

지적도면 전산파일 작성 및 수치지적부 전산입력 작업 이후 토지이동 사항이 있을 경우 기 작성된 전산파일에 변동내용을 갱신한다. 도면전산화 사업 당시에는 사업기간 중 토지이동 사항에 대하여 일괄적으로 정리하였으나 현재에는 전산시스템에 의해 지적공부(대장 및 도면)를 정리한다. 지적공부의 이동 정리는 크게 토지이동정리와 소유자변동정리로 나뉜다.

① 토지이동정리

법령에 따라 지적공부정리신청이 있는 때에는 지적사무정리부자료에 토지이동 종목별로 접수하여야 하고, 다음 사항을 검토하여 정리하여야 한다.

검토 사항	• 신청사항과 지적전산자료의 일치 여부 • 각종 코드의 적정 여부 • 첨부된 서류의 적정 여부	• 지적측량성과자료의 적정 여부 • 그 밖에 지적공부정리를 하기 위하여 필요한 사항

토지이동별 정리방법은 다음 표와 같다.

구분	정리방법
도시개발사업 등의 신고 (축척변경 포함)	㉠ 도시개발사업 등의 착수(시행) 또는 변경신고서를 접수하는 때에는 사업시행지별로 등록하고 접수순으로 사업시행지 번호를 부여 ↓ ㉡ 사업시행지 번호별로 도시개발사업 등의 임시자료를 생성한 후 지번별조서를 출력하여 임시자료가 정확하게 생성되었는지 여부를 확인 ↓ ㉢ 지구계분할을 하고자 하는 경우에는 시행지번호와 지구계 구분코드(지구내 0, 지구외 2)를 입력 ↓ ㉣ 완료신고서가 접수되면 종전 토지의 지번별조서에 의하여 임시자료(㉡)의 정확 여부를 완료신고서의 지번별조서에 의하여 확인하고 시행전 토지를 폐쇄정리한 후 접수정리
지번변경	지번변경을 하는 경우 임시자료 생성 ↓ 지번별조서를 출력하여 임시자료가 정확하게 생성되었는지 여부 확인
행정구역변경	행정구역변경 사유는 ㉠ 행정구역명칭변경, ㉡ 행정관할구역변경, ㉢ 지번변경을 수반한 행정관할구역변경이 있음
오기정정	지적공부정리중에 잘못 정리하였음을 즉시 발견하여 정정할 때에는 오기정정할 지적전산자료를 출력하여 지적전산자료책임관의 확인을 받은 후 정정하여야 함. 다만, 잘못 정리하였음을 즉시 발견하지 못한 경우의 정정은 등록사항정정의 방법으로 하여야 함

② 소유자변동정리

소유자변동 정리방법은 다음 표와 같다.

구분	정리방법
토지소유자의 정리	소유자등록사항 중 토지이동과 함께 소유자가 결정되는 신규등록시의 소유자등록, 도시개발사업 등의 환지는 토지이동사무 처리와 동시에 소유자자료 정리
공유지연명부의 정리	공유자가 있는 토지는 소유자변동접수·정리(공유지연명부) 조회화면에서 지목·면적 및 변동전 공유자를 확인하고 변동 후 사항 입력
대지권등록부의 정리	대지권등록부는 집합건물을 등록한 후 정리

5 데이터의 분석 및 가공

1. 데이터의 분석

1) 개요

토지정보시스템 및 지리정보시스템 등과 같이 위치정보를 기반으로 하는 정보시스템은 공간적 분석을 통해 유용한 정보를 추출한다는 데 높은 장점이 있다. 이를 우리는 공간분석이라 하며, 도형정보에 가치를 부여하거나 유용한 정보로 바꾸는 과정이라 할 수 있다. 즉, 공간분석은 속성정보와 도형정보를 이용하여 현실세계의 다양한 문제를 해결하거나, 향후 들어설 시설물 등의 입지 선정, 시뮬레이션 등 다양한 정책의사결정의 중요한 기법이다. 4차 산업혁명의 가속화로 데이터의 축적은 방대해지며, 최신성이 더해져 보다 나은 의사결정, 보다 나은 문제해결이 가능해 질 것이다. 더욱이 지적공부에 등록된 정보는 지금까지 실시간으로 관리해오고 있으며, 이러한 최신성과 안정적인 관리는 미래사회에 더 큰 정보원으로서 작용하게 될 것이다.

컴퓨터와 정보통신 기술의 발달로 과거보다 더욱 정교한 공간분석이 가능해져 다양한 분야의 활용성이 기대된다. 이러한 분석에 있어 지적정보는 가장 기초가 되는 정보로 다양한 분석기법 등의 활용이 가능하겠지만, 토지이용에 있어 직접적인 활용도가 높은 입지 등의 분석을 위한 수치표고자료의 활용과 중첩, 버퍼, 네트워크 등의 분석기법 위주로 살펴보고자 한다.

2) 수치표고자료(DEM, TIN)

지형의 형태를 수치적인 방법으로 나타내는 것을 수치표고자료라고 한다. 수치표고자료는 ① 지표면과 인공지물, 식생 등을 포함하여 기록한 DSM(Digital Surface Model)과 ② 지표면을 일정한 간격의 크기로 나누어 표고값을 수치화하여 기록하는 DEM(Digital Elevation Model)이 있다. DEM은 평균해수면 기준 높이인 표고에 근거한 수치모형이다. ③ DTM(Digital Terrain Model)은 인공지물, 식생 등을 제외하고 지표면을 기록한 것으로 주로 점 형태로 기록되어 TIN(Triangular Irregular Network)의 형식으로 저장된다.

수치표고자료는 군사작전, 도시계획 등의 계획 수립뿐만 아니라 시공을 위한 실시설계 등에서도 토공량의 산정이나 가시권 분석 등에서 각각의 용도에 맞게 활용되고 있으며 각각의 모형은 다음 그림과 같이 표현된다. 본서에서는 가장 많이 활용되고 있는 DEM과 TIN을 위주로 설명하고자 한다.(김계현 2012, p.300-301 ; 국토지리정보원 2016, p.123-124)

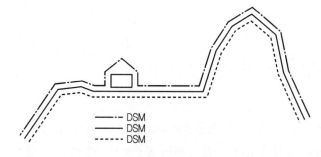

구분	내 용
DSM	지표면과 모든 자연, 인공지물 포함
DEM	지표면만, 균질한 크기로 지표면을 나누고 평균값으로 표현
DTM	지표면만, 점 형태의 경우 높이 값으로 표현

(1) 수치표고모델(DEM)

수치표고모델(DEM)은 수치표고자료의 저장방식 중 하나로 지표면을 균질한 크기의 격자로 나누고 높이의 평균값으로 표현하는 방식으로 주로 인공위성, 항공기와 최근에는 드론 등에 의해 취득된 영상을 활용하는 래스터 형태의 데이터이다. 따라서 DEM은 고도 값의 표현에 있어서 동일한 크기의 격자를 사용하고 전체 지역에 대해 일정한 밀도 값을 가지고 있다. 높낮이가 일정하지 않은 복잡한 지형에서는 보다 높은 밀도의 표현이 필요하고 단순한 평야 지형에서는 낮은 밀도의 표현이 바람직하지만 이러한 지형의 특성을 반영하지 못하기 때문에 보다 높은 밀도로 표현하는 경우 자료의 양이 많아지는 문제가 있고, 낮은 밀도로 표현하는 경우 그 격자가 커져서 자료의 양은 작아지지만 변화가 심한 지표면을 너무 단순화하는 문제가 있다.(김계현 2012, p.303-304)

DEM은 다음 그림과 같이 국토지리정보원에서 공개된 정보를 다운받을 수 있다. 그러나 제공 시점이 오래된 경우도 있어 지형이 변화가 빠른 지역에서는 공개 DEM보다는 최신 수치지형도를 이용하거나 드론 등에 의해 취득된 영상을 활용하여 DEM을 제작하는 방법이 있다.

국토지리정보원에서 제공하는 수치지형도 데이터에서 등고선 레이어만 선택하여 SHP파일로 추출한 후 QGIS 등에서 벡터데이터인 등고선을 보간법을 이용하여 래스터데이터로 변환하여 다음 그림과 같이 해당 토지의 경사도 등을 분석할 수 있다.

(2) 불규칙삼각망(TIN)

불규칙한 위치에 분포되어 있는 높이 값을 추출하여 이들의 위치를 삼각형의 형태로 연결하여 전체지형을 표현하는 방식으로, 3개의 위치(점)를 가진 하나의 삼각형을 이루며 각각의 삼각형 내에서 경사의 크기 및 방향이 결정된다(다음 그림에서 동일 지역을 왼쪽은 등고선, 오른쪽은 TIN을 이용하여 표현하였음). 경사의 크기와 방향 등의 결정을 위해서는 수학적 알고리즘을 필요로 하는데, 정삼각형 형태와 같이 세 변의 길이가 근접해 질수록 보다 정확하게 지표면의 형태를 나타내게 된다. TIN 방식은 격자방식인 DEM과 비교하여 비교적 적은 지점에서 추출된 표고 데이터를 이용하여 개략적이지만 전반적인 지형의 형태를 나타내는 장점과 벡터구조로서 위상을 가지고 있다. 즉, TIN 삼각형을 구성하는 각각의 점은 X, Y의 좌표 및 Z 높이 값을 가지고 있다. 따라서 TIN모형을 이용하여 경사의 크기와 방향 등 주요 변수의 값을 각각의 선분에 대하여 계산할 수 있고, 계산된 변수 값은 속성 값의 형태로 저장이 가능하다.

복잡한 지형의 표현에 있어서는 삼각형을 구성하는 각각의 점의 밀도를 높여 작은 면적의 삼각형이 많아지는 밀도 높은 TIN을 구성할 수 있다. 이는 비교적 정확하고 효과적으로 지형을 표현 방법이다. 반면 이러한 TIN 파일의 생성에는 많은 처리와 수작업이 필요하다는 단점이 있다.(김계현 2012, p.304-307)

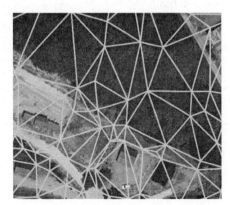

(3) 지형계산

DEM과 TIN 등의 자료는 일정한 위치의 표고 또는 높이 값을 가지고 있기 때문에 지형적 특성의 계산이 가능하다. 지형분석기능은 주변 지형을 고려하여 국지적인 지형을 특성화하는 것이 일반적이다. 이때 지형을 고려하는 데 가장 보편화된 변수는 경사와 경사의 방향으로 주변의 표고 값을 이용하여 계산하게 된다.(김계현 2012, p.308)

3) 중첩

동일한 좌표계로 등록된 둘 또는 그 이상의 지도 또는 레이어들을 겹쳐 놓음으로써 동일한 위치에 있는 대상체들 간의 관계를 분석하거나 특정연산을 수행하는 기법이다. 중첩의 연산은 중첩된 두 레이어를 더하고, 곱하고, 빼고, 나누는 사칙연산과 논리곱, 논리합 등의 논리연산, 그리고 크거나 작음, 같음을 판단하는 비교 연산 등 여러 형태의 연산을 복합적으로 적용할 수 있다.

따라서 중첩분석은 하나의 레이어에 있는 객체 및 속성들이 다른 레이어에 있는 객체 및 속성들과 결합하여, 새로운 결과 레이어를 생성하는 분석기법이다. 중첩분석은 적지분석, 적지산정 등에 가장 많이 활용되는데, 예를 들면 각 레이어를 원하는 조건에 따라 대상체를 0 또는 1로 변환하고, 다른 레이어의 중첩 시 곱하기 연산을 수행하면, 조건에 부합하는 구역은 결과 값이 1, 부합하지 않는 구역은 결과 값이 0이 되어 부합되는 구역을 찾아내는 데 수월하다. 중첩분석에 있어서는 기본적으로 중첩되는 각 레이어의 좌표계, 원점, 방향, 축척, 공간해상도 등이 일치해야 한다.(국토지리정보원 2016, p.199)

중첩은 크게 벡터 중첩(위상적 중첩)과 래스터 중첩으로 나뉘는데, 벡터 중첩은 위상적으로 구조화된 둘 또는 그 이상의 벡터 레이어를 비교하는 것으로 중첩 결과로 위상적으로 구조화된 새로운 벡터 레이어가 만들어지며, 여기에는 중첩 연산에 활용된 레이어들의 기하학적 특성과 속성정보가 저장된다. 벡터 데이터는 점, 선, 면의 유형을 가지고 있으므로 이러한 위상 중첩 또한 다음의 3가지 유형으로 나타나며, 중첩 연산은 다음 각각의 설명과 같다.(John R. Jensen · Ryan R. Jensen 2014, p.159-164)

구분	내용	
포인트-인-폴리곤 (Point-in-Polygon Overlay)	점 레이어와 면 레이어 중첩	
	연산	포인트-인-폴리곤 중첩
라인-인-폴리곤 (Line-in-Polygon Overlay)	선 레이어와 면 레이어 중첩	
	연산	라인-인-폴리곤 중첩
폴리곤-온-폴리곤 (Polygon-on-Polygon Overlay)	면 레이어와 면 레이어 중첩	
	연산	인터섹션, 유니온, 아이덴티티, 시메트리컬 디퍼런스, 스플리팅, 이레이징, 클리핑

(1) 포인트 인 폴리곤 중첩(Point-in-Polygon Overlay)

폴리곤 파일에 점 파일을 입력하여 수행하는 작업으로 결과 파일은 점 레이어의 점 중 면 레이어에 포함되는 점들만 새로이 생성한다. 다음 그림에서 a~n점 중 '가' 폴리곤에 포함되는 c~f는 '가' 폴리곤의 속성정보를 가지며, '나' 폴리곤에 포함되는 g~k는 '나' 폴리곤의 속성정보를 가지게 된다. a, b, m, n은 결과 레이어에 나타나지 않는다.

(2) 라인 인 폴리곤 중첩(Line-in-Polygon Overlay)

폴리곤 파일에 선 파일을 입력하여 수행하는 작업으로 결과파일은 선 레이어 중 면 레이어에 포함되는 부분만 새로이 생성한다. 다음 그림에서 1개의 선('a')과 2개의 폴리곤('가', '나')이 중첩되어 새로이 생성된 레이어는 '가' 폴리곤에 포함되는 경우('a가') '가'의 속성이 포함되며, '나' 폴리곤에 포함되는 경우('a나') '나'의 속성이 포함된다.

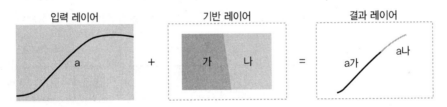

(3) 폴리곤 온 폴리곤 중첩(Polygon-on-Polygon Overlay)

폴리곤 파일에 폴리곤 파일을 입력하여 수행하는 작업으로 중첩 연산은 AND, OR, XOR 등과 같은 Boolean 논리연산에 의하여 이루어지며, 중첩 연산 종류는 인터섹션, 유니온, 아이덴티티, 시메트리컬 디퍼런스, 스플리팅, 이레이징, 클리핑이 있다.

① 인터섹션(Intersection)

Boolean의 AND연산에 기초하여 입력 레이어들을 기하학적인 교집합 연산으로 계산한다. 다음 그림과 같이 입력 레이어들 중에서 중복된 부분만 결과 레이어에 나타난다.

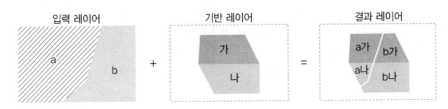

② 유니온(Union)

Boolean의 OR연산에 기초하여 입력 레이어들의 내용을 모두 표현한다. 다음 그림과 같이 입력 레이어들 모두를 조합하여 결과 레이어에 나타난다. 폴리곤 '가'는 입력 레이어 'a'와 'b'로 나뉘어 'a가', 'b가'로 되어 '가'의 속성이 포함되며, 폴리곤 '나'도 마찬가지로 입력 레이어 'a'와 'b'로 나뉘어 'a나', 'b나'로 되어 '나'의 속성이 포함된다. 이를 제외한 나머지는 입력된 그대로 표현되므로 중복된 부분과 중복되지 않은 부분 모두가 결과 레이어로 생성된다.

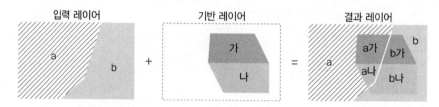

③ 아이덴티티(Identity)

점, 선, 면 레이어를 담고 있는 입력 레이어를 이용하는 연산으로, 연산되는 레이어는 폴리곤 파일로 아이덴티티 레이어라고 한다. 입력 레이어와 아이덴티티 레이어의 기하학적 교집합의 계산한다. 다음 그림과 같이 입력 레이어와 아이덴티티 레이어가 중복된 부분은 아이덴티티 레이어의 속성이 포함되고('a가', 'a나', 'b나'), 이를 제외한 나머지는 입력된 그대로 표현되므로 중복된 부분과 중복되지 않은 부분 모두가 결과 레이어로 생성된다.(ESRI 2011)

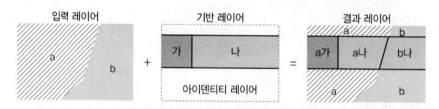

④ 시메트리컬 디퍼런스(Symmetrical Difference)

XOR연산에 기초하여 두 레이어의 차이를 표현하는 것으로 두 입력 레이어의 기하학적 교집합을 계산한다. 다음 그림과 같이 두 입력 레이어가 서로 겹치지 않는 부분만 결과 레이어로 생성된다.(ESRI 2011) 따라서 인터섹션 연산과 정반대의 결과가 나타난다.

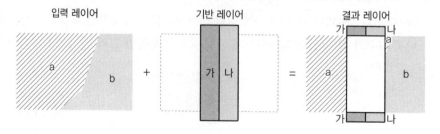

⑤ 스플리팅(Splitting)

기반 레이어의 특성을 이용하여 입력 레이어를 몇 개의 작은 데이터로 나눈다. 다음 그림과 같이 '가'구역과 '나'구역의 기반 레이어로 입력 레이어를 '가'구역에 포함되는 데이터와 '나'구역에 포함되는 데이터로 각각 생성하게 된다. 즉, 예시에서는 2개의 데이터가 생성된다.

⑥ 이레이징(Erasing)

입력 레이어에 이레이즈 레이어(지워질 부분)를 중첩하여 입력 레이어의 일부분을 지우는 것으로 두 레이어의 속성은 결합되지 않는다. 다음 그림과 같이 입력 레이어 중 이레이즈 레이어를 제외한 부분만 남는다.

⑦ 클리핑(Clipping)

입력 레이어에 클립 레이어(추출할 부분)를 중첩하여 입력 레이어의 일부분을 추출하는 것으로 두 레이어의 속성은 결합되지 않는다. 다음 그림과 같이 입력 레이어 중 클립 레이어에 포함되는 부분만 추출하게 된다. 따라서 이레이징과 정반대의 결과가 나타난다.

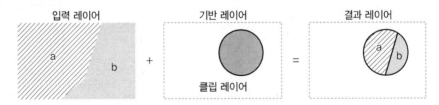

중첩 연산의 종류를 종합한 내용은 다음의 표를 참고하기 바란다.

벡터 중첩 연산		입력 레이어	기반 레이어	결과 레이어
Point-in-Polygon Overlay			+	=
Line-in-Polygon Overlay			+	=
Polygon-on -Polygon Overlay	Intersection		+	=
	Union		+	=
	Identity		+ 아이덴티티 레이어	=
	Symmetrical Difference		+	=
	Splitting		+ 가구역　나구역	=
	Erasing		+ 이레이즈 레이어	=
	Clipping		+ 클립 레이어	=

출처 : John R. Jensen · Ryan R. Jensen 2014, p.160

4) 버퍼

점, 선, 면의 객체로부터 특정한 거리 안에 포함되는 지역으로 폴리곤 형태를 띠는 것을 버퍼(Buffer)라 하며, 사용자가 지정한 어떤 점, 선, 면에서 특정한 거리를 가진 특수한 목적의 다각형을 만드는 것을 버퍼링(Buffering)이라 한다. 버퍼링 과정에서는 주어진 버퍼거리 내에 위치한 영역과 버퍼 경계를 벗어난 영역의 2가지 영역이 만들어지며, 벡터와 래스터 데이터에서 점, 선, 면에 대한 버퍼를 만들 수 있다. 이렇게 만들어진 버퍼 내의 모든 자료의 검색 및 질의 등을 수반한 분석을 버퍼 분석(Buffer Analysis)이라 한다.(국토지리정보원 2016, p.96 ; John R. Jensen · Ryan R. Jensen 2014, p.153)

(1) 버퍼분석 사례 1

다음 그림과 같은 지역에 지적기준점이 있는데, 해당 기준점으로부터 측량 가능한 범위를 100미터로 한다면, 각 지적기준점으로부터 100미터 이내에 포함되는 필지들을 선별할 수 있을 것이고, 해당 범위에 포함되지 않는 지역의 경우 측량을 위해서 임시 기준점이나 별도의 지적기준점 도선을 설치해야 할 것이다.

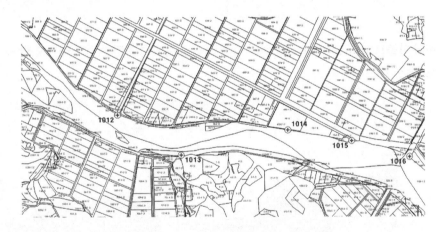

지적기준점으로부터 100미터의 범위에는 아래 그림과 같이 포함된다.

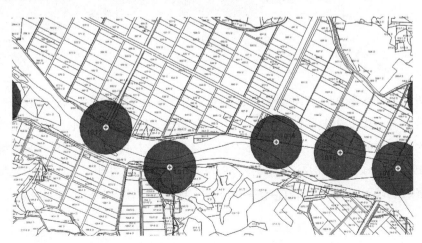

만약 여기에 150미터 범위를 표현하면, 다음과 그림과 같이 100미터, 150미터 범위를 표현할 수 있다. 100미터 범위일 때에는 지적기준점 간 거리가 멀기 때문에 버퍼 범위가 겹치지 않았지만, 150미터의 버퍼에서는 버퍼 범위가 중복되는 지역들이 나타나고 있다. 각 기준점에서의 범위를 따로 설정하기 때문이다.

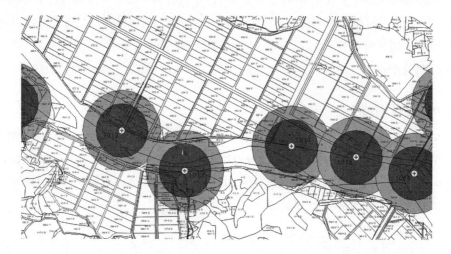

버퍼 디졸브(Buffer Dissolve)를 하여 다음 그림과 같이 중복된 지역을 하나로 합쳐서 분석할 수도 있다.

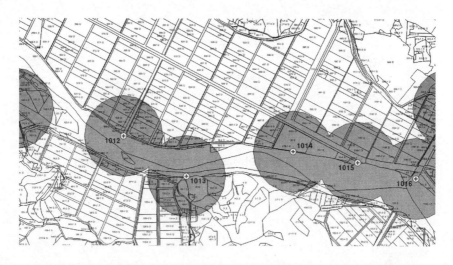

만약 지적소관청에서 기준점을 신설해야 할 지역을 선정하는 경우 최근 개발 등이 활발한 지역을 직감적으로 찾아내어 기준점을 설치할 수 있다. 그러나 좀 더 객관적인 방법에 의해 지역을 선정하고자 한다면, 1~2년 동안 실시된 지적측량을 실시한 토지소재의 목록을 작성한 후 지오코딩(Geocoding)을 실시하여 다음 그림과 같이 기존에 설치된 지적기준점으로부터 일정 거리를 벗어나는 지역에 지적기준점을 신설하는 계획을 수립할 수 있을 것이다.(문승주 2020, 71-77)

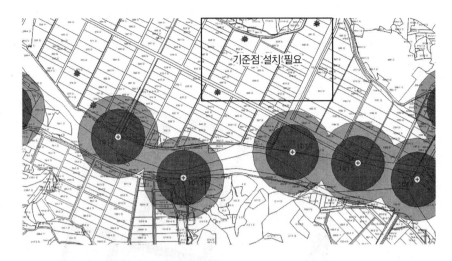

이때 지오코딩(Geocoding)이란 토지소재를 지리적 좌표로 변환하는 것으로 X, Y의 TM 형식의 좌표나 경위도 형태의 좌표로 변환하여 사용할 수 있다. 이러한 좌표의 변환을 위해서는 토지 고유번호인 PNU(Parcel Number Unique)를 이용하거나 토지소재를 이용하여 중심점의 좌표를 만들게 된다.

(2) 버퍼분석 사례 2

버퍼는 점, 선, 면의 객체로부터 특정 거리 안에 포함되는지 여부를 판단할 수 있으므로 이번에 는 교육환경보호구역을 살펴보자. 교육환경보호구역은 정문으로부터 50미터 이내의 절대정 화구역과 200미터 이내의 상대정화구역이 있다. 다음 그림과 같이 상대정화구역을 설정하기 위해 학교부지로부터 200미터의 버퍼를 설정할 수 있다.

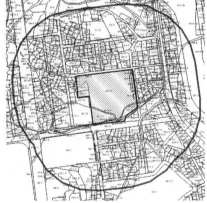

출처 : 교육환경정보시스템

점 객체의 버퍼에서도 보았듯이 일반적으로 특정 객체로부터 일정 거리만큼의 버퍼를 계산하 는 것을 양의 버퍼링(Positive Buffering)이라고 하며, 면 객체의 경우에는 면 내부로 버퍼링하는 음의 버퍼링(Negative Buffering) 또는 세트백 버퍼링(Set-Back Buffering)이 가능하다.(John R.

Jensen · Ryan R. Jensen 2014, p.153-157) 가령 민법 제242조 또는 건축법에 따르면 지적 경계로부터 일정 거리를 띄워 건축해야 하므로 다음 그림과 같이 음의 버퍼링을 통해 건축 한계를 분석할 수 있다.

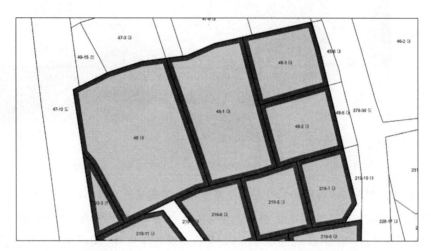

버퍼분석은 앞에서 살펴본 벡터데이터뿐만 아니라 래스터데이터의 버퍼분석도 가능하다.

5) 네트워크

네트워크는 경로인 선과 교차점으로 이루어진 시스템을 말한다. 이러한 네트워크는 인공적인 것과 자연적인 것으로 나뉠 수 있는데, 도로, 철도 등은 인공적인 네트워크이며, 벌들의 비행이나 동물의 이동 등은 자연적인 네트워크이다. 자연적으로 생겨난 하천 등에 수문의 배치나 하수시스템의 구축은 자연적인 네트워크와 인공적인 네트워크가 혼합된 형태라고 볼 수 있다. 인간은 이러한 네트워크에 관심을 가져 물류, 교통 등 다양한 분야에서 활용하고 있다. 특히 시설물의 입지선정이나 최적의 이동경로 결정 등은 매우 편리한 기능으로 네트워크의 기본적인 분석기능이 분야별로 다음과 같이 활용되고 있다.(John R. Jensen · Ryan R. Jensen 2014, p.201)

- 국가 : 우편물 배달 경로 최적화 등
- 교육 : 통학버스 경로 최적화 등
- 공공서비스 : 쓰레기 수거 경로 최적화 등
- 공공안전 : 소방차, 응급차량 등의 비상시 경로 최적화 등
- 사업분야 : 택배 등 물품배송 경로 최적화, 최적의 매장입지 선정 등
- 개인 : 병원, 맛집 등 접근 경로 최적화 등

(1) 지오코딩

최적의 경로, 입지, 근접 시설물 탐색 등의 네트워크 분석에 있어서 객체에 대하여 위치정보를 부여하는 작업이다. 일반적으로 측량 또는 영상들을 통해 원하는 객체의 좌표를 취득하여 사용할 수 있

지만 넓은 지역에 있어서 위치정보를 취득하는 일은 쉽지 않으며, 일일이 위치정보를 취득하지 않아도 되는 경우가 많은 것이 현실이다. 예를 들면, 우편물 또는 물품의 배송 등 해당 위치의 주소만 알고 있는 경우에 주소를 좌표로 변환하는 작업만으로도 간편하게 위치정보를 만들게 된다.

대표적인 지오코딩 사례는 지적도 또는 지도 위에 주소를 표시하는 주소매칭(Address Matching)을 하고 최단경로를 분석하는 것이다.(John R. Jensen · Ryan R. Jensen 2014, p.203) 앞에 버퍼분석에서 지적측량이 접수된 필지에 대하여 연속지적도에 위치를 표시하고 지적기준점을 이용하여 바로 측량이 가능한지 분석해 보았는데, 다음 그림과 같이 접수된 지적측량 대상 필지의 주소를 만든 후 지오코딩 작업을 통해 대략적인 좌표를 할당하여 객체의 위치를 나타낼 수 있었다. 현재 일부 서비스를 무상으로 지원하는 기업도 있다.

순번	지역	토지소재지	최종토지소재지	결과	x	y
1	세종특별지	조치원읍 변암리 172-1	세종특별자치시 조치원읍 변암리 172-1	정좌표	226250	342271
2	세종특별지	조치원읍 변암리 189-2	세종특별자치시 조치원읍 변암리 189-2	정좌표	226082	342125
3	세종특별지	조치원읍 변암리 192	세종특별자치시 조치원읍 변암리 192	정좌표	226092	342290
4	세종특별지	연서면 월하리 505-3	세종특별자치시 연서면 월하리 505-3	정좌표	225879	341474
5	세종특별지	연서면 월하리 572	세종특별자치시 연서면 월하리 572	정좌표	225341	341805
6	세종특별지	연서면 월하리 583-1	세종특별자치시 연서면 월하리 583-1	정좌표	225548	341856
7	세종특별지	연서면 월하리 597-5	세종특별자치시 연서면 월하리 597-5	정좌표	225688	341919
8	세종특별지	연서면 월하리 618	세종특별자치시 연서면 월하리 618	정좌표	225963	341807
9	세종특별지	연서면 쌍전리 575	세종특별자치시 연서면 쌍전리 575	정좌표	224499	341549
10	세종특별지	연서면 쌍전리 579	세종특별자치시 연서면 쌍전리 579	정좌표	224560	341434
11	세종특별지	연서면 쌍전리 606	세종특별자치시 연서면 쌍전리 606	정좌표	224619	341366
12	세종특별지	연서면 쌍전리 645	세종특별자치시 연서면 쌍전리 645	정좌표	225019	341480
13	세종특별지	연서면 쌍전리 653	세종특별자치시 연서면 쌍전리 653	정좌표	225120	341672
14	세종특별지	연서면 쌍전리 682	세종특별자치시 연서면 쌍전리 682	정좌표	225390	341727
15	세종특별지	연서면 국촌리 96	세종특별자치시 연서면 국촌리 96	정좌표	224131	341551
16	세종특별지	연서면 국촌리 114	세종특별자치시 연서면 국촌리 114	정좌표	224144	341338

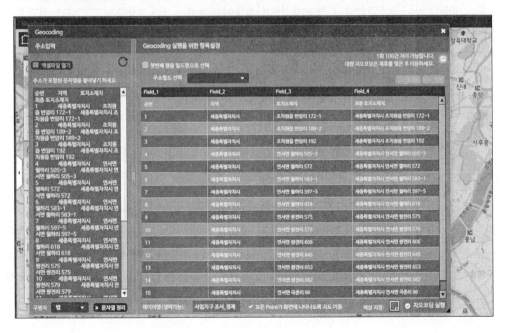

(2) 네트워크 분석 유형

네트워크 분석 유형은 크게 다음과 같이 나눌 수 있다. (이희연 2005, p.386)

① 경로 탐색(Path Finding) : 최단경로나 최소비용 경로 찾기

② 배분(Allocation) 기능 : 시설물을 적정한 위치에 할당

③ 추적(Tracing) 기능 : 네트워크상 연결성 추적

④ 공간적 상호작용(Spatial Interaction) : 지역 간 공간적 상호작용

⑤ 입지－배분(Location－Allocation) 기능 : 수요에 맞춘 가장 효율적인 재화나 서비스 시설의 입지

(3) 경로 탐색

두 지점 간의 최단거리 또는 최소비용의 경로를 찾아내는 것은 네트워크 분석의 가장 전형적인 기능으로 여기에 특정 지점을 통과하는 기능을 더하여 최적의 경로를 찾는 것이 경로 탐색이다. 경로 탐색을 위해서는 네트워크 데이터 구축이 선행되어야 하는데, 일반적인 네트워크 데이터는 다음과 같은 선분, 교차점, 회전 등이 위상적으로 구축되어야 한다. (이희연 2005, p.387)

선분(Link)	Link는 아크라고도 부르며, 네트워크를 구성하는 기본단위이다. Link는 도로 등의 경우 각각의 ID와 도로명, 도로 번호, 도로 폭 등의 속성을 나타내며, 시설물의 경우 선분 번호 및 길이, 수용 용량 등의 속성을 나타낸다.
교차점(Node)	Node는 Link와 만나는 지점으로 Node는 각각의 ID와 선분의 시작점과 끝점의 정보를 가지고 있다.
회전(Turn)	Turn은 교차점을 통해 이동하는데 요구되는 시간 또는 비용 등을 명시하는 수치를 말한다. 특정 교차점의 신호등이 10초로 설정된 정보를 알고 있다면, 해당 도로망을 이용하는 데 소유되는 전체 시간을 계산할 수 있을 것이다.

경로 탐색 기능의 활용사례로 내비게이션 등의 최단 경로 찾기가 있으며, 통학생들의 주거지를 고려한 편리한 통학버스 노선 결정 또는 다수의 물품을 배송하기 위한 택배 경로 결정 등 최적 경로 찾기가 있다. 또한 소방차, 구급차, 경찰 차량 등 안전과 신속을 위한 경로 결정 등에 활용되고 있다.

(4) 자원의 배분

네트워크상에서 분산되어 있는 수요자들에게 공급지로부터 자원을 효율적이고 합리적으로 배분하는 것으로 네트워크 시스템에서 수요와 공급을 모델링하는 것이다. 여기에서 우선 고려해야 할 것은 공급지의 재화 또는 서비스의 한계이다. 자원이 무한정이라면 문제가 없겠지만, 일정 부분의 한계가 있을 수밖에 없으므로 수요가 공급을 초과하지 않는 적정 범위를 찾아내야 한다. 또한 공급지에서 수요자에게 전달되기까지의 이동시간, 비용, 다양한 방해요소 등의 기준을 설정하는 것이 중요하다. 이를 임피던스(Impedance), 즉 제한요소라 한다. (이희연 2005, p.391-392) 자원 배분 기능의 활용사례로 학군 설정에 있어서 주택지와의 도보거리와 학교의 수용인원을

고려하는 것을 들 수 있다. 공급지의 자원을 고려하지 않고, 단순히 제한요소(임피던스)만을 기준으로 하여 주택지에서 도보 20분 거리로 ☆벅스 커피점의 매장의 위치를 선정할 수도 있다.

(5) 공간적 상호작용 모델

특정 지점에 대하여 거리의 근접에 따라 상호작용이 달라지는 것을 중력모델이라 한다. 그러나 최근에는 물리적 거리보다는 교통망의 발달, 이동수단의 개발 등으로 접근성의 개념이 도입되었다. 즉, 특정 지점에 도달하기 위한 편의성, 용이성 등을 종합적으로 측정하고 이를 비용이나 시간으로 측정할 수 있게 되었다. 따라서 두 지점 간의 거리가 가깝거나 접근성이 높을수록 상호작용이 증가한다는 전제하에 이동시간, 소요비용 등을 기준으로 여러 입지 간에서 일어나는 상호작용을 파악하는 것이 공간적 상호작용 모델이다.

공간적 상호작용 모델은 매장의 위치, 학교, 병원 등의 입지에 있어서 최적의 위치 선정 의사결정에 사용된다.(이희연 2005, p.393)

(6) 입지 – 배분 모델

네트워크 분석 가운데 가장 복합한 분석으로 잠재적 수요에 대한 서비스를 효율적으로 공급하기 위해 네트워크상에 시설물의 수와 적정한 입지를 분석하는 것이다. 즉, 재화나 서비스의 공급을 가장 효율적으로 하기 위해 시설물의 최적 입지를 결정하고, 각 시설물에 적절한 수요를 할당하여 효율성을 최적화하는 것이다. 따라서 입지와 배분 두 가지 문제를 동시에 고려해야 한다. 이러한 입지 – 배분 모델은 공공시설물의 입지 선정에 많이 사용되어 관할구역의 할당과 원활한 서비스가 이루어지도록 하고 있다. 입지 – 분배 모델의 수행을 위해서는 ① 수요지점, ② 잠재적 네트워크 지점, ③ 교통망, ④ 목적함수와 제약 조건, ⑤ 배분에 대한 규칙 등 5가지 요소들이 명시되어야 한다.

2. 데이터의 가공

지적공부는 국가의 중요한 장부로 해당 데이터를 국가 이외의 단체나 기업 등에서 함부로 사용할 수 없다. 그러나 지적공부는 국가의 정책을 비롯한 다양한 행정의 기반이 되고, 민간에 있어서도 그 활용성이 높은 것이 현실이다. 따라서 이러한 요구에 부응하기 위해서 중앙부처인 국토교통부에서는 연속지적도를 작성하여 행정 및 민간에 활용할 수 있도록 하고 있으며, 최근 측지기준계 변경에 발맞추어 지적공부의 변환작업을 실시하고 있다. 타 분야의 데이터와 지적공부 데이터의 큰 차이점은 지적공부의 특성으로 인하여 데이터의 가공 및 개방 등에 있어서 정부의 주도로 이루어지는 점이다. 이 절에서는 연속지적도와 지적공부 세계측지계 변환을 다루고자 한다. 이러한 연속지적도 등을 이용한 데이터의 가공 등은 행정 및 민간의 활용 용도에 따라 다양한 형태로 이루어지고 있어 일일이 나열하지 않는다.

1) 연속지적도

　'연속지적도'란 지적측량을 하지 아니하고 전산화된 지적도 및 임야도 파일을 이용하여, 도면상 경계점들을 연결하여 작성한 도면으로서 측량에 활용할 수 없는 도면이다(「공간정보의 구축 및 관리 등에 관한 법률」 법 제2조 19의2호).

　연속지적도는 도면전산화된 개별 지적도를 보정한 후 접합하여 작성되었는데, '지적도면전산화 작업지침'에 같이 규정되어 있다. 연속지적도 작성 이후 한국토지정보시스템(KLIS)에 탑재되어 도시관리계획 등에 기본도로 활용되고 있으며, 지적공부 갱신과 함께 자동적으로 갱신이 이루어지고 있다. 따라서 당초 연속지적도 작성 이후부터는 지적도 갱신과 함께 이루어지므로 연속지적도 작성방법만 본서에서 다루고자 한다.

　연속지적도 작성을 위한 기초자료 및 작업절차는 다음과 같다.

기초자료	• 지적도면 수치파일 • 수치지적부 전산입력 파일 • 지적(임야)도면 및 수치지적도 납품도면 • 일람도 사본 • 기타 조사자료

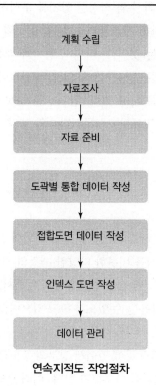

연속지적도 작업절차

(1) 도곽별 통합데이터 작성

① 각 도곽의 도면은 정규도곽크기로 원점별 · 행정구역별 · 축척별로 하나의 파일로 작성하여야 한다.

▶도곽별 통합데이터 레이어

번호	명칭	타입	입력값	비고
12	분할등록필지 코드	TEXT	a	분할 등록된 필지 구분 코드
13	필지분리 코드	TEXT	b	하나의 폴리곤 내에 다수의 폴리곤 존재 시 분리표시 코드
14	필지별 도호	TEXT	도호	필지의 해당 도호
15	필지경계 참조선	LINE		인접 도곽과의 접합 또는 임야도와 지적도의 접합 기준선
16	홀 필지 코드	TEXT	h	필지 내부에 속한 단일 필지 구분 코드

② 두 도곽 이상에 등록되어 폐합되지 않은 필지 : 도곽선을 따라 별도의 라인을 추가하여 폐다각형을 형성하여야 하며, 분할 등록된 필지를 구분하기 위하여 폴리곤 내부에 코드값 'a'를 입력한다.

③ 한 필지 내부에 다수의 필지가 있는 경우 : 임의의 위치에 다음 그림과 같이 별도의 라인을 추가하여 분리하고 각 필지에 동일한 지번 및 지목과 분리코드 'b'값을 입력한다.

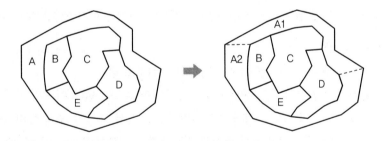

④ 각 필지 내부에는 도면번호를 입력하여야 한다.

⑤ 필지경계 참조선은 별도의 레이어로 구분한다.

⑥ 필지 내부에 단일 필지가 있는 경우 : 홀 필지 코드 'h'를 입력한다.

⑦ 모든 필지는 폴리곤으로 작성해야 한다.

⑧ 필지 폴리곤의 수와 지번 및 지목, 도호의 수는 일치해야 한다.

⑨ 행정구역별/동별/축척별로 하나의 파일로 통합해야 한다.

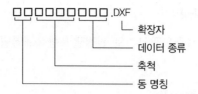

ㅁㅁㅁㅁㅁㅁㅁㅁ.DXF

└ 확장자

데이터 종류

축척

동 명칭

- 동명칭란에는 해당 동명의 영문 이니셜 2자리를 부여하고, 축척란에는 해당 도면의 축척을 부여
- 데이터 종류란에 도곽별 통합 데이터인 경우에는 pnt, 접합도면 데이터인 경우 pyt, 인덱스 도면인 경우 index로 부여

도곽별 통합 데이터와 접합도면 데이터 및 인덱스 도면 파일명 부여방법

(2) 접합도면 데이터 작성

① 접합도면 데이터 작성방법

기본도면은 기 작성된 도곽별 통합데이터를 이용하여 필지접합처리를 거쳐 작성하여야 하며 필지간의 편차가 발생할 경우 반드시 그 원인을 규명하여 오류가 없는 경우 다음에 따라 작성한다.

㉠ 원칙 : 접합도면 데이터는 원점별, 행정구역별, 축척별로 작성

㉡ 도곽 설정이 잘못된 경우 : 해당 도엽을 재작성 후 수치화 작업을 새로이 실시

㉢ 접합결과 일률적으로 중복 이격될 경우 : 세부측량원도 등을 조사하여 오류를 수정하고 이후 이동된 필지를 순차적으로 정리

㉣ ㉠~㉢의 방법으로도 오류사항이 발생할 경우에는 현지측량을 실시하여 그 경계를 결정

② 필지간의 접합

㉠ 해당 도면에서 성필된 필지의 경계선을 위주로 접합

㉡ 접합대상 필지가 각각 해당도면에 성필되어 있고 0.3mm 이내의 이격 및 중복이 발생하였을 경우 : 필지의 모양을 변경시키지 않으면서 이격 및 중복 량의 중수를 취하여 접합 (접합대상 필지의 공부상 면적과 좌표면적을 비교하여 공차 내 확인)

㉢ 접합대상 필지가 큰 면적의 필지와 소면적의 필지일 경우 : 소면적 필지 위주로 접합

㉣ 접합대상 필지가 등록시기가 다른 경우 : 선등록필지 우선

㉤ 접합대상 필지의 이격 및 중복량이 미세하여 면적 및 모양에 미치는 영향이 적은 경우 : 이동지측량 등을 참고하여 어느 한쪽의 필지를 기준으로 접합

㉥ 접합대상 필지가 사유지와 도로, 구거, 하천 등과 같이 국유지로 이루어졌을 경우 : 사유지를 기준으로 접합

㉦ 한 도면의 필지 경계선이 인접도면과 접합 시 필지 경계선이 누락되었을 경우 : 폐쇄도를 확인하여 접합

③ 대축척의 도면과 소축척의 도면의 접합 : 대축척의 도면 경계선을 위주로 접합

④ 도면간의 접합처리 시 도곽 부위에 걸쳐있는 작은 필지가 없어지는 경우가 없도록 주의

⑤ 속성편집작업 기준

접합도면 데이터 편집이 완료된 데이터의 필지 폴리곤 작업을 위해 다음과 같은 작업을 실시해야 한다.

　㉠ 하나의 필지 폴리곤 내에는 하나의 지번 및 지목만이 존재하여야 함

　㉡ 한 필지 내부에 다수의 필지가 있는 경우 : 임의의 위치에 별도의 라인을 추가하여 분리하고 각 필지에 동일한 지번 및 지목과 분리코드 'b'값 입력

　㉢ 필지 내부에 속한 단일 필지 : 홀 필지 코드 입력

　㉣ 접합도면 데이터에서는 분할등록 필지코드와 필지경계 참조선 레이어 삭제

⑥ 편집이 마무리된 파일에 대하여는 필지를 폴리곤화한다.

(3) 인덱스도면 작성

① 통합된 도곽별 통합데이터 파일을 편집하여 인덱스도면 작성
② 인덱스도면 작성을 위하여 통합된 도곽별 통합데이터 파일을 복사하고, 복사된 도곽별 통합데이터 파일 내의 도곽 레이어만을 남기고 모든 레이어를 삭제

▶**도곽별 통합데이터 레이어**

번호	명칭	타입	입력값	비고
61	도호	TEXT	도호	각각의 도곽별 폴리곤 내에 도호 입력
62	동명	TEXT	동명	각각의 도곽별 폴리곤 내에 동명 입력

(4) 성과물 검사 등

구분	내용
성과물 검사	편집완료된 파일은 각 속성별로 객체수가 일치하여야 하며, 오류 발견 시 즉시 수정
도곽별 통합 데이터 검사	파일의 동일한 지번 수와 분할등록 필지 코드 'a' 수와 필지 분리코드 'b'의 수는 다음의 식 결과와 동일하여야 하며, 오류 발견 시 즉시 수정 ※ 동일한 지번개수＝('a'개수＋'b'개수)－('a'와 'b'를 동시에 갖는 필지 수)
접합도면 데이터 검사	동일한 지번의 개수와 필지 분리코드 'b'의 개수가 일치하여야 하며, 오류 발견 시 즉시 수정

2) 좌표변환(세계측지계)

「공간정보의 구축 및 관리 등에 관한 법률」법 제6조 및 동법 시행령 제7조에 따라 측량의 기준을 세계측지계(世界測地系)에 따르게 되었다. 따라서 「지적공부 세계측지계 변환규정」을 제정하여 지적공부를 세계측지계 기준으로 변환하기 위한 방법과 절차를 정하였다.

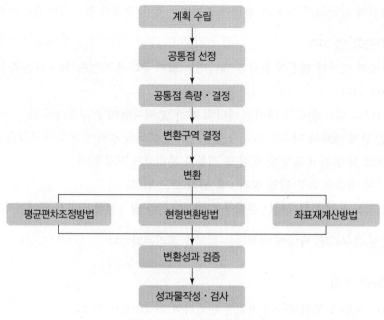

세계측지계 변환 작업절차

(1) 공통점 선정

구분	내용
공통점으로 사용하는 지적기준점	• 전국 지적측량기준점 정비 및 측량성과 산출사업(2009년)으로 정비된 지적 삼각점, 지적삼각보조점 • 시 · 도지사 및 지적소관청이 지적기준점 정비사업을 별도로 수행하여 관리 하고 있는 지적기준점 • 지적확정측량이 완료되어 세계측지계 성과를 보유하고 있는 지적기준점 • 성과가 상호 부합한다고 판단되어 지적소관청에서 자체적으로 활용하고 있 는 지적기준점
선정 방법	• 변환구역별 성과가 양호한 지적기준점으로 선정 • 원점을 달리하는 경우 : 원점별로 선정
선정 제외 대상	• 위성측량 실시지역에서 건물이나 위성신호 왜곡 등으로 양호한 세계측지계 성과 취득이 어려운 경우 • 토틸스테이션 측량방법을 통해 양호한 세계측지계 성과 취득이 어려운 경우 • 지적기준점의 지역측지계 성과가 주위 성과와 부합되지 않는 경우 • 지적소관청에서 공통점으로 사용하는 데 불필요하다고 인정하는 경우
신설 또는 정비	공통점 확보가 어려운 경우 지적기준점을 신설 또는 정비하여 공통점으로 선정 할 수 있음

(2) 공통점 측량 및 결정

① 공통점 측량

구분	내용			
측량방법	정지측량, 이동측량, 토털스테이션측량 방법			
정지측량 관측 기준	**기지점과의 거리**		**측정시간**	**데이터 수신간격**
	5km 이상		60분 이상	30초 이하
	5km 미만		30분 이상	

구분	구분	측정횟수	관측간격	측정시간	데이터 수신간격
이동측량 관측 기준	다중기준국 실시간이동측량	2회	60분 이상	고정해를 얻고 나서 60초 이상	1초
	단일기준국 실시간이동측량	기준국을 달리하여 2회			
	※ 단일기준국 실시간이동측량 시 기준국은 통합기준점 또는 정지측량에 의한 지적기준점을 사용하며, 기지점과의 거리는 5km 이내				

② 공통점 결정

변환계수 산출에 필요한 공통점은 공통점으로 선정된 지적기준점 중에서 세계측지계 관측
성과와 대상지역의 변환성과 간 연결교차가 다음의 범위 이내인 지적기준점으로 결정

- 경계점좌표등록부 시행지역 : 7.5cm
- 그 밖의 지역 : 12.5cm

(3) 변환구역 결정

구분	내용
변환구역 선정기준	• 지적공부 등록기준별(도해, 경계점좌표등록부) 지역(구소삼각 · 특별소삼각지 　역은 별도 구역 선정) • 행정구역 단위인 리 · 동 지역 • 주요 지형지물(도로, 구거, 하천 등)을 경계로 구분한 지역 • 기타 지적소관청이 정하는 지역
변환구역 결정	지적소관청은 변환구역 선정 결과를 시 · 도지사에게 제출하여야 하고, 시 · 도지 사는 변환구역 선정결과를 검토하여 변경사항이 있는 경우 15일 이내에 지적소관 청에 통보하여야 함

(4) 변환

① 원칙

공통점을 이용하여 2차원 헬머트(Helmert) 변환모델의 변환계수를 산출하고, 변환구역을 대상으로 변환한다. 다만, 경계점좌표등록부 시행지역은 축척계수를 제외한 이동 · 회전 변환계수만 산출하여 변환한다.

② 변환구역 변환에 적합하지 않는 경우

평균편차조정방법, 현형변환방법 및 좌표재계산방법으로 변환할 수 있다.

구분		내용
평균편차 조정방법	적용대상	공통점을 이용한 방법으로 변환된 성과가 지역측지계 지적측량 성과와 들어맞지 않아 조정이 필요한 지역
	변환방법	변환구역 단위로 선정된 공통점을 이용하여 2차원 Helmert변환 모델에 의해 변환계수 산출 ↓ 산출된 변환계수로 조정이 필요한 변환구역 단위 공통점들의 편차량 산출 ↓ 편차량을 지역측지계 지적측량성과와 들어맞도록 평균값을 구하여 조정
현형변환방법	적용대상	지역측지계에서 현형법으로 지적측량성과를 결정하는 지역
	변환방법	지적측량성과 자료 확보(자료를 확보할 수 없는 경우에는 지적측량 실시) ↓ 공통점 선정(지역측지계 지적측량성과에 의해 결정된 경계점, 측판점 및 가감된 지적기준점 등) ↓ 지역적 특성에 따라 현형성과 이동량 조정
좌표재계산방법	적용대상	경계점좌표등록부 시행 지역에서 지적확정측량 당시의 관측부 및 계산부가 보존되어 있는 경우
	변환방법	지적확정측량 당시에 사용된 지적기준점의 세계측지계 성과 산출 ↓ 산출한 세계측지계 성과를 기준으로 지적확정측량 당시의 계산부상 각과 거리를 이용하여 필지경계 재계산

(5) 변환성과 검증

① 변환성과 검증은 위치 검증과 면적 검증으로 구분하여 실시한다.
② 검증필지는 변환구역 내 모든 필지를 대상으로 하며, 부득이한 경우 지적소관청이 정하는 기준으로 할 수 있다.

구분	내용
위치 검증	• 필지별 2개 이상의 경계점을 대상으로 공통점의 지역측지계 성과에서 변환 전 필지의 도상좌표까지 각과 거리를 계산하고, 이 값을 사용하여 공통점의 세계측지계 성과를 기준으로 좌표 산출 • 공차범위 　－경계점좌표등록부 시행지역 : 5cm 　－그 밖의 지역 : 10cm
면적 검증	• 필지의 산출면적은 좌표면적계산법에 의하며, 1천분의 1제곱미터까지 계산하여 정함 • 면적의 비교는 필지의 변환 전과 후의 산출면적을 비교 • 허용면적 공차 　변환 전 산출면적 $\times \dfrac{1}{10,000}$ m² 이내

(6) 성과물 작성 및 검사

① 성과물 작성

성과물	• 변환 결과부 • 공통점 배치도 • 변환계수 산출부 • 공통점측량 관측표(정지측량) • 공통점측량 관측부(정지측량) • 공통점측량 관측부(단일기준국 · 다중기준국 실시간이동측량) • 위치검증 계산부 • 면적검증 계산부

② 성과검사

구분	내용	
검사기관	• 대행자가 세계측지계로 변환한 성과 : 지적소관청 • 지적소관청이 변환한 성과 : 시 · 도지사(부득이한 경우 지적소관청으로 위임 가능)	
허용범위를 초과하는 경우	• 원칙 : 그 원인을 조사하여 변환작업을 재수행 • 예외 : 허용범위를 초과하는 필지수가 변환구역 전체 필지수의 100분의 5 이하이거나, 지적소관청이 변환구역 전체의 변환성과에 지장이 없다고 판단하는 경우	
	지적불부합지 결정	변환성과 검증자료와 현장조사, 기존 지적측량 결과도, 수치지도, 정사영상 등을 종합적으로 검토하여 결정
검사항목	• 공통점 선정 및 변환계수 산출의 적정성 • 공통점 측량의 적정성 및 결과물 점검(기존에 확보된 공통점은 제외) • 변환방법의 적정성 • 변환성과 검증 결과 • 변환성과물 점검	

단 · 원 · 평 · 가

01 속성자료를 설명한 내용으로 옳지 않은 것은?

[기사 '21년]

① 속성자료는 점, 선, 면적의 형태로 구성되어 있다.

② 속성자료는 각종 정책적 · 경제적 · 행정적인 자료에 해당하는 글자와 숫자로 구성된 자료이다.

③ 범례는 도형자료의 속성을 설명하기 위한 자료로 도로명, 심벌, 주기 등으로 글자, 숫자, 기호, 색상으로 구성되어 있다.

④ 경계점좌표등록부는 토지소재, 지번, 좌표, 토지의 고유번호, 도면번호, 경계점좌표등록부의 장번호, 부호 및 부호도 등에 대한 사항이 속성정보에 해당한다.

02 다음 중 임야도의 도형자료를 스캐너로 편집한 자료형태는?

[기사 '19년]

① 속성정보

② 메타데이터

③ 벡터데이터

④ 래스터데이터

03 필지식별자(Parcel Identifier)에 대한 설명으로 옳지 않은 것은?

[기사 '19년]

① 경우에 따라서 변경이 가능하다.

② 지적도에 등록된 모든 필지에 부여하여 개별화한다.

③ 필지별 대장의 등록사항과 도면의 등록사항을 연결시킨다.

④ 각 필지의 등록사항의 저장, 검색, 수정 등을 처리하는 데 이용한다.

04 토지 고유번호의 코드 구성 기준으로 옳은 것은?

[기사 '21년]

① 행정구역코드 9자리, 대장구분 2자리, 본번 4자리, 부번 4자리, 합계 19자리로 구성

② 행정구역코드 9자리, 대장구분 1자리, 본번 4자리, 부번 5자리, 합계 19자리로 구성

③ 행정구역코드 10자리, 대장구분 1자리, 본번 4자리, 부번 4자리, 합계 19자리로 구성

④ 행정구역코드 10자리, 대장구분 1자리, 본번 3자리, 부번 5자리, 합계 19자리로 구성

05 벡터데이터와 래스터데이터의 구조에 관한 설명으로 옳지 않은 것은? [기사 '19년]

① 래스터데이터는 중첩분석이나 모델링이 유리하다.

② 벡터데이터는 자료구조가 단순하여 중첩분석이 쉽다.

③ 벡터데이터는 좌표계를 이용하여 공간정보를 기록한다.

④ 벡터데이터는 점, 선, 면으로 래스터데이터는 격자로 도형을 표현한다.

06 래스터 자료의 압축방법에 해당하지 않는 것은? [기사 '19년]

① 블록 코드(Block Code) 기법

② 체인 코드(Chain Code) 기법

③ 포인트 코드(Point Code) 기법

④ 연속분할 코드(Run-Length Code) 기법

07 런 랭스(Run-Length) 코드 압축방법에 대한 설명으로 옳지 않은 것은? [산업기사 '19년]

① 격자들의 연속적인 연결 상태를 파악하여 압축하는 방법이다.

② 런(Run)은 하나의 행에서 동일한 속성값을 갖는 격차를 의미한다.

③ Quadtree 방법과 함께 많이 쓰이는 격자자료 압축방법이다.

④ 동일한 속성값을 개별적으로 저장하는 대신 하나의 런(Run)에 해당하는 속성값이 한 번만 저장된다.

08 스파게티(Spaghetti) 모형에 대한 설명으로 옳지 않은 것은? [기사 '21년]

① 자료구조가 단순하여 파일의 용량이 작다.

② 하나의 점(X, Y좌표)을 기본으로 하고 있어 구조가 간단하므로 이해하기 쉽다.

③ 객체들 간의 공간 관계에 대한 정보가 입력되므로 공간분석에 효율적이다.

④ 상호 연관성에 관한 정보가 없어 인접한 객체들의 특징과 관련성을 파악하기 힘들다.

09 벡터지도의 오류 유형 및 이에 대한 설명으로 틀린 것은? [기사 '21년]

① Overshoot : 어떤 선분까지 그려야 하는데 그 선분을 지나쳐 그려진 경우

② Undershoot : 어떤 선분이 아래에서 위로 그려져야 하는데 수평으로 그려진 경우

③ 레이블입력오류 : 지번 등이 다르게 기입되는 경우 또는 없거나 2개가 존재하는 경우

④ Sliver polygon : 지적필지를 표현할 때 필지가 아닌데도 경계불일치로 조그만 폴리곤이 생겨 필지로 인식되는 오류

10 레이어의 중첩에 대한 설명으로 옳지 않은 것은? [기사 '19년]

① 레이어별로 필요한 정보를 추출해 낼 수 있다.

② 일정한 정보만을 처리하기 때문에 정보가 단순하다.

③ 새로운 가설이나 이론 및 시뮬레이션을 통해 정보를 추출하는 모델링 작업을 수행할 수 있다.

④ 형상들의 공간관계를 파악할 수 있으며 특정 지점의 주변 환경에 대한 정보를 얻고자 하는 경우에도 사용할 수 있다.

11 두 개 또는 더 많은 레이어들에 대하여 불린(Boolean)의 OR 연산자를 적용하여 합병하는 방법으로, 기준이 되는 레이어의 모든 특징이 결과 레이어에 포함되는 중첩분석 방법은? [기사 '20년]

① Clip

② Union

③ Identity

④ Intersection

12 공간데이터 분석에 대한 설명으로 옳지 않은 것은? [기사 '21년]

① 질의검색이란 사용자가 특정 조건을 제시하면 데이터베이스 내에서 주어진 제시하면 데이터베이스 내에서 주어진 조건을 만족하는 레코드를 찾아내는 기법이다.

② 중첩분석은 도형자료에 적용되는 것으로 하나의 레이어 또는 커버리지 위에 다른 레이어를 올려놓고 비교하고 분석하는 기법이다.

③ 버퍼는 점(Point), 선(Line), 면(Polygon)의 공간객체 중 면(Polygon)에 해당하는 객체에서만 일정한 폭을 가지 구역을 정하는 기법이다.

④ 네트워크 분석은 서로 연관된 일련의 선형형상물로 도로, 같은 교통망이나 전기, 전화, 하천과 같은 연결성과 경로를 분석하는 기법이다.

13 공간분석을 위해 여러 지도 요소를 겹칠 때 그 지도 요소 하나하나를 가리키는 것으로, 그 하나는 독립된 지도가 될 수 있고 완성된 지도의 한 부분이 될 수도 있는 것은? [산업기사 '20년]

① 점(Point)

② 필드(Field)

③ 이미지(Image)

④ 커버리지(Coverage)

14 공간상에 알려진 표고값이나 속성값을 이용하여 표고나 속성값이 알려지지 않은 지점에 대한 값을 추정하는 것을 무엇이라 하는가? [산업기사 '20년]

① 일반화

② 동형화

③ 공간보간

④ 지역분석

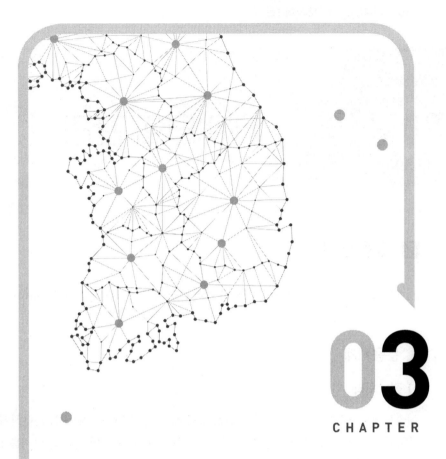

데이터의 관리

CHAPTER

03 데이터의 관리

① 자료관리

자료관리를 위한 운용체계는 취득한 데이터의 정보처리와 컴퓨터를 이용한 관리로 구성되어 있다.

1. 운용체계

1) 정보처리

정보처리는 필요한 정보를 얻을 수 있도록 자료를 처리하는 것으로, 순수하게 취득된 데이터를 가공하여 만든 정보를 만들게 된다. 예를 들면 지적공부에 등록된 하나의 필지를 분할하려는 경우 지상경계의 결정기준 등에 따라 현장에서 관측한 것은 데이터이며, 이를 분할 필지의 경계에 맞춰 가공한 것이 정보이다.

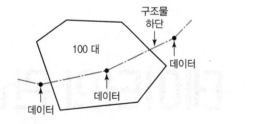 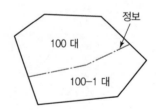

(1) 데이터

데이터란 ① 컴퓨터 디스크와 같은 매체에 저장된 사실로 ② 현실 세계에서 단순히 관찰하거나 측정하여 수집한 사실(Fact)이나 값(Value)을 말한다. 즉 ③ 현실 세계로부터 단순한 관찰이나 측정을 통해 수집된 사실이나 값, ④ 어떤 판단을 내리거나 이론을 세우는 데 기초가 되는 사실, ⑤ 정보 소스(Source)로부터 관측되거나 측정되어 얻어진 어떤 사실들의 집합이다.

데이터는 ⑥ 프로그램을 운용할 수 있는 형태로 기호화하거나 숫자화한 자료의 형태로 만들어진다. ⑦ 데이터의 구조는 선형 구조(배열, 리스트, 큐, 스택, 테크), 비선형 구조(트리, 그래프), 응용(정렬, 검색, 파일처리) 등으로 이루어져 있다.

(2) 정보

정보란 ① 사물이나 어떤 상황에 대한 새로운 소식이나 자료, ② 데이터를 의사결정에 유용하게 활용할 수 있도록 처리하여 체계적으로 조직한 결과물을 말한다. 즉 ③ 어떤 목적을 위해 데이터가 평가되고 가공되어 가치를 가진 데이터이며, ④ 어떤 데이터를 처리한 결과(가공된 자료)이다. 따라서 ⑤ 특정 목적을 달성하도록 데이터를 일정한 형태로 처리 · 가능한 결과를 말한다.

(3) 정보처리

정보처리란 ① 데이터를 정보로 변환하는 과정으로 ② 데이터에서 정보를 추출하는 과정 또는 방법과 ③ 자료를 가공하고 처리하여 생산하는 과정을 말한다. 즉 ④ 데이터를 목적에 맞게 분석하여 의미 있는 정보를 만들어내는 과정으로 ⑤ 데이터를 처리해서 사람이 이해하기 적절한 형태로 의미 있게 만든 것이다. 따라서 ⑥ 정보를 획득 · 기록 · 구성 · 검색 · 표시 · 보급하는 것을 말한다.

2) 컴퓨터

(1) 컴퓨터

컴퓨터는 ① 사람이 해왔던 기억과 계산 등의 일을 빠르고 정확하게 처리해주는 기계로 ② 사람의 지시에 따라 여러 가지 일을 자동적으로 처리해주는 전자장치이다.
③ 외부로부터 자료를 입력받아 정의된 방법에 따라 자료를 처리하여 정보를 생성하고, 사용자에게 생성된 정보를 출력해주는 기능을 가지고 있다.

(2) 컴퓨터의 기능과 특징

① 컴퓨터의 기능 : 입력기능, 기억기능, 연산기능, 제어기능, 출력기능
② 컴퓨터의 특징 : 신속성, 정확성, 자동성, 대량성 등

(3) 컴퓨터 시스템의 구성요소

컴퓨터 시스템은 하드웨어, 시스템 소프트웨어, 펌웨어로 구성되어 있다.
① 하드웨어 : 입력장치, 중앙처리장치, 출력장치, 주기억장치, 보조기억장치 등으로 구성되어 있다.
② 시스템 소프트웨어 : 사용자가 복잡한 컴퓨터 하드웨어를 모르고서도 유용하게 사용할 수 있도록 도와주는 프로그램이다.
③ 펌웨어 : 시스템의 효율을 높이기 위해 ROM에 들어있는 기본적인 프로그램이다.

(4) 컴퓨터의 입 · 출력장치

① **컴퓨터의 입력장치** : 키보드, 마우스, 스캐너, 디지타이저, 조이스틱, 디지털 카메라, 광학마크 판독기, 광학문자 판독기, 자기잉크문자 판독기, 바코드 판독기, 라이트 펜 등이 있다.

② **컴퓨터의 출력장치** : 그래픽카드, 표시장치(음극선관, 액정 디스플레이, 플라즈마 디스플레이 판넬), 인쇄장치(프린터, 플로터), 음성출력장치(사운드 카드, 스피커) 등이 있다.

3) 운영체계

(1) 운영체계의 개념

운영체계란 ① 컴퓨터의 주기억장치 내에 상주하며, ② 컴퓨터 시스템의 자원들인 중앙처리장치, 주기억장치, 보조기억장치, 입출력장치, 네트워크 등을 효율적으로 관리하고 운영하는 것을 말한다. 즉 ③ 사용자에게 편익성을 제공해 주는, 인간과 컴퓨터 간의 인터페이스 역할을 담당하는 프로그램을 말한다.

(2) 운영체계의 목표

① 하드웨어와 소프트웨어 자원들을 관리하고 제어하는 일을 담당한다.

② 사용자가 컴퓨터에 쉽게 접근할 수 있도록 편리한 인터페이스를 제공한다.

③ 수행 중인 프로그램들의 효율적인 운영을 도와준다.

④ 작업처리 과정 중에 데이터를 공유한다.

⑤ 입출력에 보조적인 기능을 수행한다.

⑥ 오류가 발생하면 오류를 원활하게 처리한다.

2. 데이터베이스

1) 자료구조

(1) 자료의 구성

자료는 비트 < 바이트 < 워드 < 레코드 < 블록 < 파일 < 데이터베이스 < 자료 < 빅데이터의 순서로 구성되어 있다.

① 비트(Bit)

- 컴퓨터가 두 가지의 값(0 또는 1)으로 표현
- 정보의 최소 단위로 'Binary Digit'의 약자

② 바이트(Byte)

- 비트들이 기억 공간에 연속적으로 모여 이루어진 비트의 모임
- 일반적으로 하나의 문자는 6비트 또는 8비트, 숫자는 4비트로 표현

③ 워드(Word)

- 기억되는 정보의 단위로서 16비트 또는 32비트와 같이 비트가 모여 이루어진 단위
- 두 개의 Full Word는 Double Word

④ 레코드(Record)

- 서로 연관된 자료 항목 또는 데이터 항목들의 집합
- 한 종류의 객체를 총괄적으로 나타냄

⑤ 블록(Block)

- 주 · 보조 기억장치 사이에서 데이터를 입출력하는 물리적 단위
- 일반적으로 물리 레코드를 말함

⑥ 파일(File)

- 보조 기억장치 내에 저장되어 있는 동일한 종류의 레코드 집합
- 일반적으로 하나의 파일에 있는 레코드들은 동일한 구조를 가짐

⑦ 데이터베이스(DataBase)

- 서로 관련있는 데이터들을 효율적으로 관리하기 위해 수집된 데이터들의 집합체
- 사용자들이 공용할 수 있도록 논리적으로 관련된 자료들의 통합된 집합

⑧ 자료(Data)

- 사실이나 개념을 형식화한 것
- 현실 세계로부터 관찰이나 측정을 통해서 얻어진 숫자 또는 문자를 말함

⑨ 빅데이터(Big Data)

- 기존의 데이터베이스 관리 도구로 데이터를 수집 · 저장 · 관리 · 분석할 수 있는 역량을 넘어서는 대량의 정형 또는 비정형 데이터 집합
- 또한 이러한 데이터로부터 가치를 추출하고 결과를 분석하는 기술을 말함
- 4V : 초대용량(Volume), 다양한 형태(Variety), 빠른 생성 속도(Velocity)와 무한한 가치(Value)
- 최근 위치기반 데이터와 연결되어 신성장 동력산업을 선도할 수 있는 새로운 가치를 창출할 것으로 기대되고 있으며, 이는 공간정보 산업의 기본 인프라가 될 것으로 예측됨

(2) 선형 구조

선형 구조는 배열, 선형리스트, 스택, 큐, 데크가 있다.

① 배열(Array)

- 컴퓨터 내에서 순차적인 방법으로 저장됨
- 인덱스(Index)와 값(Data Value)들의 사상(Mapping)관계를 갖고 있는 특별한 구조(행렬)로 이루어져 있음

② 선형리스트(Linear List)

- 연속적인 기억장소에 리스트들이 연속적으로 저장되는 형태
- 자주 변하지 않는 자료의 저장에 유용

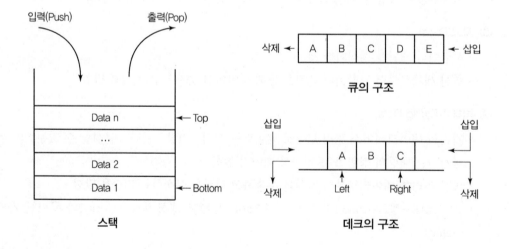

	1열	2열	3열
1행	A	B	C
2행	D	E	F

2차원 배열

선형리스트에서 원소 30 삽입

스택

큐의 구조

데크의 구조

③ 스택(Stack)

- 삽입(Insert)과 삭제(Delete)가 TOP 한쪽 끝에서 이루어지는 선형리스트
- 맨 나중에 입력한 항목부터 먼저 제거되기 때문에 LIFO(Last In First Out)의 구조를 가짐
- 스택은 '쌓아 올리는 것'을 뜻하는 것으로 차곡차곡 쌓아 올린 형태의 자료구조
- 삽입되는 새 자료는 TOP에 쌓으며, 삭제 또한 TOP을 통해서만 가능
- 후입선출을 활용하여 '실행취소, 역순 문자열 만들기' 등에 활용 가능

④ 큐(Queue)

- 삽입과 삭제가 다른 한 끝에서 일어나는 자료구조
- 먼저 들어온 항목이 먼저 제거되는 FIFO(First In First Out)의 구조를 가짐

⑤ 데크(DEQUE : Double Ended Queue)

- 삽입과 삭제가 양쪽에서 이루어짐
- 2개 포인트를 사용하여 가장 자연스럽지만, 컴퓨터 프로그래밍에서는 활용이 적음
- 큐란 '줄을 서서 기다리는 것'을 뜻함
- 한쪽 끝에서는 삽입작업, 다른 쪽 끝에서는 삭제작업이 양쪽에서 이루어지게 된다.
- 순서대로 처리하는 작업인 '예약작업, 은행업무, 프로세스 관리' 등에서 활용이 가능

(3) 자료처리 유형

자료처리 유형은 일괄 처리, 대화 처리, 다중 처리, 다중 프로그래밍, 시분할 시스템, 실시간 시스템, 분산 시스템, 결함 허용 시스템 등으로 나뉜다.

① 일괄(Batch) 처리

- 1950년대 운영체제
- 여러 가지 형태의 업무들을 모아서 순서(차례)대로 일괄 처리하는 방식
- 일괄량 또는 일정 기간에 달할 때까지 발생된 데이터를 수집하여 처리함
- 처리의 대상이 되는 데이터를 일 단위나 월 단위마다 모아두고 그것을 하나로 종합하여 처리함
- '시스템 중심의 처리 방식, 급여 계산, 성적 처리' 등과 같이 유사한 작업을 주기적으로 모아서 분류, 정렬한 후 한꺼번에 처리하는 방식으로 비집중 처리 시스템이 있음

② 대화(Interactive) 처리

- 여러 사용자들이 컴퓨터와 직접 대화하면서 처리하는 방식(사용자 위주)
- 중앙의 대형 컴퓨터에 여러 개의 단말기를 연결하여 여러 사용자들의 요구를 대화식으로 처리하는 형태

③ 다중(Multi) 처리
- 두 개 이상의 프로세서로 구성된 시스템의 운영체제
- 단일처리시스템에 비해 보다 많은 양의 작업을 동시에 처리할 수 있음

④ 다중 프로그래밍(Multi-Programming)
- 여러 개의 프로그램을 동시에 주기억장치에 적재함
- 한 프로그램이 입 · 출력 등의 작업을 할 때 다른 프로그램을 수행하게 하여 전체적인 성능을 올리는 방식
- 복수의 CPU를 혼자 사용하는 것처럼 일정한 시간으로 사용을 분할하여 자료를 처리함
- 동시에 여러 사용자가 사용할 수 있도록 하는 시스템

⑤ 시분할(Time-Sharing) 시스템
- 다수의 사용자들이 한 컴퓨터를 동시에 이용함
- CPU 운영시간을 잘게 쪼개어 다수의 사용자들에게 골고루 시간을 제공함
- 특정 사용자가 오랫동안 기다리는 것을 방지함

⑥ 실시간(Real-Time) 시스템
- 정해진 짧은 시간 내에 응답하는 시스템
- 대용량 파일의 고속 접근이나 프로세서의 고속화 등의 기술 적용
- 데이터 발생과 동시에 컴퓨터에 투입하여 바로 처리하는 방식으로 온라인 실시간 처리와 집중 처리 시스템이 있음
- 온라인 실시간 처리 : 원거리에서 터미널을 연결하여 조회 및 응답 형식으로 처리하는 방식
- 집중 처리 시스템 : 중앙 컴퓨터의 일괄 통제하여 처리나 응답이 이루어지는 실시간 처리 방식(사용자 중심의 처리 방식, 금융 기관의 업무, 예약 업무)

⑦ 분산(Distributed) 시스템
- 네트워크를 통해 연결된 여러 컴퓨터들이 사용자에게는 마치 하나의 컴퓨터처럼 보이는 기능을 제공하는 방식
- 여러 컴퓨터들의 업무를 지리적 또는 기능적으로 분산시켜 데이터를 생성하는 장소에서 처리하도록 함
- 분산 처리 시스템의 목적은 자원 공유, 연산 속도 향상, 신뢰도 향상에 있음
  - 자원 공유 : 각 시스템이 통신망을 통해 연결되어 있으므로 유용한 자원을 공유하여 사용
  - 연산 속도 향상 : 하나의 일을 여러 시스템에 분산시켜 처리함으로써 연산 속도가 향상
  - 신뢰도 향상 : 여러 시스템 중 하나의 시스템에 오류가 발생하더라도 다른 시스템은 계속 일을 처리할 수 있으므로 신뢰도가 향상됨

⑧ 결함 허용(Fault-Tolerant) 시스템

- 부분적으로 일어나는 장애를 시스템이 즉시 찾아내어 순간적으로 복구
- 시스템의 처리중단이나 데이터의 공실 또는 훼손을 막을 수 있음

2) 데이터베이스

(1) 데이터베이스 개념

① 데이터베이스는 정보 시스템 안에서 데이터를 저장하고 있다가 필요할 때 제공하는 역할을 한다.

② 서로 관련 있는 데이터들을 효율적으로 관리하기 위해 표준형식으로 저장된 데이터 집합체이다.

③ 전산화 관련 자료의 구조 중 하나의 조직 안에서 여러 사용자들이 공통으로 자료를 사용할 수 있도록 통합 저장되어 있는 운영자료의 집합이다.

④ 특정 조직의 여러 사용자들이 공유해서 사용할 수 있도록 통합해서 저장한 운영 데이터의 집합이다.

⑤ 데이터 베이스 종류

- 여러 사용자가 함께 소유하고 사용할 수 있는 공유 데이터
- 중복을 최소화한 통합 데이터
- 컴퓨터가 접근할 수 있는 매체에 저장된 저장 데이터
- 조직의 주요 기능을 수행하기 위해 반드시 필요한 운영 데이터

⑥ 데이터베이스의 디자인은 DB 목적 정의 → DB 테이블 정의 → DB 필드 정의 → 테이블 간의 관계 정의의 순으로 진행한다.

⑦ 데이터베이스의 구축 순서

- 정의단계 : 데이터베이스의 개념과 논리적 조직과 더불어 데이터베이스를 계획하는 것
- 저장하는 방법에 대한 정의 : 물리적 구조(파일의 위치와 색인 방법)를 설계
- 데이터베이스 관리 및 조작 : 추가, 수정, 삭제 등

(2) 데이터베이스 특징

데이터베이스의 특징으로는 실시간 접근성, 계속적 변화, 동시 공유, 내용에 의한 참조, 상호작용·독립성·신뢰성·유연성 등이 있다.

① 실시간 접근성

- 언제 어디서나 주어진 질의를 실시간으로 처리할 수 있어야 한다.
- 일반적으로 온라인 처리라고 하면 통상 실시간 처리를 의미한다.

② 계속적 변화

- 데이터는 시시각각으로 변화하기 때문에 동적인 상태라고 할 수 있다.
- 데이터의 삽입, 삭제, 갱신을 통해 현재의 정확한 데이터를 항상 유지하여야 한다.

③ 동시 공유

- 서로 다른 목적을 가진 응용을 위한 것이기 때문에 여러 사용자가 동시에 접근하여 이용할 수 있어야 한다.
- 같은 내용의 데이터를 서로 다른 방법으로 여러 사람이 공유할 수 있어야 한다.

④ 내용에 의한 참조

- 수록되어 있는 데이터 레코드들의 주소나 위치에 의해서 참조되는 것이 아니라 데이터가 가지고 있는 값(내용)에 따라 참조된다.
- 조건을 만족하는 모든 레코드들은 하나의 논리적 단위로 취급되고 접근된다.

⑤ 상호작용 · 독립성 · 신뢰성 · 유연성 등

- 모든 데이터가 중복을 최소화하면서 통합된다.
- 한 조직체의 운영 데이터뿐만 아니라 그 데이터에 관한 설명까지 포함한다.
- 데이터 구조가 프로그램과 분리되어 데이터베이스에 저장됨으로써 프로그램과 데이터 간의 독립성이 제공된다.
- 효율적으로 접근이 가능하고 질의를 할 수 있다.
- 다양한 계층의 사용자들이 데이터베이스로 접근하는 경우 신뢰성과 유연성을 가져야 한다.
- 구체적으로 데이터를 구조화하고 최종적으로 물리적 저장소인 디스크에 데이터가 저장되는 내부적 설계에는 아무런 영향을 미치지 못하는 상호 독립성을 갖고 있다.
- 사용자들은 데이터베이스의 외부적 관점에서 상호작용하거나 또는 질의어를 통하여 직접 상호작용하는 경우도 있다.

(3) 데이터베이스 장단점

① 데이터베이스 장점

- 현실세계에서 관찰이나 측정을 통하여 수집된 값을 데이터베이스에 구축하면 데이터의 관리가 쉽다(통제의 집중화).
- 자료의 효율적인 관리(분리)가 가능하다.
- 새로운 응용을 용이하게 수행할 수 있다(새로운 응용프로그램의 용이성).
- 여러 사용자가 같은 자료에 동시 접근이 가능하다.
- 저장된 자료를 공동으로 이용할 수 있다(데이터의 공유화).
- 데이터의 무결성과 보완성을 유지할 수 있다.
- 데이터의 표준화가 가능하다(중복성 배제, 독립성 유지).

- 데이터의 처리 속도가 증가한다.
- 방대한 종이 자료를 간소화시킨다.
- 정확한 최신 정보를 이용할 수 있다.

② 데이터베이스 단점
- 비용 면에서 자료기반체계에 관한 소프트웨어와 이와 관련된 처리장비는 매우 고가이다.
- 부가적인 복잡성이 존재한다.
- 집중된 통제에 따른 위험이 존재한다.

3) 데이터베이스 모델링

(1) 모델링 개념

① 실세계에서 관심 대상이 되는 데이터만 추출하여 추상적인 형태로 나타낸 것을 데이터 모델링이라고 한다.
② 데이터베이스가 보다 정확성을 가지며, 사용자가 이해할 수 있는 논리성을 지니며, 데이터의 관리와 확장이 가능한 한 쉽게 이루어지도록 데이터베이스를 설계하는 것이다.
③ 내용은 실세계에서 필요한 정보항목을 추출하고, 각 항목별 필요한 데이터를 분석한 후 각 항목 사이의 연관성과 제약성을 파악하는 것이다.
④ 데이터를 정의하고, 데이터들 간의 관계를 규정하며, 데이터의 의미와 데이터에 가해지는 제약조건을 나타내는 개념적 도구라고 볼 수 있다.

(2) 모델링 과정

데이터베이스의 모델링은 요구사항 수집과 분석 → 개념적 설계 → 개념적 스키마 → 논리적 설계 → 논리적 스키마 → 정규화 → 물리적 설계 → 물리적 스키마 → 구현 순으로 진행한다.

1 단계	요구사항 분석	데이터베이스의 용도 파악, 결과물 : 요구사항 명세서
2 단계	개념적 설계	DBMS에 독립적인 개념적 구조 설계, 결과물 : E-R다이어그램
3 단계	논리적 설계	DBMS에서 적합한 논리적 구조 설계, 결과물 : 릴레이션 스키마
4 단계	물리적 설계	DBMS에서 구현 가능한 물리적 설계, 결과물 : 물리적 스키마
5 단계	구현	SQL문을 작성한 후 이를 DBMS에서 실행하여 데이터베이스 생성

① 개념적 모델 : 관심대상이 되는 데이터의 구성요소를 추상적인 개념으로 나타낸 것이다.
② 내부(논리)적 설계
- 개념적 스키마를 기반으로 논리적 스키마를 설계(데이터베이스의 논리적 구조를 설계)한다.
- 계층형 모델, 관계형 모델, 네트워크 모델, 객체지향형 모델 등 다양한 모델에서 사용한다.
③ 물리적 설계 : 데이터의 정보가 컴퓨터에 저장되는 것으로 저장단위로 구체적으로 정의된다.

(3) 데이터베이스 스키마

데이터베이스 스키마(Database Schema)는 데이터베이스에서 자료의 구조, 자료의 표현방법, 자료 간의 관계, 제약조건 등을 정의하는 것으로 외부 스키마, 개념 스키마, 내부 스키마로 이루어져 있다.

① 외부 스키마(External Schema)
- 사용자나 응용 프로그래머가 각 개인의 입장에서 필요로 하는 데이터베이스의 논리적 구조를 정의한 것이다.
- 실제로 이용자가 취급하는 데이터 구조를 정의한다.
- 각 사용자가 갖는 뷰, 서브 스키마라고도 한다.
- 사용자와 응용 프로그래머가 접근하는 데이터베이스를 정의한다.

② 개념 스키마(Conceptual Schema)
- 모든 응용 시스템과 사용자들이 필요로 하는 데이터를 통합한 조직 전체의 데이터베이스 구조를 논리적으로 정의한 개념이며, 데이터 전체의 구조를 정의한다.
- 어떤 데이터가 저장되어 있으며, 데이터 간에는 어떤 관계가 존재하고, 어떤 무결성 제약조건이 명시되어 있는가를 기술한다.
- 테이블들의 집합으로 표현한다.
- 응용 시스템들이나 사용자들이 필요로 하는 데이터베이스 전체에 대한 것으로, 개체, 관계, 제약조건, 접근권한, 보안정책, 무결성 규칙에 대한 상세를 포함한다.

③ 내부 스키마(Internal Schema)
- 전체 데이터베이스의 물리적 저장 형태를 기술하는 개념이다.
- 자료가 실제로 저장되는 물리적인 데이터의 구조를 말한다.
- 외부 스키마 및 데이터 구조의 형식을 구체적으로 정의한다.
- 물리적 저장장치 관점에서 데이터베이스가 어떻게 저장되는지에 대한 구조와 내용을 정의한다.

>> **스키마(Schema)**
- 계획이나 도식의 뜻으로 문서의 논리적 구조를 말한다.
- 데이터베이스 자료구조, 자료의 표현방법, 자료 간의 관계를 형식 언어로 정의한 구조이다.
- 데이터베이스의 구조에 관해서 이용자가 보았을 때의 논리적 구조와 컴퓨터가 보았을 때의 물리적 구조를 기술하고 있다.
- 데이터 구조의 형식을 구체적으로 정의하는 내부 스키마, 데이터 전체의 구조를 정의하는 개념 스키마, 실제로 이용자가 취급하는 데이터 구조를 정의하는 외부 스키마가 있다.
- 데이터베이스에 저장되는 데이터 구조와 제약조건을 정의한다.
  고객 : 고객번호(정수), 이름(최대 10자의 문자열), 나이(정수), 주소(최대 20자의 문자열)

3. 데이터베이스 관리시스템

1) DBMS 개념

(1) DBMS 개념 및 용어 정리

DBMS란 ① 데이터베이스를 보다 편리하게 정의하고, 생성하며, 조작할 수 있도록 해주는 범용 소프트웨어 시스템으로 ② 데이터의 효과적이고 효율적인 저장과 액세스를 다루기 위해 설계되는 소프트웨어 애플리케이션이다. 즉 ③ 한 조직체의 활동에 필요한 데이터를 수집하고, 조직적으로 저장해 두었다가 필요할 때 처리하여 의사결정에 도움이 되는 정보를 생성하는 정보 시스템이다.

DBMS의 이해를 위해 필요한 용어는 다음과 같다.

- 데이터 모델 : 실세계 객체를 표현하는 데 사용하는 메커니즘
- 데이터 로딩 능력 : 외부의 데이터를 불러들여 데이터베이스로 구축하는 툴을 제공
- 인덱스 : 데이터베이스에서 빠르게 검색을 수행하는 데 사용되는 데이터 구조
- 질의어 : SQL이라 불리는 표준 데이터 질의/조작 언어를 지원
- 보완 : 다양한 사용자 액세스 권한 부여
- 갱신 : 갱신을 효과적으로 통제, 조정하는 트랜잭션 관리자를 통해 제어
- 백업 및 복구 : 데이터베이스를 백업하고 문제 발생 시 복구하는 기능 제공
- 객체(Entity)
  - 데이터베이스에 데이터로 표현하려고 하는 유형, 무형의 객체를 뜻함
  - 현실세계의 형상을 GIS에서 사용할 수 있는 데이터로 표현하기 위한 기본 단위(건물, 도로, 행정경계, 도로명)
  - 객체는 서로 다른 객체들과의 관계성을 가지고 구성됨
  - 객체는 데이터 모델을 이용하여 보다 정량적인 정보를 가짐
  - 현실세계에 존재하는 정보의 단위로서 의미를 갖고 있음
  - 컴퓨터가 취급하는 파일의 레코드에 대응하며, 각각의 객체는 하나 이상의 속성으로 각 속성은 그 객체의 특성이나 상태를 나타냄
- 속성(Attribute)
  - 속성은 객체와 연관된 정보로서 객체의 성질이나 상태를 나타냄
  - 정성적인 것과 정량적인 것으로 구분할 수 있음

(2) DBMS 특징

① 자료의 검색 및 수정이 자체적으로 제어되므로 중앙제어장치로 운영될 수 있다(운용비용 부담이 가중된다).

② DB 내의 자료는 다른 사용자와 함께 호환이 자유롭게 되므로 효율적이다.

③ 저장된 자료의 형태와는 관계없이 자료에 독립성을 부여할 수 있다.

④ DBMS에서 제공되는 서비스 기능을 이용하여 새로운 응용프로그램의 개발이 용이하다.

⑤ 독특한 데이터의 검색기능을 편리하게 구현할 수 있다.

⑥ 데이터베이스의 신뢰도를 보호하고 일관성을 유지하기 위한 기능과 공정을 제공할 수 있다.

⑦ 중복된 자료를 최대한 감소시킴으로써 경제적이고 효율성 높은 방안을 제시할 수 있다.

⑧ 사용자 요구에 부합하도록 적절한 양식을 제공함으로써 자료의 중복을 최대한 줄일 수 있다.

⑨ 자료의 중앙제어를 통해 데이터베이스의 신뢰도를 증진시킬 수 있다(중앙집약적 구조의 위험성이 높다).

⑩ 관련 자료 간의 자동 갱신이 가능하다.

⑪ 도형 및 속성자료 간에 물리적으로 명확한 관계가 정의될 수 있다.

⑫ DBMS에서 제공되는 서비스 기능을 이용하여 새로운 응용프로그램의 개발이 용이하다.

⑬ 직접적으로 사용자와의 연계를 위한 기능을 제공하여 복잡하고 높은 수준의 분석이 가능하다.

(3) DBMS 구성요소

DBMS는 데이터베이스, DBMS, 하드웨어, 사용자로 구성되어 있다.

① 데이터베이스
  • 조직체의 응용 시스템들이 공유해서 사용하는 운영 데이터들이 구조적으로 통합된 모임
  • 시스템 카탈로그(스키마 정보를 유지)와 저장된 데이터베이스로 구분한다.

② DBMS
  • 사용자가 새로운 데이터베이스를 생성하고, 데이터베이스의 구조를 명시할 수 있다.
  • 사용자가 데이터를 효율적으로 질의하고 수정할 수 있다.
  • 시스템의 고장이나 권한이 없는 사용자로부터 데이터를 안전하게 보호한다.
  • 여러 사용자가 데이터베이스에 접근하는 것을 제어하는 소프트웨어 패키지이다.

③ 하드웨어
  • 컴퓨터 본체
  • 부속 디스크 장치

④ 사용자
  • 데이터베이스 관리자
  • 응용 프로그래머

- 최종 사용자
- 데이터베이스 설계자
- 오퍼레이터

(4) DBMS 장단점

① 장점

- 데이터 공유기능 : 응용분야의 요구에 맞게 여러 가지 구조로 지원해 줄 수 있다.
- 데이터 중복의 최소화 : 관리자가 중앙에서 관리하기 때문에 각각의 응용에서 개별적인 파일을 유지할 필요가 없다.
- 데이터의 일관성 유지 : 데이터의 중복을 제거할 수 있으므로 데이터의 불일치는 발생하지 않는다.
- 데이터의 무결성 유지 : 데이터베이스에 저장된 데이터가 정확하다.
- 데이터의 보안 유지 : 중앙집중식으로 총괄하여 관장하므로 데이터베이스의 관리 및 접근을 효율적으로 통제할 수 있다.
- 표준화 기능 : 실세계 데이터를 데이터베이스에 표현하고 저장하는데 해당 조직체에 적합한 데이터의 표준 체계를 정립할 수 있다.
- 현실세계에서 관찰이나 측정을 통하여 수집된 값을 데이터베이스에 구축하면 데이터의 관리가 쉽다(통제의 집중화).
- 데이터를 안정적으로 관리한다.
- 새로운 응용을 용이하게 수행할 수 있다(새로운 응용프로그램의 용이성).
- 여러 사용자가 같은 자료에 동시 접근 및 공유가 가능하다.
- 데이터의 처리 속도가 증가한다.
- 데이터에 대한 효율적인 검색을 지원한다.
- 각종 데이터베이스의 질의 언어를 지원한다.

② 단점

- 비용 면에서 자료기반체계에 관한 소프트웨어와 이와 관련된 처리장비는 매우 고가이다.
- 소프트웨어의 규모가 크고 복잡하여 파일방식보다 많은 하드웨어 자원이 필요하다.
- 초기 구축비용과 유지비용이 고가이다.
- 중앙 집약적인 구조에 따른 위험이 존재한다.
- 자동적으로 데이터베이스의 일관성을 유지하기 위해서 컴퓨터의 자원을 많이 필요로 하므로 응답시간이 많이 걸릴 수 있다.
- 백업과 회복의 복잡도가 높다.

(5) DBMS 요구사항

DBMS는 데이터의 독립성, 융통성, 효율적인 데이터 접근, 데이터에 대한 동시 접근, 백업과 회복, 일관성 유지, 데이터의 무결성 및 보안성, 쉬운 질의어, 다양한 사용자 인터페이스 제공 등이 요구된다.

① **데이터 독립성** : 응용프로그램이 데이터 표현의 상세한 내역과 데이터 저장으로부터 독립적이다.

② **융통성** : 기존의 응용 프로그램에 영향을 주지 않으면서 데이터베이스 구조를 변경할 수 있어야 한다.

③ **효율적인 데이터 접근** : 방대한 데이터베이스를 효율적으로 저장하고 접근하기 위해 다수의 정교한 기법을 제공해야 한다.

④ **데이터에 대한 동시 접근** : 데이터베이스는 조직체의 중요한 공유 정보이므로 여러 사용자가 동일한 데이터를 동시에 접근한다.

⑤ **백업과 회복** : 시스템 에러 등으로부터 데이터베이스를 회복하며, 디스크 등이 손상을 입는 경우를 대비해서 백업을 수행한다.

⑥ **중복을 줄이거나 제어하여 일관성을 유지** : 데이터를 통합함으로써 동일한 데이터가 여러 개의 사본으로 존재하는 것을 피한다.

⑦ **데이터 무결성** : 의미적인 측면에서 데이터가 정확하고 완전함을 의미한다.

⑧ **데이터 보안성** : 권한이 없는 접근으로부터 데이터를 보호한다.

⑨ **쉬운 질의어** : 키워드와 간단한 구문을 사용한 질의어를 통해 질의를 표현하고, 결과를 바로 얻을 수 있다.

⑩ **다양한 사용자 인터페이스의 제공**

(6) DBMS 소프트웨어

DBMS 소프트웨어에는 Oracle, SQL Server, DB2, Informix, MySQL 등이 있다.

① Oracle
- 최초의 상업용 제품으로 발표된 관계형 데이터베이스
- 대용량 처리, 작업의 안정성은 물론 다양한 운영체계에서 활용된다.
- 가격이 비싸고 개인 사용자보다는 기업에서 주로 사용하는 제품이다.

② SQL Server
- 마이크로소프트와 사이베이스가 공동으로 만든 DBMS
- 관계형 데이터베이스 관리 시스템에서 자료의 검색과 관리, 데이터베이스 스키마 생성과 수정, 데이터베이스 객체 접근 조정 관리를 위해 고안된 컴퓨터 언어이다.
- 데이터베이스로부터 정보를 얻거나 갱신하기 위한 표준 대화식 프로그래밍 언어이다.

③ DB2

- IBM에서 1983년 발표한 관계형 DBMS
- 유닉스와 윈도우즈 등 다양한 운영체계를 지원한다.

④ Informix

- 인포믹스에서 만든 관계형 DBMS
- 유닉스 환경에서 많이 사용되며 표준 SQL을 지원하는 데 효과적이다.

⑤ MySQL

- SQL을 처음 배우는 사람에게 적합하다.
- 소스까지 공개된 공개 프로그램으로 자유롭게 사용할 수 있다.

2) DBMS 발달과정

DBMS는 ① 데이터의 분류, 삽입, 생성과 같은 기본적인 파일처리를 수행하는 파일관리시스템에서 발달하였다. ② 1960년대에는 인덱스 순차접근방법과 가상기억공간 접근방법 등과 같은 파일시스템이 발달하였고, ③ 1960년~1970년대에는 네트워크 DBMS와 계층 DBMS가 사용되었고, 이는 1세대에 속한다. ④ 1970년대에는 계층적 데이터베이스 모델과 네트워크데이터베이스 모델을 지원하는 DBMS가 등장하였다. ⑤ 1970년대에는 SQL, SEQUEL, QUEL과 같은 사용하기 쉬운 관계형 데이터베이스 질의언어가 개발되었다. 또한 INGRESS, Informix와 같은 프로타입의 관계형 DBMS도 등장하였다. ⑥ 1980년대에 들어오면서 관계형 데이터베이스 관리시스템의 사용이 주축을 이루게 되면서, Oracle, Informix, SQL 등 상용시스템이 출현하였다. 1980년대 초반부터 계속 사용되어 온 관계 DBMS는 2세대에 속한다. ⑦ 1990년대에는 관계형과 객체지향형 DBMS를 같이 활용하였으며, ⑧ 2000년대는 객체관계형 DBMS의 개발이 이루어지고 표준질이어 SQL은 국제표준으로 발전되었다. 객체지향 DBMS와 객체관계 DBMS는 3세대에 속한다.

(1) 파일시스템

① 파일처리시스템의 개념

- 초기의 정보시스템에서 데이터를 가공하고 처리하여 유용한 정보를 얻기 위한 파일(File) 단위의 데이터 저장 및 처리 시스템
- 파일은 다수의 레코드들로 구성되며, 각 레코드는 여러 개의 필드를 가진다.
- 각 레코드는 연관된 필드들의 모임으로 일반적으로 각각의 응용프로그램마다 별도의 파일을 유지한다.

② 파일처리시스템의 장점

- 운영체계를 설치할 때 함께 설치되어 별도의 구입비용을 지출하지 않고 사용할 수 있다.
- 처리속도가 빠르다.

③ 파일처리시스템의 단점

- 다수 사용자들을 위한 동시성 제어가 제공되지 않는다.
- 검색하려는 데이터를 쉽게 명시하는 질의어가 제공되지 않는다.
- 사용자 접근을 제어하는 보안체제가 미흡하다.
- 회복기능이 없다.
- 프로그램 – 데이터 독립성이 없으므로 유지보수 비용이 큰 문제가 있다.
- 데이터 모델링 개념이 부족하고 무결성을 유지하기 어렵다.
- 데이터의 공유와 융통성이 부족하다.
- 데이터가 많은 파일에 중복해서 저장된다.
- 사용자의 권한에 따른 수준의 접근 제어를 시행하기 어렵다.
- 응용 프로그램이 파일의 형식에 종속된다.
- 사용자가 데이터를 보는 방식 그대로 데이터를 표현하기 어렵다.

④ 토지정보체계의 데이터베이스 관리에서 파일처리방식의 문제점

- 데이터의 독립성을 지원하지 못한다.
- 사용자 접근을 제어하는 보안체제가 미흡하다.
- 다수의 사용자 환경을 지원하지 못한다.
- 데이터가 분리되고 격리되어 있다.
- 상당량의 데이터가 중복되어 있다.
- 응용 프로그램이 파일의 형식에 종속된다.
- 파일 상호 간에 종종 호환성이 없다.
- 사용자가 데이터를 보는 방식 그대로 데이터를 표현하기 어렵다.

(2) **지리정보시스템(GIS)의 데이터 처리를 위한 데이터베이스 관리시스템(DBMS)**

지리정보시스템의 데이터를 처리하기 위해서는 ① 자료의 중복 없이 표준화된 형태로 저장되어 있어야 하며, ② 데이터베이스의 내용을 표시할 수 있어야 하고, ③ 데이터 보호를 위한 안전관리가 되어 있어야 한다.

데이터베이스 관리시스템의 장점으로 ④ 중앙제어 기능, 효율적인 자료 호환, 다양한 양식의 자료 제공 등이 있으며, ⑤ 파일 처리방식의 단점을 보완한 방식이다.

⑥ DBMS 프로그램은 독립적으로 운영될 수 있으며, ⑦ 데이터베이스와 사용자 간 모든 자료의 흐름을 조정하는 중앙제어 역할이 가능하다.

⑧ 지리정보시스템(GIS)에서 데이터베이스관리시스템(DBMS)을 사용하는 이유는 다음과 같다.
- 각종 질의 언어를 지원한다.
- 매우 많은 양의 데이터를 저장하고 관리할 수 있다.
- 하나의 데이터베이스를 여러 사용자가 동시에 사용할 수 있게 한다.
- 강력한 질의어를 지원한다.

(3) 계층형 DBMS

계층형 데이터 모델은 ① 최초로 구현된 데이터 모델로 가장 많은 제약점을 가지고 있다. ② 족보와 같은 단순한 트리구조를 가지고 있으며, 데이터 갱신은 용이하나 검색과정이 폐쇄적이다. 또한 ③ 네트워크 DBMS보다 구조가 단순하지만, 복잡한 현실 세계의 모습을 부모 자식 관계가 명확한 트리 형태로 표현하기는 힘들고, 구조 변경이 어렵다는 문제가 존재한다.

계층형 DBMS의 트리(Tree) 형태는 ④ 가장 위의 계급을 root(근원)라 하며, root 역시 레코드의 형태를 갖는다. root를 제외한 모든 레코드는 부모 레코드와 자식 레코드를 갖는 구조이다. ⑤ 모든 레코드는 일 대 일 (1 : 1) 혹은 일 대 다수(1 : n)의 관계를 갖고 있기 때문에 한 개의 부모 레코드만 갖는다. ⑥ 하나의 기록형태에 여러 가지 자료항목이 들어 있고, 파일 내 각각의 기록들은 파일 내에 있는 상위단계의 기록과 연계되어 있다. 상·하위 기록들을 연관시키는 데는 지시자(Pointer)가 활용된다.

위와 같은 계층형 구조는 ⑦ 다양한 기록들이 다른 파일의 기록들과 관련을 가지고 있으며, 기록의 추가와 삭제가 용이하고, 상위기록을 통해서 접근하면 자료의 검색속도가 빠르다는 장점을 갖고 있다. ⑧ 자료의 접근은 지시자에 의해 설정된 경로만을 통해서 가능하며, ⑨ 계층구조 내의 자료들이 논리적으로 관련이 있는 영역으로 나누어진다.

(4) 네트워크형 DBMS

네트워크형 DMBS는 ① 데이터베이스를 노드와 간선을 이용한 그래프 형태로 구성하는 네트워크 데이터 모델을 사용한다. ② 하나 또는 그 이상의 자식 레코드가 부모 레코드를 가지고, ③ 기록들은 다른 파일의 하나 이상의 기록들과 연계되어 있으며, 연관시키기 위해서는 지시자가 활용된다.

네트워크형 DMBS는 ④ 계층형에 비해 데이터 표현력이 강하지만 자료구조가 복잡하며, ⑤ 간선을 이용해 데이터 간의 관계를 표현하기 때문에 데이터베이스의 구조가 복잡하고 변경하기 어렵다는 단점이 있다.

(5) 관계형 DBMS

① 개요

- 데이터베이스를 테이블 형태로 구성하는 관계 데이터 모델을 사용한다.
- 데이터베이스를 단순하고 이해하기 쉬운 구조로 구성한다는 장점이 있다.
- 1980년대에는 관계 DBMS가 주류가 되었고, 1990년에도 기술이 계속 확장되고 성능이 향상되었다. 관계 DBMS는 지금도 널리 사용되는 데이터베이스 관리 시스템이다.
- 대표적인 관계형 DBMS로는 오라클(Oracle), MS SQL 서버(MS SQL Server), 액세스(Access), 인포믹스(Informix), MySQL 등이 있다.
- 토지정보를 비롯한 공간정보를 관리하기 위한 데이터 모델로서 현재 가장 보편적으로 쓰이며 데이터의 독립성이 높다.

② 데이터 모델

- 모든 데이터들을 테이블과 같은 형태로 나타내는 것으로 데이터베이스를 구축하는 가장 전형적인 모델이다.
- 데이터 구조는 릴레이션(Relation, 테이블의 열과 행의 집합)으로 표현된다. 2차원 테이블 형태로 테이블은 다수의 열로 구성되고, 각 열에는 정해진 범위의 값이 저장(레코드)된다.
- 열은 속성(Attribute), 행은 튜플(Tuple)이라고 부른다.
- 테이블 각 칸에는 하나의 속성값만 가지며, 이 값은 더 이상 분해될 수 없는 원자값만 가진다.
- 하나의 속성을 취할 수 있는 같은 유형의 모든 원자 값의 집합을 그 속성의 도메인(Domain)이라고 정의한다.
- 각 레코드는 기본 키(Primary Key)로 구분되며 하나 이상의 열로 구성된다.
- 전문적인 자료관리를 위한 데이터 모델로서 현재 보편적으로 많이 사용하고 있다.
- 데이터의 결합, 제약, 투영 등의 관계조작에 의해 표현능력을 극대화시킬 수 있고, 자유롭게 구조를 변경할 수도 있다.
- 모형의 구조가 단순하여 사용자와 프로그래머 간의 의사소통을 원활히 할 수 있고 시스템 설계가 용이하다.
- 높은 성능의 시스템 구성을 필요로 한다.
- 데이터의 갱신이 용이하고 융통성을 증대시킨다.
- 데이터의 독립성이 높고 높은 수준의 데이터 조작언어를 사용한다.
- SQL과 같은 질의 언어 사용으로 복잡한 질의도 간단하게 표현할 수 있다.
- 자료 테이블 간의 공통필드에 의해 논리적인 연계를 구축함으로써 효율적인 자료관리 기능을 제공하여 공통필드가 존재하는 한 정보검색을 위한 질의의 형태에 제한이 없는 장점을 지닌 데이터 모델이다.

>> **릴레이션(Relation)**

• 튜플 : 릴레이션을 구성하는 각각의 행(Row)
• 속성 : 릴레이션에서 하나의 열(Attribute, Column)
• 도메인 : 하나의 속성이 취할 수 있는 같은 타입의 원자 값들의 집합

릴레이션(테이블) 정규화

• 관계형 데이터베이스의 설계에서 데이터의 중복을 제거하여 데이터 모형을 단순화하는 작업
• 자료 저장공간을 최소화하고, 데이터베이스 내의 데이터 불일치 위험을 최소화
• 자료의 수정, 삭제에 따른 예기치 않은 오류를 최소화하여 데이터 구조의 안정성을 유지

>> **관계형 데이v터베이스 용어**

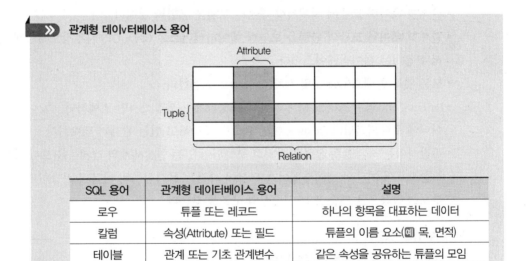

SQL 용어	관계형 데이터베이스 용어	설명
로우	튜플 또는 레코드	하나의 항목을 대표하는 데이터
칼럼	속성(Attribute) 또는 필드	튜플의 이름 요소(예 목, 면적)
테이블	관계 또는 기초 관계변수	같은 속성을 공유하는 튜플의 모임

(6) 객체지향형 DBMS

① 개요

• 1980년대 후반부터 등장한 객체지향 DBMS는 객체지향 프로그래밍 개념에서 도입한 객체를 이용해 데이터베이스를 구성하는 객체지향 데이터 모델을 사용한다.

- 더 복잡한 응용 분야의 데이터를 관리하려는 사용자 요구를 충족시키기 위해 제안되어, 새로운 유형의 데이터 저장과 데이터의 복잡한 분석 및 처리를 지원한다.
- 대표적인 객체지향 DBMS로는 오투(O2), 온투스(ONTOS), 젬스톤(GemStone), OpenODB, ObjectStore, Versant 등이 있다.
- 모든 데이터를 오브젝트(Object ; 물체)로 취급하여 프로그래밍(JAVA , C＋＋. C#, ASP, Objective-C, 파이썬 등)한다.

② 객체지향형 DBMS의 5가지 주요 용어
- 클래스(추상화된 모습)와 객체(Object, 실체)
- 캡슐화 : 데이터와 코드 형태를 외부로 알리지 않고, 데이터의 구조와 역할, 기능을 캡슐 형태로 만드는 방법을 말한다.
- 상속성 : 상위(부모) 클래스의 속성과 기능 등 모든 것을 하위(자식) 클래스가 그대로 이어받는 것을 말한다.
- 추상화 : 공동의 속성이나 기능을 묶어 이름을 붙이는 것을 말한다.
- 다형성 : 하나의 이름으로 사용되지만 여러 개의 구현을 가지는 개념을 말한다.

③ 데이터 모델
- 관계형 데이터 모델에 객체지향 데이터 모델을 혼합한 것이다.
- 관계형 데이터 모델의 단점을 보완한 데이터베이스로 CAD, GIS 사무정보시스템 분야에서 활용하는 데이터베이스이다.
- 모든 것을 클래스(Class) 및 객체(Object)로 표현한다.
- Parent/Child의 구조라고 하며 객체의 구성관계가 복잡하지만 명백하다. 즉, 어떤 요소가 어디에 포함되거나(Subclass), 어떤 요소를 포함하고 있는 관계가 명백하다.
- 복잡하기는 하지만 동질성을 가지고 구성되어 있는 현실세계의 객체들을 보다 정확히 묘사함으로써 기존의 데이터베이스 모형이 가지는 문제점들의 극복이 가능하며 클래스의 주요한 특성으로 계승 또는 상속성의 구조를 갖는다.

④ 대표적인 특성
- 데이터와 프로그램을 그룹화한다.
- 복잡한 객체들을 이해하기 쉽다.
- 유지와 변경이 용이하다.
- 강력한 자료 모델링 기능을 부여한다.
- 동질성을 가지고 구성된 실세계의 객체들을 비교적 정확히 묘사한다.

(7) 객체관계형 DBMS

① 개요

- 1990년대 후반에 관계 DBMS에 객체지향 개념을 통합한 객체관계 데이터 모델이 제안되었으며, 객체 DBMS와 관계 DBMS의 개념을 통합한 것으로 볼 수 있다.
- 데이터가 형식화되지 않는 경우 의미가 모호할 뿐만 아니라 명확하게 나타내기 어렵기 때문에 이러한 문제점을 해결하기 위하여 형식화된 방법이 고안되었다.
- 표준으로 제시된 모델이 없으며, 상업적으로 성공한 시스템도 없이 정착되었다.

② 데이터 모델

- 객체 – 관계 모델은 객체, 속성, 관계의 개념을 이용한다.
- 다이어그램으로 표현한다.
- 객체지향 데이터베이스 모델을 가진 관계형 데이터베이스 관리 시스템이다.
- 소프트웨어 개발자가 스스로 데이터 형과 메소드(명령문)를 자유롭게 정의하여 데이터베이스를 개발할 수 있는 데이터베이스 관리 시스템이다.

③ 대표적인 특성

- 클래스도 도메인이 될 수 있다.
- 클래스의 한 속성값이 한 개 이상 존재할 수 있다.
- 클래스는 메소드(Method)를 가진다.
- 계층적 클래스 구조를 갖는다(Inheritance).

3) SQL(Structured Query Language)

(1) SQL 특성

SQL은 ① 상호 대화식(비절차) 언어, 사용자와 관계형 데이터베이스를 연결시켜 주는 표준검색언어로 ② 관계형 데이터베이스 관리시스템에서 자료의 검색과 관리, 데이터베이스 스키마 생성과 수정, 데이터베이스 객체 접근 조정 관리를 위해 고안되었다. 즉 ③ 데이터베이스로부터 정보를 얻거나 갱신하기 위한 표준 대화식 프로그래밍 언어이다.

④ 집합단위로 연산하는 언어, 비절차적 언어로 ⑤ 데이터 정의어, 데이터 조작어, 데이터 제어어를 모두 지원하며, ⑥ 미국표준연구소(ANSI)와 국제표준기구(ISO)에서 관계 데이터베이스 표준언어로 채택되었다.

⑦ 질의를 위하여 사용자가 데이터베이스의 구조를 알아야 하는 언어를 과정 질의어라 한다.

⑧ 질의어란 사용자가 필요한 정보를 데이터베이스에서 추출하는 데 사용되는 언어를 말하는 것으로 관계형 DBMS에서 자료를 만들고 조회할 수 있는 도구이다.

(2) SQL 언어

① SQL 기본구문

- SELECT 컬럼명1, 컬럼명2.. FROM 테이블명 WHERE 조건 등이 있다.
- SELECT절은 질의결과에 포함하려는 열(속성)들의 리스트를 열거한다.
- FROM절은 질의어에 의해 검색될 데이터들을 포함하는 테이블을 기술한다.
- WHERE절은 관계대수의 실렉션 연산의 조건에 해당한다.
- ORDER BY절은 질의 결과가 한 개 또는 그 이상의 열 값을 기준으로 오름차순 또는 내림 차순으로 정렬될 수 있도록 기술된다.
- 복잡한 탐색 조건을 구성하기 위하여 단순 탐색 조건들을 AND, OR, NOT으로 결합할 수 있다.

▶기본구문 : SELECT 컬럼명1, 컬럼명2.. FROM 테이블명 WHERE 조건

질의 : 개인소유 (SECTOR 1(국가), 2(개인), 3(외국인)) 토지의 모든 정보를 검색하라.

SELECT   *
FROM   CADASTRAL
WHERE   SECTOR = 2 ;

PID	WONER	LANDLABEL	AREA	SECTOR
3734	김삿갓	답	3,569	2
3269	김첨지	과수원	7,895	2
2553	홍길동	주유소	6,859	2

질의 : 김씨 성을 가진 소유자들의 소유자명, 지목, 면적을 검색하라.

SELECT   WONER, LANDLABEL, AREA
FROM   CADASTRAL
WHERE   WONER LIKE '김%' ;

WONER	LANDLABEL	AREA
김삿갓	답	3,569
김첨지	과수원	7,895
홍길동	주차장	6,584

② SQL 구문 – 데이터 정의 언어(DDL)

- 데이터 정의 언어(DDL : Data Definition Language)로 CREATE, DROP, ALTER 등이 있으며, 데이터베이스를 정의하거나 수정할 목적으로 사용한다. DDL은 데이터베이스 형태가 여러 사용자들이 요구하는 대로 제공해 줄 수 있도록 데이터를 조작하는 기능이 있어, 데이터베이스, 테이블, 필드, 인덱스 등 객체(Object)를 생성하고(CREATE), 변경하거나 (ALTER) 삭제(DROP), 이름변경(RENAME) 등을 할 수 있다.

- 데이터의 물리적 구조를 명세한다.
- 데이터의 논리적 구조와 물리적 구조 사이의 변환이 가능하도록 한다.
- 데이터베이스의 논리적 구조와 그 특성을 데이터 모델에 따라 명세한다.
- 데이터의 형(Type)과 구조, 데이터가 DB에 저장될 때의 제약조건 등을 명시하는 기능이다.
- 데이터와 데이터의 관계를 명확하게 명세할 수 있어야 하며, 원하는 데이터 연산은 무엇이든 명세할 수 있어야 한다.
- 데이터와 데이터 간의 관계를 정의하는 데 사용되는 언어이다. 이것은 데이터베이스 내에서 데이터 구조를 만드는 데 사용된다.
- 스키마(Scheme), 도메인(Domain), 테이블(Table), 뷰(View), 인덱스(Index) 정의에 사용한다.

┃ CREATE 문 ┃
- 스키마 정의 : CREATE SCHEMA 스키마_이름 AUTHORIZATION 사용자_이름 ;
- 도메인 정의 : CREATE DOMAIN 도메인_이름 데이터_타입 [묵시적_정의] [도메인_제약조건] ;
- 기본 테이블 생성 : CREATE TABLE 테이블_이름
- 인덱스 테이블 생성 : CREATE INDEX 인덱스_이름 ON 테이블_이름(열이름_리스트) ;

┃ DROP 문 ┃
데이터베이스, 스키마, 도메인, 테이블, 뷰, 인덱스의 삭제 기능
- DROP DATABASE 데이터베이스_이름 [CASCADE | RESTRICT] ;
- DROP SCHEMA 스키마_이름 [CASCADE | RESTRICT] ;
- DROP TABLE 테이블_이름 CASCADE ; 참조하는 테이블도 자동 삭제
- DROP TABLE 테이블_이름 RESTRICT ; 참조 중이면 삭제되지 않음

┃ ALTER 문 ┃
기본 테이블을 변경하는 기능
- 열 추가 : ALTER TABLE 테이블이름 ADD 열이름 데이터타입 ;
- 열 삭제 : ALTER TABLE 테이블이름 DROP 열이름 ;
- 디폴트 값 변경 : ALTER TABLE 테이블이름 ALTER 열이름 SET DEFAULT 디폴트_값 ;

구문	명령문	설명
DDL	CREAT	테이블 등 데이터구조(객체)를 생성한다.
	ALTER	객체를 수정할 때 사용한다.
	DROP	객체를 제거할 때 사용한다.
	RENAME	객체의 이름을 변경할 때 사용한다.
	TRUNCATE	객체의 모든 행을 삭제한다.

② SQL 구문 – 데이터 조작 언어(DML)

- 데이터 조작 언어(DML : Data Manipulation Language)는 사용자가 데이터베이스에 접근하여 데이터를 처리할 수 있는 데이터 언어이다.
- 데이터 검색(SELECT), 삽입(INSERT), 삭제(DELETE), 변경(UPDATE) 등을 체계적으로 처리하기 위해 데이터 접근 수단 등을 정하는 기능을 한다.
- 처리 절차의 용이성, 정확성과 안전성, 효율성을 높인다.

> **| 명령문 |**
> - SELECT 문 : SELECT 열_리스트 FROM 테이블_리스트 [WHERE 조건] ;
> - INSERT 문 : INSERT INTO 테이블_이름 [열_리스트] VALUE (열값_리스트) ;
> - UPDATE 문 : UPDATE 테이블_이름 SET 열이름=산술식 {열이름=산술식} WHERE 조건식 ;
> - DELETE 문 : DELETE FROM 테이블_이름 [WHERE 조건식] ;

구문	명령문	설명
DML	SELECT	데이터베이스에서 데이터를 검색할 때 사용한다.
	INSERT	테이블에서 새 행을 입력한다.
	UPDATE	기존 행을 변경한다.
	DELETE	행을 제거한다.
	MERGE	데이터가 테이블에 존재하지 않으면 INSERT, 존재하면 UPDATE를 수행한다.

③ SQL 구문 – 데이터 제어 언어(DCL)

데이터 제어 언어(DCL : Data Control Language)는

- 데이터베이스를 접근하는 갱신, 삽입, 삭제 작업이 정확하게 수행되어 데이터의 무결성이 유지되도록 제어해야 한다.
- 정당한 사용자가 허가된 데이터만 접근할 수 있도록 보안(Security)을 유지하고 권한(Authority)을 검사할 수 있어야 한다.
- 여러 사용자가 데이터베이스를 동시에 접근하여 데이터를 처리할 때 처리 결과가 항상 정확성을 유지하도록 병행 제어(Concurrency Control)를 할 수 있어야 한다.
- 데이터를 보호하고 관리하는 목적으로 사용한다.
- 운영체계가 다수의 프로그램을 동시에 수행하듯이 여러 트랜잭션들을 동시에 수정해야 한다.
- 사용자는 데이터 제어어를 사용하여 데이터베이스 트랜잭션을 명시하고 권한을 부여하거나 취소할 수 있다.

> **| 명령문 |**
> - GRANT 문 : 기존 사용자나 그룹의 특정 권한을 허용
> - REVOKE 문 : 기존 사용자나 그룹의 특정 권한을 해제
> - BEGIN TRANSACTION 문 : 트랜잭션의 시작을 명시적으로 표시
> - COMMIT 문 : 트랜잭션을 종료하고 데이터 변경을 확정
> - ROLLBACK 문 : 트랜잭션을 취소하고 데이터의 변경을 이전 상태로 복구

② 데이터의 표준화

1. 공간정보 표준화 개요

1) 표준화 개념 및 장점

(1) 표준화 개념

표준화란 ① 데이터의 유통과 변환이 가능하도록 데이터의 포맷 등 형식을 동일한 방식으로 규정하는 것으로 ② 데이터의 교환 표준, 메타데이터 표준, 용어 표준, 데이터 정확도 표준, 장비측정 표준, 측지 표준 등이 있으며, ③ SDTS는 GIS 표준 포맷의 대표적인 예이다.

④ NGIS에서 수행하고 있는 표준화 내용은 기본 모델연구, 정보구축표준화, 정보유통표준화, 정보활용표준화, 관련기술표준화이며, ⑤ 국가 기본도 및 공통 데이터 교환 포맷 표준안을 확정하여 국가 표준으로 제정하고 있다.

(2) 표준화 장점

① 경제적이고 효율적인 GIS 구축이 가능하다(자료의 중복구축 방지로 비용을 절감).
② 기존에 구축된 모든 데이터에 쉽게 접근할 수 있다.
③ 서로 다른 시스템 간의 상호연계성을 강화할 수 있다.
④ 수치적인 공간자료가 서로 다른 체계 사이에서 원래의 내용이 변형 없이 전달된다.

2) 표준화 필요성

(1) 공간정보 표준화 필요성

① 데이터의 제작 시 사용된 하드웨어(H/W)나 소프트웨어(S/W)에 구애받지 않고 손쉽게 데이터를 사용하기 위하여 ② 표준 형식에 맞추어 하나의 기관에서 구축한 데이터를 많은 기관들이 공유하여 사용할 수 있으므로 ③ 데이터의 공동 활용을 통하여 데이터의 중복 구축을 방지함으로써 데이터 구축비용을 절약할 수 있다.

(2) 지적정보 표준화 필요성

지적정보에서 표준의 도입으로 ① 다른 지적정보 활용시스템과의 정보 교환 조건을 정의하여 상호연동성을 확보할 수 있고, ② 시스템 간의 상호연계성을 강화할 수 있다. 또한 ③ 기 구축된 지적정보의 재사용을 위한 접근 용이성을 향상시키므로 ④ 기존에 구축된 모든 데이터에 쉽게 접근할 수 있으며, ⑤ 수치적인 공간자료가 서로 다른 체계 사이에서 원래의 내용이 변형 없이 전달된다. 따라서 ⑥ 공동 데이터의 공유 및 자료의 중복구축 방지로 비용을 절감할 수 있다.

3) 표준의 구분 및 구성요소

(1) 공간정보 표준

공간정보 표준은 기능적 측면, 데이터 측면, 영역적 측면으로 나눠서 살펴볼 수 있다.

① 기능 측면
- 응용 표준 : GIS 이용에 대한 지침을 제시하는 표준
- 데이터 표준 : 지리 데이터의 교환 포맷이나 구조를 기술하는 표준
- 기술 표준 : 컴퓨터 기술의 사용에 관련된 다양한 측면에서 대한 표준과 전송규약을 포함
- 전문 실무 표준 : 실무자의 자격심사나 전문능력 인증 등

② 데이터 측면
- 내적 요소 : 데이터 모형 표준, 데이터 내용 표준, 메타데이터 표준
- 외적 요소 : 데이터 품질 표준, 데이터 수집 표준, 위치참조 표준, 데이터 교환 표준

③ 영역 측면 : 국지적 범주, 국가 범주, 국가 간 범주, 국제 범주로 나뉜다.

(2) 표준의 구성요소

표준의 구성요소에는 표준 데이터 성과품, 데이터 교환 표준, 데이터 품질 표준, 메타 데이터 표준이 있다.

① 표준 데이터 성과품 : 기본적으로 국가와 지방자치단체 차원에서 제작된 기본도를 기반으로 만들어진 데이터

② 데이터 변환(교환) 표준 : 어떤 GIS 시스템에서 다른 시스템으로 데이터를 변환하는 방법을 개념화한 것

③ 데이터 품질 표준 : 특정한 공간 범위 또는 특정 응용시스템에 맞는 데이터 품질에 관한 요구사항이 나열된 일종의 문서

④ 메타 데이터 표준 : 지리정보 유통망 구축을 위해 필요

2. SDTS(Spatial Data Transfer Standard)

1) SDTS 개요 및 특징

(1) SDTS 개요

SDTS는 ① 광범위한 자료의 호환을 위한 규약으로서, 국가지리정보체계(NGIS)의 공간데이터 교환포맷으로 ② 다른 체계들 간의 자료를 공유를 위한 대표적인 공간 자료교환 표준이다. ③ 서로 다른 응용시스템들 사이에서 지리정보를 공유하고자 하는 목적으로 개발되었으며, ④ SDTS는 자료를 교환하기 위한 포맷이라기보다는 광범위한 자료의 호환을 위한 규약으로서 자료에 관한 정보를 서로 전달하기 위한 언어이다. 따라서 SDTS는 ⑤ 서로 다른 하드웨어, 소프트웨어, 운영체계를 사용하는 응용시스템들 사이에서 지리정보를 공유하고자 하는 목적으로 개발된 정보교환 매개체로 미국 연방정부에 의하여 개발되었다. ⑥ 미국 연방 정부의 표준으로 채택되어 공간자료의 교환 표준뿐만 아니라 수치지도의 제작, 관리, 유통 등에 이르는 광범위한 기능과 역할을 담당하며, 호주, 뉴질랜드, 한국 등의 국가에서 채택되었던 데이터의 교환표준으로 ⑦ 정보손실 없이 서로 다른 컴퓨터 사이의 지구좌표를 갖는 공간자료를 변화하는 강력한 방법이다.

(2) SDTS 특징

STDS는 ① 공간자료에 관한 정보를 서로 전달하는 언어의 성격을 지니고 있으며, ② 자료의 교환표준을 구체적으로 사용 가능하도록 규정하고 설계한 프로파일을 제공한다. ③ 자료모델로 Geometry와 Topology를 정의하고 있으며, ④ 공간데이터 전환의 조직과 구조, 공간형상과 공간속성의 정의, 데이터 전환의 코드화에 대한 규정을 상세히 제공하고 있다. 따라서 ⑤ 다양한 공간데이터의 교환 및 공유를 가능하게 하고, ⑥ 공간자료 간의 자료 독립성 확보를 목적으로 하고 있으며, ⑦ 자료의 교환표준을 구체적으로 사용 가능하도록 규정하고 설계한 프로파일을 제공한다. ⑧ 위상구조로서의 순서(ORder), 연결성(Connectivity), 인접성(Adjacency) 정보를 규정하고 있으며, ⑨ 모든 종류의 공간자료들을 호환 가능하도록 하기 위한 내용을 기술하고 있다. ⑩ 미국, 한국, 뉴질랜드, 호주의 국가 지리정보 데이터 교환 표준으로 채택하고 있으며, ⑪ 한국은 1995년 12월 NGIS 데이터 교환 표준으로 SDTS를 채택하였다.

2) SDTS 구성

(1) 총괄적인 구성

① 1장 : 공간데이터의 논리적 규약
  - 공간데이터 모델 : 공간자료를 정의하는 이론적 틀을 제공
    - 공간자료에 활용되는 각종 정의 및 공간정보의 구성, 그래픽 표현방법 등을 표현

- 자료 품질
  - 언제나 자료의 변화가 있을 때 추가, 갱신, 삭제가 자유로우며 독립적으로 분리와 전환이 가능하여야 한다.
  - 구성요소 : 자료이력, 위치정확도, 속성정확도, 논리적 일관성, 무결성
- 전환포맷의 구성
  - 모델의 정의를 위한 표현방법, 각 모듈에서 사용되는 개념들의 상하관계를 규정하는 부분, 전환을 위하여 구성되는 모듈의 형태

② 2장 : 자료사전(용어정의)

- 자료가 전환될 때 확인되는 공간형상들에 대한 분류와 의미를 제공
- 자료의 명칭 및 내용, 변환의 가능성, 추가를 위한 공간

③ 3장 : 전환규약

- ISO 8211 규정을 적용
- 일반 범용의 교환 표준, 인코딩, 독립성, 확장성

④ 4장 : 프로파일

- 벡터자료와 래스터 자료의 프로파일에 관한 규정을 정의
- 1장, 2장, 3장에 기술된 내용을 적용하여 구체화

(2) 공간자료 구성

① 개념적 모델

- 실세계의 현상을 나타내는 공간현상
- 현상의 표현 대상인 공간객체
- 공간현상과 공간객체와의 관계를 총체적으로 나타내는 공간현상

② 객체의 분류

- 0차원 : Point, Node
- 1차원 : Line, String, Arc, Link, Chain, Ring
- 2차원 : Area, Ployon, Pixel(2차원 그림), Grid Cell(2차원 객체)
- 공간객체의 집합 : Image, Grid, Layer, Raster, Graph

3. 표준화 동향

1) 외국 표준화 동향

(1) ISO/TC211

① 개요

- 국제표준화기구(ISO : International Organization for Standardization)는 공간정보에 대한 참조모델, 좌표체계, 개념적 스키마 언어, 메타데이터, 제품사양 및 서비스 인터페이스 등을 포함한 전반적인 공간정보 체계 및 활용에 대한 폭넓은 표준화를 진행하는 공적표준기구이다.
- ISO는 1994년에 산하 기술위원회(TC : Technical Committee)인 ISO/TC211 Geographic Information/Geomatics를 설립하였다.
- ISO/TC211은 국제표준화기구인 ISO의 공간정보 부분의 기술위원회이다.
- ISO/TC211은 지리정보분야 대한 표준화를 위해 지리적 위치와 직·간접으로 관련이 되는 사물이나 현상에 대한 정보표준규격을 수립하는 국제표준화기구이다.

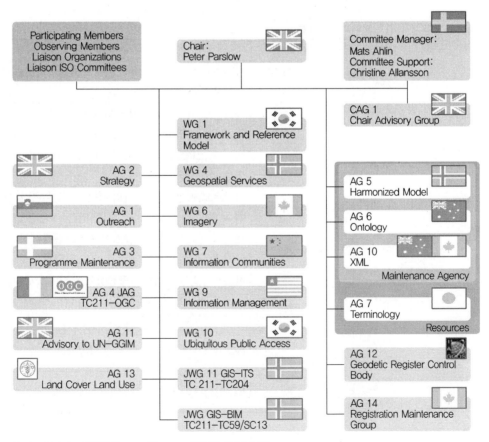

출처 : 위치정보산업동향 보고서(2022. 한국인터넷진흥원)

② 목적

- 지구상의 지리적 위치와 직 · 간접적으로 관계있는 사물이나 현상에 대한 표준을 마련한다.
- 표준을 통해 공간정보를 쉽게 활용할 수 있는 환경을 제공하거나 공간정보를 다루는 컴퓨터 시스템 간의 상호 운용성 실현, 공간정보의 접근성 및 통합성 증대를 목적으로 한다.

③ 활동방식

- 34개 참가국과 31개 참관국이 활동하고 있으며(2015년), 국제표준 제정을 위해 50여 개의 기관 등과 네트워크를 형성하고 있다.
- 8개의 워킹그룹(Working Group)과 12개의 자문그룹(Advisory Group), 5개의 임시그룹(Ad-Hoc Group)들이 운영되고 있다.
- 조직은 총 5개의 기술실무위원회로 구성되어 WG1(업무 구조 및 참조 모델을 담당), WG2(지리 공간 데이터 모델과 운영자를 담당), WG3(지리 공간 데이터를 담당), WG4(지리 공간 서비스를 담당), WG5(프로파일 및 기능에 관한 제반 표준을 담당)로 구성되어 있다.
- 표준 모델로는 공간참조, 기하 및 위상구조, 지리적 형상, 메타데이터, 품질, 시간, 묘사 등이 있다.

▶ISO/TC211 Working Group

No	그룹명	분야	내용
1	WG1	프레임워크 및 참조모델	자원관리 그룹이 작업하는 절차적 프레임워크와 작업그룹이 사용하는 프레임워크 제공
2	WG4	공간정보 서비스	공간정보 서비스에 중점을 두고 레지스터, 적합성 및 테스트, 인코딩, 묘사 등
3	WG6	영상	이미지, 그리드, 커버리지 데이터 및 관련 메타데이터와 관련된 공간정보 분야
4	WG7	정보 커뮤니티	카탈로그, 사전, 레지스터의 지리적 기능 문서 포함한 개념적 모델링
5	WG9	정보 관리	데이터(정보)의 지리 공간 응용 프로그램에 대한 분석, 배포를 위한 저장, 정보의 구조와 전송 제어 등
6	WG10	유비쿼터스 공공 접근	사용자가 언제 어디서나 공간정보 및 서비스에 원활하게 접근할 수 있도록 다양하게 수집된 정보를 UPA 아키텍처 내에서 효율적으로 관리
7	JWG11 GIS-ITS	공간정보 지능형교통체계	ISO/TC211과 ISO/TC204 공동작업그룹
8	JWG GIS-BIM	공간정보 빌딩정보모델링	ISO/TC211과 ISO/TC59/SC13 공동작업그룹

(2) CEN/TC287

① 개요

- 유럽 표준화 위원회(CEN)의 지리정보기술위원회
- ISO/TC211 활동이 시작되기 이전에 유럽의 표준화 기구를 중심으로 추진된 유럽의 지리 정보 표준화 기구이다.

② 목적

- 1991년 10월에 설립되어 유럽의 지리정보 관련 표준과 가이드라인을 제공한다.
- 이들 표준은 유럽 내에서 지리정보의 일관된 사용과 국제적인 호환성을 지원하며, 공간 데이터 인프라를 구축한다.

③ 활동방식

- 지리 데이터 및 서비스를 정의, 설명 및 전송하는 방법론을 지정하는 표준 및 지침의 구조 화된 프레임워크를 생성한다.
- 중복을 방지하기 위해 ISO/TC211과 긴밀히 협력하여 수행한다.
- 추진과제로는 기초연구, 자료설명, 참조, 처리 등이 있다.

▶CEN/TC287 Working Group

그룹명	프로젝트 분야
CEN/TC287/WG1	지리 정보 표준화 프레임워크 (Framework for Standardization in Geographic Information)
CEN/TC287/WG2	지리 정보 모델 및 애플리케이션 (Models and Applcations for Geographic Information)
CEN/TC287/WG3	지리 정보 전송(Transfer of Geographic Information)
CEN/TC287/WG4	지리 정보를 위한 위치 참조 시스템 (Positional Reference Systems for Geographic Information)
CEN/TC287/WG5	공간정보 인프라(Spatial Data Infrastructure)

출처 : standards. https://standards.iteh.ai/catalog/tc/cen/9db592e4-9c2e-4874-8788-b854976afd16/cen-tc-287

(3) DIGEST(Digital Geographic Exchange STandard)

① 개요

NATO 국가의 송수신 표준이다.

② 목적

국가, 데이터 생산자 및 데이터 사용자 간의 효율적인 디지털 지리정보 교환을 지원하기 위해 개발되었다.

③ 활동방식

- 1991년 6월 Edition 1.0 출시와 함께 처음으로 출판되었고, 여러 번 개정하여 2000년 9월에 Edition 2.1이 출시되면서 마지막으로 발행하였다.
- 국방 분야의 지리정보 데이터 교환 표준으로 미국과 주요 NATO 국가들이 채택하여 사용한다.
- DGIWG(Digital Geographic Information Working Group) 위원회를 구성하여 제작한다.
- 구성
  - Part 1 : 교환 표준의 일반적 설명
  - Part 2 : 교환 표준의 이론적 모형, 교환구조, 전환방식
  - Part 3 : 교환 표준에 사용되는 코드 및 매개변수
  - Part 4 : 데이터 사전

DGIWG Number	Title
1	DIGEST 2.1 Part 1 General Description
2	DIGEST 2.1 Part 2 Theoretical Model Exchange Structure and Encapsulation Spec
3	DIGEST 2.1 Part 2A ISO 8211 Encapsulation Specification
4	DIGEST 2.1 Part 2B ISO 8824 Encapsulation Specification
5	DIGEST 2.1 Part 2C Vector Relational Format
6	DIGEST 2.1 Part 2D Image Interchange Format
7	DIGEST 2.1 Part 2D Image Interchange Format Errata
8	DIGEST 2.1 Part 2E Standard ASCII Table of Contents
9	DIGEST 2.1 Part 3 Codes and Parameters
10	DIGEST 2.1 Part 4 Annex A Feature Codes
11	DIGEST 2.1 Part 4 Annex B Attribute and Value Codes
12	DIGEST 2.1 Part 4 Annex C Alphabetized Content Listing of all Features and Attributes
13	DIGEST 2.1 Part 4 FACC
14	DIGEST Support Document 1 - Geodesy Background Notes
15	DIGEST Support Document 2 - Table of Encoding Options for Geographic Entities
16	DIGEST Support Document 3 - The ARC System

출처 : DIGEST. https : //dgiwg.org/digest/

(4) NTF(National Transfer Format)

NTF는 ① 지리정보의 교환을 위한 표준으로 ② 영국의 국가 지도 제작 기관인 Ordnance Survey와 민간부문의 공동노력으로 이루어졌으며 1985년 처음 발표되었다. ③ NTF 파일형식

은 영국의 Ordnance Survey가 소유하고 있으며, 가져오기를 위해 GDB(GNU Debugger) 라이브러리에서 지원한다. ④ NTF 파일형식은 구조당 하나의 속성 필드만 있는 PCIDSK 벡터 세그먼트의 한계를 해결하기 위해 도입되었지만 벡터 데이터로 추출할 수 있는 다양한 속성이 있다. ⑤ NTF 파일형식을 우회하기 위해 두 개의 세그먼트를 갖는 것으로 구성되며 각 세그먼트는 동일한 벡터로 구성되지만 속성은 다르다. ⑥ NTF 벡터 파일의 첫 번째 세그먼트에는 특성코드 번호가 있는 벡터가 속성으로 포함되어 있으며, 두 번째 세그먼트에는 값이 속성인 벡터가 포함된다.

⑦ **좌표 참조 시스템** : GDB 라이브러리는 TM 투영법을 적용함

- 기준 경도 : 49.0
- 기준 위도 : 2.0
- Easting 투영 원점 : 400000
- Northing 투영 원점 : −100000
- 축척 계수 : 0.9996012717

(5) ISO 19113(지리정보의 품질원칙)

ISO 19113은 ① 지리적 데이터의 품질을 설명하기 위한 원칙을 수립하고 품질 정보를 보고하기 위한 구성요소를 지정하고, 품질에 대한 정보를 구성하는 접근 방식을 제공하며, ② 디지털 지리 데이터에 적용할 수 있을 뿐만 아니라 지리 데이터셋에 대한 품질 정보를 식별, 수집 및 보고하도록 확장될 수 있다.

③ **품질개요요소** : 목적, 용도, 연혁, 추가 품질개요요소

④ **품질요소 및 세부요소** : 완전성, 논리적 일관성, 위치 정확성, 시간 정확성, 주제 정확성, 추가품질요소

⑤ **품질세부요소설명자** : 품질범위, 품질측정, 품질평가절차, 품질결과, 품질 값 유형, 품질 값 단위, 품질 일자

(6) ISO 19152(LADM : Land Administration Domain Model)

ISO 19152는 ① MDA(model driven Architecture) 기반의 효율적이고 효과적인 토지행정시스템의 개발을 위한 확장 가능한 기초를 제공하고, ② 국제공간표준 기반에서 국가 또는 기관간 정보를 공유하기 위한 모델을 제공한다.

③ 토지 관리의 기본 정보 관련 구성요소(물과 토지, 지표면 위, 아래의 요소 포함)를 다루는 참조 토지 관리 도메인 모델(LADM)을 정의하며, ④ 당사자(사람 및 조직)와 관련된 네 가지 패키지로 추상적이고 개념적인 모델을 제공한다.

⑤ 기본 행정 단위, 권리, 책임 및 제한(소유권) 공간 단위(필지, 건물 및 유틸리티 네트워크의 법적 공간) 공간 소스(측량) 및 공간 표현(기하학 및 토폴로지)을 한다.

⑥ 다양한 국가 및 국제 시스템을 기반으로 토지 관리를 위한 용어를 제공하고, ⑦ 국가 및 지역 프로파일에 대한 근거 제공하며, ⑧ 서로 다른 소스의 토지 관리 정보를 일관된 방식으로 결합할 수 있다.

⑨ 다음의 다섯 가지 기본 패키지를 제공한다.

- 당사자들(인간과 조직)
- 권리, 책임, 제한(소유권리)
- 공간 단위(필지, 건물 및 네트워크)
- 공간 출처(측량)
- 공간 설명(기하 및 위상)을 가진 추론과 개념적 스키마를 제공

(7) ISO 19157 : 2013

ISO 19157 : 2013은 ① 지리적 데이터의 품질을 설명하기 위한 원칙을 수립하고, ② 데이터 품질 설명을 위한 구성요소를 정의하였다.

③ 데이터 품질 측정을 위한 레지스터의 구성요소 및 콘텐츠 구조 지정, ④ 지리적 데이터의 품질을 평가하기 위한 일반적 절차 설명, ⑤ 데이터 품질 보고를 위한 원칙을 수립하였다.

(8) ISO 19157 : 2023

ISO 19157 : 2023은 ① 데이터 품질을 설명하기 위한 구성요소를 정의하고, ② 데이터 품질을 설명하기 위한 추가 도메인 특정 구성요소를 정의하는 프로세스를 정의하였다.

③ 데이터 품질 측정의 구성요소 및 콘텐츠 구조를 지정, ④ 지리적 데이터의 품질을 평가하기 위한 일반적 절차 설명, ⑤ 데이터 품질 보고를 위한 원칙을 수립하였다.

표준	주요 내용
ISO 19113 : 2002 (품질원칙)	• 발행일 : 2002. 12. • 페이지 수 : 29 • 상태 : 철회
ISO 19157 : 2013 (데이터 품질)	• 발행일 : 2013. 12. • 페이지 수 : 146(ISO 19113, ISO 19114, ISO/TS 19138 통합) • 5년 주기로 규격 재심사, ISO 19157-1 : 2023(개정) • 상태 : 게시(유료)
ISO 19157 : 2023 (데이터 품질−파트1 : 일반 요구사항)	• 발행일 : 2023. 04. • 페이지 수 : 102 • 상태 : 게시(유료)

출처 : ISO, https : //www.iso.org/standard/26018.html

(9) OGC(Open Geospatial Consortium ; 개방형 공간정보 컨소시엄)

① 개요

- 지리정보시스템(GIS)과 관련된 표준을 개발하는 국제기구
- OGIS(Open Geodata Interoperability Specification)를 개발하고 추진하는 데 필요한 합의된 절차를 정립할 목적으로 비영리 협회 형태로 설립하였다.
- 공간정보 콘텐츠와 서비스, 데이터 처리와 교환을 위한 표준 개발 및 지원하는 비영리 민·관 참여 국제표준화기구
- 공공 및 민간영역까지 공간정보의 데이터 및 소프트웨어를 사용함에 있어 상호 호환성 확보가 필요하여 1994년 8월 개방형 기술이라는 첨단기술을 GIS분야에 활용하려는 의도에서, 세계적인 소프트웨어와 컴퓨터업체, 시스템통합업체, 데이터제공기관 등 민간산업체 기반을 중심으로 설립하였다.
- 구글(Google), 마이크로소프트(Microsoft), 에스리(ESRI), 오라클(Oracle) 등 지리 공간 정보 관련 글로벌 정보 기술(IT) 기업과 미국의 연방지리정보국(NGA), 항공우주국(NASA), 영국 지리원(OS), 프랑스 지리원(IGN) 등 각국 정부 기관, 시민 단체 등 약 460여개 기관이 회원으로 참여하고 있다.
  - 회원등급 : Strategic, Principal, Technical Committee, Associate 분류
  - 총회개최 : 연 4회(3, 6, 9, 12월)
- 개방형 인터페이스 사양(Open Interface Specification)에 대한 포괄적인 형태를 제공해줌으로써 개방적으로 상호운용(Interoperability)할 수 있는 컴포넌트(Component)를 개발하는 것을 설립 목적으로 하고 있다.

② OGC 조직구성

의장기구(Board of Directors), 사무국(Executive Director & Staff), 표준사양프로그램(Specification Program), 상호운용성프로그램(Interoperability Program), 공통프로그램(Outreach Program) 조직들로 구성되어 있다.

- 표준사양프로그램(Specification Program)은 표준사양을 개발하기 위해 기술위원회(TC : Technical Committee)를 두고, 기술환경변화에 대응하는 표준기획을 위해 기획위원회(PC : Planning Committee)로 구성되어 있다.
- 기술위원회(TC)는 작업분과(WG), 표준작업분과(Standard Working Groups), 기획위원회(PC)는 표준조직(Standard Liaison)과 부속위원회(Sub-Committee)로 구성되어 있다.
- 상호운용성 프로그램(Interoperability Program)은 개발된 표준의 상호운용성을 검증하기 위해 상호운용성 관리팀(IP Management Team)을 운영한다.

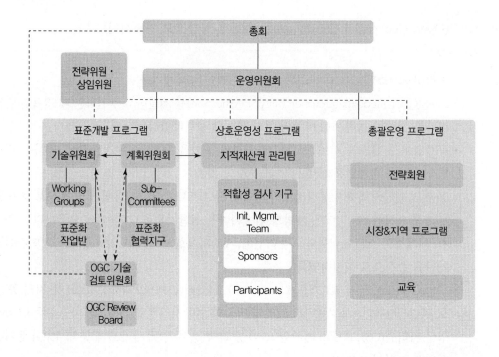

③ OGC는 지리정보와 관련된 여러 처리방식에 대하여 개방형 시스템적인 접근 시도로, 자유 롭고 개방적으로 이용할 수 있는 표준을 시장에 제공하고 공간정보 및 위치기반 서비스 등 표준 제정을 선도한다.

④ GML(Geography Markup Language)

- OGC에서 XML기반으로 지리정보의 저장 및 정보교환을 지원하기 위해 제정된 표준
- 점, 선, 면 등과 같은 도형을 포함하는 다양한 정보를 여러 응용 서비스에서 표준화된 방법 으로 공유 및 활용할 수 있는 언어
- ISO/TC211의 표준으로도 채택되었고, 국내 KS X ISO 1936 : 2014 표준으로도 제정되었음

⑤ OGC의 지리공간정보 표준은 북미와 유럽 연합은 물론 대다수 정부 기관에서 국가 공간정 보 기반시설(Spatial Data Infrastructure) 개발에 이미 활용하고 있거나 채택을 고려하고 있 어 지리공간정보 산업계에 미치는 영향력이 매우 크다.

▶OGC 주요 Working Group

No	프로젝트	내용	분야
1	Data Quality	• 데이터의 품질요소에 대한 세부적인 설명 및 품질기준에 대한 표준 • ISO 19157, ISO 19115와 같이 개념적 ISO 표준과 JSON 스키마 변환 표준 개발	데이터 품질
2	CityGML	• 도시공간 객체의 저장 및 교환을 위한 표준 • 개방형 데이터 모델이며, XML 기반 형식	3D
3	IndoorGML	• 위치를 기반으로 하는 실내공간정보에 관한 표준 • 실내 내비게이션 어플리케이션을 위한 공통 스키마 프레임워크를 제공하는 표준개발·관리 • 현재단계 : IndoorGML 2.0 초안검토, 구현, 예정	실내
4	DGGS	• Discrete Global Grid System(이산 글로벌 격자 시스템) • 전 지구를 이산 격자형태로 구분하는 격자 체계 구축 및 활용을 위한 이론적, 기술적으로 논의하고 적용사례 등을 공유	격자 시스템
5	MUDDI	• Model for Underground Data Definition and Integration(지하 데이터 정의 및 통합관리) • 지하시설물과 지하환경의 지리공간 데이터에 대하여 개념적 모델, 모듈식 프레임워크, 논리적 모델, 구현 표준, 다른 모델과의 매핑을 표준화	지하
6	Architecture	• 서로 다른 종류들로 이루어져 분산 네트워크에서 서비스를 서술하는 메커니즘을 포함하여 여러 OGC 표준과 밀접한 아키텍처 문제 논의	구조
7	UxS	• Unmanned 'x' Systems(무인시스템) • 미션 플래닝과 지리공간 데이터 수집 및 분석에 초점을 맞춘 모든 무인 시스템 운영 측면에 대한 표준 요구사항과 유스케이스를 식별 • 'x'는 공중, 수중 및 기타 무인 차량 플랫폼을 포함	무인 시스템
8	Land Administration	• 토지 행정 분야 표준으로 ISO19152 LADM의 기술 구현 등 토지 행정 관련 활동	토지 행정
9	GeoAI	• 지형공간정보 데이터에 대한 인공지능 • 지형공간정보에서 AI와 관련된 유스케이스와 어플리케이션을 식별 • 정보합성, IoT(의료, 스마트 에너지), 로봇(제조, 자율주행 차량), 디지털 트윈(스마트 빌딩 및 도시) 등	AI
10	OGC API	• 다양한 유형의 공간정보 개념적 모델과 인코딩 등 기존 OGC 표준을 웹API 형식으로 전환하여 공간정보 서비스의 상호운용성 달성 목적	웹API

OGC 표준목록	
• 3D Tiles	• OGC API − Tiles
• 3dP	• Open GeoSMS
• ARML2.0	• OpenMI
• Cat : ebRIM App Profile : Earth Observation · Products	• OpenSearch
• Catalogue Service	• Ordering Services Framework for Earth · Observation Products
• CDB	• OWS Context
• CityGML	• OWS Security
• CityJSON	• PipelineML
• Coordinate Transformation	• PubSub
• EO-GeoJSON	• PUCK
• Filter Encoding	• SWE Common Data Model
• GML in JPEG 2000	• SWE Service Model
• GeoAPI	• Sensor Model Language
• GeoPackage	• Sensor Observation Service
• GeoPose	• Sensor Planning Service
• GeoSciML	• SensorThings
• GeoSPARQL	• Semantic Sensor Network(SSN)
• Geography Markup Language	• Symbology Core
• GeoRSS	• Simple Features
• Geospatial eXtensible Access Control Markup Language(GeoXACML)	• Simple Features CORBA
	• Simple Features OLE/COM
• Geospatial User Feedback(GUF)	• Simple Features SQL
• GeoTiff	• Styled Layer Descriptor
• GroundwaterML	• Symbology Encoding
• HDF5	• Table Joining Service
• I3S	• Time Ontology in OWL
• Indoor Mapping Data Format(IMDF)	• TimeseriesML(tsml)
• IndoorGML	• Two Dimensional Tile Matrix Set
• KML	• WaterML
• LandInfra/InfraGML	• Web Coverage Processing Service
• LAS	• Web Coverage Service
• Location Services(OpenLS)	• Web Feature Service
• Moving Features	• Web Map Context
• NetCDF	• Web Map Service
• Observations and Measurements	• Web Map Tile Service
• OGC API − EDR	• Web Processing Service
• OGC API − Common	• Web Service Common
• OGC API − Features	• WKT CRS
• OGC API − Processes	

2) 우리나라 표준화 동향

(1) KS X ISO 19113 품질원칙

① 표준의 목적

- 데이터 품질에 관한 정보를 구성하는 방식을 설명
- 생산자는 데이터셋이 제품사양에 적합한지 평가함으로써 품질정보 제공
- 사용자는 데이터셋이 자신의 응용분야에 적합한 품질인지 결정

② 품질요소

㉠ 완전성(Completeness)

완전성은 지형지물, 지형지물 속성과 지형지물 관계의 유무를 설명하여야 하며, 완전성의 적합성 품질수준은 다음과 같은 계산식에 의해 따를 수 있다.

품질요소		적합성 품질수준
완전성	초과	오류율 $= (O) \div \{(A) + (L) - (O)\} \times 100(\%)$ 오류율 : □% 이내
	누락	오류율 $= (L) \div \{(A) + (L) - (O)\} \times 100(\%)$ 오류율 : □% 이내

※ O=초과항목 수, L=누락항목 수, A=품질 적용 범위 내의 항목 총수

- 초과 : 데이터셋 내에서 부정확하게 존재하는 초과 데이터
- 누락 : 데이터셋 내에 있어야 하지만 생략된 데이터

㉡ 논리적 일관성(Logical Consistency)

논리적 일관성은 데이터구조, 속성 및 관계의 논리적 원칙의 준수정도를 설명하여야 하며, 논리적 일관성의 적합성 품질수준은 다음과 같은 계산식에 의해 따를 수 있다.

품질요소		적합성 품질수준
논리 일관성	개념 일관성	개념적 모델(개념적 스키마원칙)에 따를 것 오류율 $= (E) \div (A) \times 100(\%)$ 오류율 : □% 이내
	영역 일관성	지형지물 및 지형지물의 속성과 그 관계가 정의 영역의 범위 내일 것 오류율 $= (E) \div (A) \times 100(\%)$ 오류율 : □% 이내
	포맷 일관성	데이터 포맷 사양에 따를 것 오류율 $= (C) \div (A) \times 100(\%)$ 오류율 : □% 이내
	위상 일관성	경계선의 점은 인접하는 경계선의 점과 일치하고 있을 것. 다른 선 데이터와 합일하는 경우는 양 데이터의 좌푯값이 일치할 것 오류율 $= (F) \div (A) \times 100(\%)$ 오류율 : □% 이내

※ E=영역을 초과한 항목수, A=품질 적용 범위 내의 항목총수
　F=정해진 위상을 준수하지 않은 항목수, C=정해진 구성을 준수하지 않는 항목수

- 개념적 일관성 : 항목이 관련된 개념적 스키마 규칙을 따름을 나타내는 척도
- 영역 일관성 : 항목이 그것의 값 영역과 일치하고 있는지에 관한 척도
- 포맷 일관성 : 데이터셋 내에서 데이터셋의 물리적 구조와 상충되지 않는지
- 위상 일관성 : 데이터셋 내에서 도형 위상(연결 등)의 정확성

© 위치 정확성(Positional Accuracy)

위치 정확성은 지형지물의 위치 정확성을 설명하여야 하며, 위치 정확성의 적합성 품질 수준은 다음과 같은 계산식에 의해 따를 수 있다.

품질요소		적합성 품질수준
위치 정확도	절대 또는 외부 정확도	데이터의 위치좌표와 원자료의 위치좌표의 차이가 지정된 값 이하일 것 오류율 = (E) ÷ (A) × 100(%) 오류율 : □% 이내
	상대 또는 내부 정확도	관련하는 지물과의 상대위치(좌표차이)는 데이터와 원자료의 차이가 지정된 값 이하일 것 오류율 = (E) ÷ (A) × 100(%) 오류율 : □% 이내
	그리드데이터 위치 정확도	해당없음

- 절대적 또는 외적 정확도 : 보고된 좌푯값의 실제 값에 대한 근접도
- 상대적 또는 내적 정확도 : 한 피처와 다른 피처 간의 상대적 수평, 수직 정확성
- 그리드 데이터 위치 정확도 : 그리드 데이터의 위치값의 실제 값에 대한 근접도

② 시간 정확성

- 시간 측정 정확성 : 시간 측정값의 실제 값에 대한 근접도
- 시간 일관성 : 순서의 정확도
- 시간 유효성 : 시간 데이터의 유효성

⑩ 주제 정확성(Thematic Accuracy)

주제 정확성은 정량적, 비정량적 속성의 정확성과 지형지물과 지형지물관계의 분류 정확성을 설명하여야 하며, 주제 정확성의 적합성 품질수준은 다음과 같은 계산식에 의해 따를 수 있다.

품질요소		적합성 품질수준
주제 정확도	분류의 정확성	지형지물 분류 코드가 틀리지 않은 것 오류율 = (T) ÷ (A) × 100(%) 오류율 : □% 이내
	비정량적 속성의 정확성	요소 식별 번호가 일련번호가 되어 있을 것 오류율 = (T) ÷ (A) × 100(%) 오류율 : □% 이내
	정량적 속성 정확도	주제 속성에 있을 수 없는 속성값이 없을 것 오류율 = (T) ÷ (A) × 100(%) 오류율 : □% 이내

- 분류 정확성 : 지형지물 분류코드가 틀리지 않은 것
- 비정량적 속성 정확성 : 비정량적 속성이 정확한지 여부의 측정
- 정량적 속성 정확성 : 주제 속성에 있을 수 없는 속성값이 없을 것

③ 품질 하위요소 설명

- 품질 범위 : 층위, 항목유형, 지리적 범위, 시간적 범위
- 품질 측정 : 품질 범위마다 하나의 품질 측정 제공
- 품질 평가절차 : 품질 측정마다 하나의 품질 평가절차 제공
- 품질 평가결과 : 품질 측정마다 하나의 품질 평가결과 제공
- 품질값 유형 : 가부, 숫자, 백분율
- 품질값 단위 : %
- 품질 일자 : 평가일

(2) KS X ISO 19157 품질표준

① 데이터 품질 구성요소

완전성, 논리적 일관성, 위치 정확성, 주제 정확성, 시간적 품질

② 데이터 품질 측정의 구성요소

측정 식별자, 이름, 별칭, 요소 이름, 기본 측정, 정의, 설명, 파라미터, 값 유형, 값 구조, 참조 정보, 보기

4. 메타데이터

1) 개요

(1) 메타데이터 정의

메타데이터란 ① 수록된 데이터의 내용, 품질, 조건 및 특징 등을 저장한 데이터로서 데이터에 관한 데이터, 즉 데이터의 이력서라 할 수 있으며, ② 공간데이터의 각종 정보설명을 문서화한 것으로 공간데이터 자체의 특성과 정보를 유지 관리하고 이를 사용자가 쉽게 접근할 수 있도록 도와주는 자료이고, ③ 지리정보자료의 내용이나 품질, 상태, 제작시점, 제작자, 소유권자, 좌표체계 등 특성에 관한 제반사항을 나타내는 부가자료이다.

④ 메타데이터는 작성한 실무자가 바뀌더라도 변함없는 데이터의 기본 체계를 유지하여 시간이 지나도 일관성 있는 데이터를 사용자에게 제공이 가능하여야 함으로 표준용어와 정의에 따라야 하며, ⑤ 정보의 공유를 극대화하며 데이터의 원활한 교환을 지원하기 위한 프레임을 제공하고, ⑥ 수록된 데이터의 내용, 품질, 작성자, 작성일자 등과 같은 유용한 정보를 제공하여

데이터 사용의 편리를 위한 데이터를 제공한다. 즉 ⑦ 자료의 수집방법, 원자료, 투영법, 축척, 품질, 포맷, 관리자를 포함하는 데이터 파일에서 데이터의 설명이나 데이터에 대한 데이터를 의미한다.

메타데이터가 중요한 이유는 ⑧ 공간 데이터에 대한 목록을 체계적으로 표준화된 방식으로 제공함으로써 데이터의 공유화를 촉진시키고, 대용량의 공간 데이터를 구축하는 데 드는 비용과 시간을 절감할 수 있기 때문이며, ⑨ 메타데이터의 표준을 통해 공간 데이터에 대한 질적 수준을 알 수 있고, 표준화된 정의, 이름, 내용들을 쉽게 이해할 수 있다. 따라서 ⑩ 공간데이터를 설명하는 기능을 가지며 데이터의 생산자, 좌표계 등 다양한 정보를 포함하고 있다.

(2) 기본요소

① 개요 및 자료소개

수록된 데이터의 명칭, 개발자, 데이터의 지리적 영역 및 내용, 다른 이용자의 이용 가능성, 가능한 데이터의 획득방법 등을 위한 규칙을 포함한다.

② 자료 품질(Quality)

데이터의 속성정보 정확도, 논리적 일관성, 완결성, 위치정보 정확도, 계통(Lineage)정보 등이 있다.

③ 자료의 구성(Organization)

자료의 코드화(Encoding)에 이용된 데이터 모형(벡터나 격자 모형 등), 공간상의 위치 표시 방법(위도나 경도를 이용하는 직접적인 방법이나 거리의 주소나 우편번호 등을 이용하는 간접적인 방법 등)에 관한 정보를 서술한다.

④ 공간참조를 위한 정보(Spatial Reference)

사용된 지도 투영법, 변수, 좌표계에 관련된 제반정보를 포함한다.

⑤ 형상 및 속성 정보(Entity & Attribute Information)

수록된 공간객체와 관련된 지리정보와 수록방식에 관하여 설명한다.

⑥ 정보 획득방법

정보의 획득과 관련된 기관, 획득 형태, 정보의 가격에 대한 사항을 설명한다.

⑦ 참조정보(Metadata Reference)

메타데이터의 작성자 및 일시 등을 포함한다.

(3) 메타데이터의 역할 및 필요성

① 각 기관 자료의 공유가 가능하다면 자료 중복 구축을 상당부분 피할 수 있음

현재 여러 기관에서 구축되고 있는 다양한 토지정보자료는 각각 사용 목적이 다르게 구축된 내용이지만 각 기관 간의 자료의 공유가 가능하다면 일부 중복된 부분을 활용함으로써 경제적인 효과를 기대할 수 있으므로 자료의 공유는 매우 중요하다.

② 기존에 구축되어 있는 모든 자료에 대한 정보의 접근이 용이

기존에 구축된 자료를 다른 목적으로 사용하기 위해서는 기존 자료에 대한 접근이 편리하여야 하며, 다양한 자료에 대한 접근의 용이성을 최대화하기 위해서는 참조된 모든 자료의 특성을 표현할 수 있는 메타데이터의 체계가 필요하다.

③ 사용 목적에 부합되는 품질의 데이터인지 미리 알아볼 수 있는 정보를 제공

- 메타데이터는 취득하려는 자료가 사용목적에 적합한 품질의 데이터인지를 확인할 수 있는 정보가 제공되어야 하며 시간과 비용을 절약하고 불필요한 송수신 과정을 최소화시킴으로써 공간정보 유통의 효율성을 제고시킬 수 있다.
- 특히 토지정보체계의 자료가 표준화된 규정에 의해 구축될 경우 그에 따른 효과는 매우 높게 나타나므로 메타데이터의 중요성을 확인할 수 있다.
- 이와 관련하여 국제 표준화기구에서는 메타데이터의 표준안을 제시하는 각 나라마다 각각의 메타데이터 표준안을 제정하여 활용하고 있다.

④ 대용량 공간 데이터를 구축하는 데 드는 비용과 시간을 절약

⑤ 자료의 생산, 유지, 관리하는 데 필요한 정보를 제공

⑥ 이질적인 자료 간의 결합을 촉진

⑦ 자료에 대한 접근현상을 실시간으로 제공

⑧ 자료의 다양한 공간 분석 기준을 제시

⑨ 사용 가능성, 관리정보, 사용 적정성

⑩ 이용자, 생산자, 관리자 측면에서의 필요성

- 이용자 측면 : 메타데이터를 이용해 검색할 수 있으므로 원하는 콘텐츠에 신속하게 접근하고 원하는 자료가 맞는지 식별
- 생산자 측면 : 메타데이터를 사용하여 콘텐츠에 대한 설명을 통해 콘텐츠 이외의 정보를 제공하며, 이용자가 효율적으로 접근
- 관리자 측면 : 메타데이터를 통해 효율적으로 콘텐츠를 관리할 수 있기에 이용자에게 제공이 용이

2) 외국 메타데이터 현황

(1) ISO/TC211 메타데이터

국제표준화기구(ISO : Intermational Organization for Standardization)는 표준 관련 국제 연합체로서 산하의 지리정보 관련 기술위원회(TC211)가 있다.

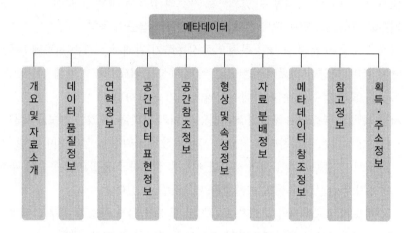

(2) 미국 FGDC 메타데이터

미국 연방지리정보위원회 FGDC(Federal Geographic Data Committee)는 다음과 같은 메타데이터 구성도를 마련하고 있다.

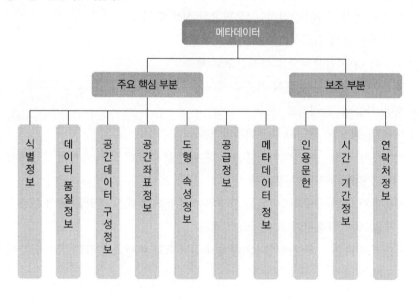

① 제0장 메타데이터 : 자료의 내용, 품질, 상태, 입수 방법, 특성에 관한 사항을 나타냄

② 제1장 식별정보 : 자료에 대한 기본적이고 계량적인 정보를 포함하며, 제목, 목적, 지리적 영역, 현재성, 자료의 상태, 대표어, 보안적인 사항, 자료 입수, 이용에 관한 사항 등을 들 수 있음

③ 제2장 데이터 품질에 관한 정보 : 자료의 품질에 관련된 정보를 나타내며 여기에는 자료의 품질평가, 위치 및 속성의 정확도, 완결성, 일치성, 자료에 대한 원시자료 정보, 자료의 생성 방법 등을 포함

④ 제3장 공간자료 구성 정보 : 간접 공간 참조 자료(주소체계), 직접 공간 참조 자료, 자료 생성 방법 등을 포함

⑤ 제4장 공간좌표에 관한 정보

⑥ 제5장 도형과 속성에 관한 정보 : 실제의 형태, 속성 및 속성값의 범위 등에 관한 정보를 의미하며, 실제의 속성과 속성의 값의 정의 및 이름을 포함

⑦ 제6장 공급에 관한 정보

⑧ 제7장 메타데이터에 관한 정보

⑨ 제8장 인용 문헌

⑩ 제9장 시간에 관한 정보

⑪ 제10장 연락처에 관한 정보

3) 우리나라 메타데이터 현황

(1) 한국전산원 메타데이터 표준안

① 적합성 수준 1 : 자료를 식별하기 위한 최소한의 메타데이터를 제공하며, 간략히 목록화하고 유통관리기구를 통한 검색을 목적으로 한다.

② 적합성 수준 2 : 자료의 모든 정보(식별 정보, 자료품질 정보, 연혁 정보, 공간자료 표현 정보, 기준계 정보, 대상물 목록 정보, 자료 배포 정보, 메타데이터 참조 정보)를 상세하게 기술한다.

(2) 국립지리원의 수치지형도 메타데이터 표준안 : 11개 구성(8개 주요장, 3개 종속장)

① **주요장(8개)** : 자료식별 정보, 테이터 품질 정보, 연역 정보, 공간데이터 표현 정보, 공간참조 정보, 형상 및 속성 정보, 자료 배분 정보, 메타데이터 참조 정보

② **종속장(3개)** : 출처 정보, 연락처 정보, 주소 정보

(3) KS X ISO 19115 지리정보 – 메타데이터 항목

순번	개체	필수/선택/조건	비고
1	데이터셋 제목	필수(M)	
2	데이터셋 참조일자	필수(M)	
3	데이터셋 책임담당자	선택(O)	
4	데이터셋 지리위치(4개의 좌표 또는 지리식별자)	조건(C)	
5	데이터셋 언어	필수(M)	
6	데이터셋 문자셋	조건(C)	
7	데이터셋 주제분류	필수(M)	
8	데이터셋 공간해상도	선택(O)	
9	데이터셋 요약설명	필수(M)	
10	배포 포맷	선택(O)	
11	데이터셋의 부가적인 범위정보(시간 및 수직)	선택(O)	
12	공간표현유형	선택(O)	
13	참조체계	선택(O)	
14	연혁	선택(O)	
15	온라인자원	선택(O)	
16	메타데이터 파일식별자	선택(O)	
17	메타데이터 표준명	선택(O)	
18	메타데이터 표준버전명	선택(O)	
19	메타데이터 언어	선택(O)	
20	메타데이터 문자셋	선택(O)	
21	메타데이터 연락정보	필수(M)	
22	메타데이터 생성일자	필수(M)	

단 · 원 · 평 · 가

01 데이터베이스의 설명으로 옳지 않은 것은? [산업기사 '19년]

① 파일 내 레코드는 검색, 생성, 삭제할 수 있다.

② 데이터베이스의 데이터들은 레코드 단위로 저장된다.

③ 파일에서 레코드는 색인(Index)을 통해서 효율적으로 검색할 수 있다.

④ 효과적인 탐색을 위해 B-tree 방법을 개선한 것이 역파일(Inverted File) 방식이다.

02 논리적 데이터 모델에 대한 설명으로 옳지 않은 것은? [기사 '18년]

① 네트워크형 모델 : 데이터베이스를 그래프 구조로 표현한다.

② 관계형 모델 : 데이터베이스를 테이블의 집합으로 표현한다.

③ 계층형 모델 : 데이터베이스를 계층적 그래프 구조로 표현한다.

④ 객체지향형 모델 : 데이터베이스를 객체/상속 구조로 표현한다.

03 데이터베이스의 구축에 따른 장점으로 옳지 않은 것은? [기사 '20년]

① 자료의 중복을 방지할 수 있다.

② 통제의 분산화를 이룰 수 있다.

③ 자료의 효율적인 관리가 가능하다.

④ 같은 자료에 동시 접근이 가능하다.

04 다음 중 데이터베이스 관리 시스템(DBMS)의 기본 기능에 해당하지 않은 것은? [기사 '19년]

① 정의기능   ② 제어기능

③ 조작기능   ④ 표준화기능

05 DBMS의 '정의' 기능에 대한 설명이 아닌 것은? [기사 '21년]

① 데이터의 물리적 구조를 명세한다.

② 데이터의 논리적 구조와 물리적 구조 사이의 변환이 가능하도록 한다.

③ 데이터베이스의 논리적 구조와 그 특성을 데이터 모델에 따라 명세한다.

④ 데이터베이스를 공용하는 사용자의 요구에 따라 체계적으로 접근하고 조작할 수 있다.

06 사용자가 데이터베이스에 접근하여 데이터를 처리할 수 있도록 하는 것으로 데이터의 검색, 삽입, 삭제 및 갱신 등과 같은 조작을 하는 데 사용되는 데이터 언어는? [기사 '21년]

① DLL(Data Link Language)

② DCL(Data Control Language)

③ DDL(Data Definition Language)

④ DML(Data Manipulation Language)

07 다음 중 SQL 같은 표준 질의어를 사용하여 복잡한 질의를 간단하게 표현할 수 있게 하는 데이터베이스 모형은? [기사 '20년]

① 관계형(Relational) ② 계층형(Hierarchical)

③ 네트워크형(Netwokr) ④ 객체지향형(Object-Oriented)

08 토지대장의 데이터베이스 관리시스템은? [기사 '20년]

① C-ISAM ② Infor ISAM

③ Access Database ④ RDBMS(Relatonal DBMS)

09 SQL의 특징에 대한 설명으로 옳지 않은 것은? [산업기사 '19년]

① 상호 대화식 언어다.

② 집합 단위로 연산하는 언어다.

③ ISO 8211에 근거한 정보처리체계와 코딩규칙을 갖는다.

④ 관계형 DBMS에서 자료를 만들고 조회할 수 있는 도구다.

10 **데이터베이스의 구축과정으로 옳은 것은?** [산업기사 '20년]

① 계획 → 저장 → 관리 · 조작 → 데이터베이스 정의
② 데이터베이스 정의 → 계획 → 저장 → 관리 · 조작
③ 저장 → 데이터베이스 정의 → 계획 → 관리 · 조작
④ 관리 · 조작 → 저장 → 계획 → 데이터베이스 정의

11 **다음 중 데이터 표준화의 내용에 해당하지 않는 것은?** [기사 '21년]

① 데이터 교환의 표준화   ② 데이터 분석의 표준화
③ 데이터 품질의 표준화   ④ 데이터 위치참조의 표준화

12 **다음 중 OGC(Open GIS Consortium)에 관한 설명으로 옳지 않은 것은?** [기사 '21년]

① 지리정보와 관련된 여러 처리방식에 대하여 개방형 시스템적인 접근을 시도하였다.
② 지리정보를 활용하고 관련 응용분야를 주요업무로 하는 공공기관 및 민간기관들로 구성된 컨소시엄이다.
③ ISO/TC211의 활동이 시작되기 이전에 미국의 표준화 기구를 중심으로 추진된 지리정보 표준화 기구이다.
④ OGIS(Open Geodata Interoperability Specification)를 개발하고 추진하는 데 필요한 합의된 절차를 정립할 목적으로 설립되었다.

13 **ISO/TC211에 대한 설명으로 틀린 것은?** [산업기사 '20년]

① 지리정보 분야의 유일한 국제표준화기구이다.
② 조직은 총 5개의 기술실무위원회로 이루어져 있다.
③ 주로 공공기관과 민간기관들로 구성되어 있다.
④ 정식 명칭으로 Geographic Information/Geomatics를 사용하고 있다.

14 **데이터의 표준화를 위해서 선행되어야 할 요건이 아닌 것은?** [산업기사 '19년]

① 원격탐사   ② 형상의 분류
③ 대상물의 표현   ④ 자료의 질에 대한 분류

04
CHAPTER

토지정보체계의
운용 및 활용

토지정보체계의 운용 및 활용

1 운용

1. 국가공간정보정책

1) 국가지리정보체계(NGIS : National Geographic Information System)

(1) NGIS의 개념

NGIS란 ① 국가기관이 구축, 관리하는 지리정보체계로 ② 국토교통부를 중심으로 각 부처가 협조하여 추진하는 지리정보체계 구축사업으로 공간 및 지리정보자료를 효과적으로 생산 · 관리 · 사용할 수 있도록 지원하기 위한 기술 · 조직 · 제도적 체계이다.

③ 국가공간정보체계＝NGIS＋공공활용체계＋민간활용체계로 구성되어 있다.

(2) NGIS의 필요성

NGIS는 ① 국가가 체계적이고 종합적인 공간정보 인프라를 구축하여 ② 데이터 중복 구축 방지 및 공동 활용, ③ 행정업무의 효율성 제고 및 국토자원의 합리적 이용, ④ 대국민 서비스 향상 및 국민경제의 발전에 이바지 등의 필요성이 있다.

(3) NGIS 추진전략

NGIS의 추진전략으로 ① 범국가적 차원의 강력 지원, ② 국가공간정보기반의 확충 및 유통체계의 정비, ③ 공급자 중심에서 수요자 중심으로 지리정보 구축, ④ 국가와 민간시스템과의 업무 간 상호 협력체계 강화 등이 있다.

2) 국가공간정보정책 기본계획

(1) NGIS 추진경과

① 1994. 12. 7. 서울 마포구 아현동 도시가스 폭발사고

② 1995. 4. 28. 대구 도시철도 1호선 상인역 공사현장 도시가스 폭발사고로 많은 인명과 재산 상의 피해가 발생하였다.

③ 1995. 5. 제1차 국가지리정보체계 기본계획(1995~2000) 수립

> **┃국가GIS사업으로 국토정보화의 기반 준비 ┃**
> 지형도, 공통주제도, 지하시설물도 및 지적도 등을 수치지도화하고, 데이터베이스를 구축하는 사업 등 국가공간정보의 기초가 되는 국가기본도 전산화에 주력

④ 2000. 7. 1. 「국가지리정보체계구축 및 활용 등에 관한 법률」 시행

⑤ 2000. 12. 제2차 국가지리정보체계 기본계획(2001~2005) 수립

> **┃국가공간정보기반을 확충하여 디지털 국토 실현 ┃**
> 1단계에서 구축한 공간정보를 활용하여 다양한 응용시스템을 구축·활용하는 데 주력

⑥ 2005. 7. 제3차 국가지리정보체계 기본계획(2006~2010) 수립

> **┃유비쿼터스 국토 실현을 위한 기반 조성 ┃**
> 부분별·기관별로 구축된 데이터와 응용시스템을 연계·통합하여 시너지 효과를 제고하는 데 주력

⑦ 2009. 2. 6. 「국가지리정보체계구축 및 활용 등에 관한 법률」 폐지

⑧ 2009. 6. 9. 「측량·수로조사 및 지적에 관한 법률」 제정

⑨ 2010. 3. 16. 제4차 국가공간정보정책 기본계획(2010~2012)

> **┃녹색성장을 위한 그린(GREEN) 공간정보사회 실현 ┃**
> 연계·통합 강화, 공간정보 법령 및 추진조직 통합, 공간정보산업진흥원 설립 및 오픈 플랫폼 구축

⑩ 2013. 10. 4. 제5차 국가공간정보정책 기본계획(2013~2017)

> **┃공간정보로 실현하는 국민행복과 국가발전 ┃**
> 고품질 공간정보 구축 및 확대, 융복합 산업 활성화, 플랫폼 서비스 강화 등

⑪ 2014. 6. 3. 「공간정보의 구축 및 관리 등에 관한 법률」 개정

⑫ 2018. 5. 16. 제6차 국가공간정보정책 기본계획(2018~2022)

> **┃공간정보 융·복합 르네상스로 살기 좋고 풍요로운 스마트코리아 실현 ┃**

▶ **국가공간정보정책 기본계획**

회차	시간적 범위	주요내용
제1차	1995～2000년	국토정보화의 기반준비, 'GIS기반 조성'
제2차	2001～2005년	디지털 국토 실현, 'GIS활용 확산'
제3차	2005～2010년	유비쿼터스 국토실현을 위한 기반조성, 'GIS 연계통합'
제4차	2010～2015년	녹색성장을 위한 그린(GREEN) 공간정보사회 실현 • 녹색성장의 기반이 되는 거버넌스 • 어디서나 누구라도 활용 가능한 공간정보 • 개방 · 연계 · 활용 공간정보
제5차	2013～2017년	공간정보로 실현하는 국민행복과 국가발전 • 공간정보 융복합을 통한 창조경제 활성화 • 공간정보의 공유 · 개방을 통한 정부 3.0 실현
제6차	2018～2022년	스마트코리아 실현

(2) **제6차 국가공간정보정책 기본계획**

① **비전**

공간정보 융복합 르네상스로 살기 좋고 풍요로운 스마트코리아 실현

② **목표**

- [데이터 활용] 국민 누구나 편리하게 사용가능한 공간정보 생산과 개방
- [신산업 육성] 개방형 공간정보 융합 생태계 조성으로 양질의 일자리 창출
- [국가경영 혁신] 공간정보가 융 · 복합된 정책결정으로 스마트한 국가경영 실현

③ **추진전략 및 중점 추진과제**

추진전략	중점 추진과제
1. 기반전략 가치를 창출하는 공간정보 생산	• 공간정보 생산체계 혁신 • 고품질 공간정보 생산기반 마련 • 지적정보의 정확성 및 신뢰성 제고
2. 융합전략 혁신을 공유하는 공간정보 플랫폼	• 수요자 중심의 공간정보 전면 개방 • 양방향 소통하는 공간정보 공유 및 관리 효율화 추진 • 공간정보의 적극적 활용을 통한 공공부문 정책 혁신 견인
3. 성장전략 일자리 중심 공간정보산업 육성	• 인적자원 개발 및 일자리 매칭기능 강화 • 창업지원 및 대 · 중소기업 상생을 통한 공간정보 산업 육성 • 4차 산업혁명 시대의 혁신성장 지원 및 기반기술 개발 • 공간정보 기업의 글로벌 경쟁력 강화 및 해외진출 지원
4. 협력전략 참여하여 상생하는 정책환경 조성	• 공간정보 혁신성장을 위한 제도기반 정비 • 협력적 공간정보 거버넌스 체계 구축

(3) 제7차 국가공간정보정책 기본계획

① 비전

모든 데이터가 연결된 디지털트윈 KOREA 실현

② 목표

- 최신성이 확보된 고정밀 데이터 생산 및 디지털트윈 고도화

  디지털트윈 구현단계 : 2 → 4 ; 갱신주기 : 0.5~2년 → (준)실시간갱신

- 위치기반 융복합 산업 활성화

  '20 : 총매출액 10조 → '27 : 15조 (융복합산업인력 46% → 58%)

- 공간정보 분야 국가경쟁력 Top10 진입

  '22 : 25위(GKI Readiness Index, GW&UNSD) → '27 : 10위권

  ※ GKI : Geospatial Knowledge Infrastructure

③ 추진전략 및 중점 추진과제

추진전략	중점 추진과제
1. 국가 차원의 디지털트윈 구축 및 활용 체계 마련	• 국가공간정보 디지털트윈체계 구축 • 국가공간정보 디지털트윈 구축을 위한 표준 기반 마련 • 국가공간정보 디지털트윈을 위한 지적정보 고도화
2. 누구나 쉽게 활용할 수 있는 공간정보자원 유통 · 활용 활성화	• 국가공간정보 디지털트윈을 위한 새로운 유통체계 구축 • 공간정보를 쉽고 빠르게 찾을 수 있도록 유통체계 고도화 • 공간정보 기반 오픈이노베이션 창출을 위한 활용체계 확산
3. 공간정보 융복합 산업 활성화를 위한 인재양성과 기술개발	• 공간정보 디지털 창의인재 10만 양성 • 고부가가치 창출을 위한 산업구조 개편 • 국토의 디지털 전환(Dx)을 위한 혁신기술 개발 • 협력적 글로벌 공간정보시장 확대 및 기술 선도
4. 국가공간정보 디지털트윈 생태계를 위한 정책기반 조성	• 국가공간정보 기반 디지털트윈 생산−유통−활용을 위한 제도기반 마련 • 국가공간정보 기반 디지털트윈 생태계 활성화를 위한 거버넌스 구축 및 운영

3) 국가공간정보정책 추진체계

국가공간정보정책의 효율적인 추진을 위해 「국가공간정보기본법」 제5조는 국가공간정보위원회와 전문위원회를 두도록 규정하고 있다.

(1) 국가공간정보위원회

① 위원회 구성(법 제3항 내지 제5항)

- 위원장 : 국토교통부장관
- 위원 : 위원장을 포함하여 30명 이내
  - 국가공간정보체계를 관리하는 중앙행정기관의 차관급 공무원 : 기획재정부 제1차관, 교육부차관, 과학기술정보통신부 제2차관, 국방부차관, 행정안전부차관, 농림축산식품부차관, 산업통상자원부차관, 환경부차관 및 해양수산부차관, 통계청장, 소방청장, 문화재청장, 농촌진흥청장 및 산림청장
  - 지방자치단체의 장(특별시·광역시·특별자치시·도·특별자치도의 경우에는 부시장 또는 부지사)으로서 위원장이 위촉하는 자 7인 이상
  - 공간정보체계에 관한 전문지식과 경험이 풍부한 민간전문가로서 위원장이 위촉하는 자 7인 이상
- 위원 임기 : 2년(위원의 사임 등으로 새로 위촉된 위원의 임기는 전임 위원의 남은 임기)

② 심의사항(법 제5조 제2항)

- 국가공간정보정책 기본계획의 수립·변경 및 집행실적의 평가
- 국가공간정보정책 시행계획의 수립·변경 및 집행실적의 평가
- 공간정보의 유통과 보호에 관한 사항
- 국가공간정보체계의 중복투자 방지 등 투자 효율화에 관한 사항
- 국가공간정보체계의 구축·관리 및 활용에 관한 주요 정책의 조정에 관한 사항
- 그 밖에 위원장이 회의에 부치는 사항

(2) 전문위원회(시행령 제7조)

① 임무

위원회 심의사항을 전문적으로 검토하기 위함

② 구성 : 위원장 1명을 포함하여 30명 이내의 위원

- 전문위원회 위원장 : 전문위원회 위원 중에서 국토교통부장관이 지명
- 전문위원회 위원 : 공간정보와 관련한 4급 이상 공무원과 민간전문가
- 위원의 임기 : 2년
- 간사 : 1명(국토교통부 소속 공무원)

③ 운영

- 위원장은 위원회를 대표하고, 위원회의 업무를 총괄

- 위원장이 부득이한 사유로 직무를 수행할 수 없을 때에는 위원장이 지명하는 위원의 순으로 그 직무를 대행
- 위원장은 회의 개최 5일 전까지 회의 일시·장소 및 심의안건을 각 위원에게 통보
- 회의는 재적위원 과반수의 출석으로 개의(開議)하고, 출석위원 과반수의 찬성으로 의결

2. 지적공부 전산화

1) 개요

(1) 지적공부 전산화의 목적

지적공부 전산화의 목적은 ① 과학적인 토지정책자료와 체계적 지적행정의 실현으로 다목적 지적에 활용하고, ② 토지소유자의 현황파악과 지적민원을 신속하고 정확하게 처리함으로써 지방행정 전산화 촉진을 기대할 수 있다.

③ 전국적으로 획일적인 시스템의 활용으로 각 시·도 분산시스템의 상호 간 또는 중앙시스템 간의 인터페이스를 완전하게 확보 가능하며, ④ 토지기록과 관련하여 변동자료를 온라인처리로 이동정리 등의 기존에 처리하던 업무의 이중성을 배제하고, ⑤ 지적공부의 전산화로 전산파일을 유지 관리함으로써 지적서고의 확장에 따른 비용을 절감할 수 있다.

⑥ 지적공부의 잔산화로 업무를 능률적으로 처리할 수 있으며, 향상된 정확도를 제공하며, ⑦ 실시간자료 확보로 지적통계와 정책정보의 정확성 제고 및 온라인에 의한 신속성을 확보하고, ⑧ 체계적이고 효율적인 지적사무와 지적행정을 실현한다.

⑨ 최신 자료에 의한 지적통계와 주민정보의 정확성 제고 및 온라인에 의한 정보의 신속한 확보와 ⑩ 전국적인 등본의 열람을 가능하게 하여 국민(민원인)의 편리성(편의)을 증진한다.

(2) 지적사무전산화 사업(舊 내무부)

전국 약 3천만 필지의 토지(임야)대장 전산입력

제1단계	1975년 12월, 제2차 舊 지적법 개정하여 전산화 기반조성
제2단계	1977년 8월, 행정사무 중에서 최초로 토지(임야)대장 전산화 계획 수립
제3단계	1992년 6월, 지적도와 임야도 전산화사업 추진을 위한 사전연구 추진

(3) 우리나라의 주요 지적정보 구축사업 연혁

① 전산화 준비
- 1975년 : 지적법 전문개정으로 대장의 카드화
- 1976~1978년 : 척관법에서 미터법으로 환산등록

② 대장전산화(토지기록전산화)
- 제1차 시범사업 : 1978~1982년까지 5년간 대전시 중구와 동구 2개 구에서 추진
- 제2차 시범사업 : 1978~1981년까지 3년에 걸쳐 추진
- 1982년부터 1984년까지 토지대장 및 임야대장 전산입력
- 전국 온라인 시스템 구축 : 시 · 도별 확대 : 1987~1990년까지 4년에 걸쳐 추진
- 1990년 4월 1일 : 행정기관 중에서 최초로 전국 온라인망에 의한 토지(임야)대장 열람 · 등본교부 등

③ 필지중심토지정보시스템(PBLIS) : 1994년 계발계획을 수립하여, 시스템 구축 추진
④ 토지관리정보시스템(LMIS) : 2000년 토지관리정보시스템 도입
⑤ 한국토지정보시스템(KLIS) : 2003년 개발사업 착수
⑥ 부동산종합공부시스템(KRAS) : 2010년부터 추진계획을 수립하여, 시스템 구축 및 운영
⑦ 지적재조사시스템(바른땅) : 지적재조사에 관한 특별법 제정(2011.9.16.)에 따라 지적재조사사업의 지원과 사업으로 새로이 작성된 지적공부의 관리를 위해 구축 · 운영 중인 시스템

(4) 주요 지적 관련 업무시스템

시스템명	관련업무	비고
부동산종합공부시스템 (KRAS)	• 토지이동 처리 • 소유권 정리 • 측량성과파일 검증 • 비법인등록번호 부여 및 발급 • 연속도 관리 • 용도지역지구도 관리(토지이용계획정리) • 지적공부 열람 및 발급 • 개별공시지가 산정 및 결정	
한국토지정보시스템 (KLIS)	• 부동산중개업 관리 • 개발부담금 부과 및 관리	
지적재조사행정시스템 (바른땅)	• 지적재조사사업 관리 • 지적공부 세계측지계 변환 지원	
부동산거래관리시스템 (RTMS)	• 부동산거래계약 신고접수 및 처리 • 외국인부동산 등 취득신고 접수 및 처리 • 검인자료 입력 • 신고자료 상시 모니터링 등	
국토정보시스템	• 개인별 토지소유현황 제공 • 정책정보 제공	

시스템명	관련업무	비고
건축행정시스템 (세움터)	• 건축물대장 편제 • 소유권정리 • 건축물대장 열람 및 발급	
디지털예산회계시스템 (d-brain)	• 개발부담금 부과 및 관리 • 개발부담금 관련 월 마감	

2) 토지 · 임야대장전산화

(1) 사전 준비(지적법 전문개정)

토지 · 임야대장전산화를 위해 ① 내무부에서는 토지 · 임야대장 전산화 계획을 수립(1977년)하고, ② 1976년부터 1978년까지 척관법에서 미터법으로 환산등록하였으며, ③ 1982년부터 1984년까지 토지대장 및 임야대장 전산입력을 실시하였다.

전산화를 위한 사전준비로 ④ 토지 · 임야대장의 카드식 전환, 즉 부책식 대장을 카드식 대장으로 전환작업을 실시하고, ⑤ 코드번호 개발 등록(필지별 고유번호, 지목, 토지이동사유, 소유권변동원인 등)과 ⑥ 등록번호 개발 등록(소유자 주민등록번호 등재 정리, 유형별 구분 및 고유번호 부여) 및 ⑦ 면적단위의 미터법 환산(평, 보 → m²) 등을 실시하였으며, ⑧ 수치측량방법을 도입하여 도시개발사업 지역(現 공간정보의 구축 및 관리 등에 관한 법률 제86조)에 대해서는 평면직각종횡선좌표로 등록하도록 하였다.

⑩ 舊 지적법(1950.12.1.)의 전문개정(1975.12.31.)에 따른 변화는 다음과 같다.

> **≫ 지적법 전문개정(1975.12.31.)**
> • 수치지적 제도 도입
> • 축척변경 제도 도입
> • 면적단위를 척관법(평, 무)에서 미터법으로 전환
> • 지목을 21개 종목에서 24개 종목으로 통폐합 및 신설
> • 지적위원회 설치 및 지적측량적부심사 제도 신설
> • 경계복원측량 및 지적현황측량을 지적측량으로 규정
> • 토지 · 임야대장에 토지소유자 주민번호를 등록하도록 규정
> • 토지 · 임야대장 서식을 부책식에서 카드식으로 변경

(2) 제1차 시범사업

제1차 시범사업은 ① 1978년 5월부터 1982년까지 5년간 대전시 중구와 동구 2개 구를 대상으로 추진하였으며, ② 토지 · 임야대장 약 11만 필지에 대한 속성정보를 전산 입력을 실시하였다.

(3) 제2차 시범사업

제2차 시범사업은 ① 1978년 7월부터 1981년 말까지 3년에 걸쳐 추진하였으며, ② 총무처, 충청북도, 청주시 등 11개 시 · 군이 참여하여, ③ 도 단위의 지적관리, 주민등록관리, 차량관리, 양곡관리업 전산화에 착수하였다.

(4) 시 · 도별 확대

① 1982년부터 1984년까지 3년에 걸쳐 시 · 도 단위로 시장 · 군수 · 구청장 책임하에 속성 데이터베이스 구축을 실시하여, ② 충청북도를 제외한 전국의 14개 시 · 도, 226개 시 · 군 · 구에서 토지 · 임야대장 전산화를 완료하였다.

(5) 전국 온라인 서비스

① 1987년부터 1990년까지 4년에 걸쳐 전국 온라인 시스템을 구축하였으며, ② 총 457본의 프로그램을 개발(중앙 69, 시 · 도 127, 시 · 군 · 구 159, 공통 102)하고, ③ 1990년 4월 1일 행정기관 중에서 국내 최초로 전국 온라인망에 의한 토지 · 임야대장 열람 · 등본교부 등 대민서비스를 시작하였다.

3) 지적 · 임야도면전산화

(1) 목적 및 의의

지적 · 임야도면전산화란 ① 디지타이저, 스캐너 등의 장비를 이용하여 지적 · 임야도면에 표시된 경계점들의 좌표와 이와 관련된 정보를 독취하여 수치파일로 작성하는 작업을 말하며, ② 국가지리 기본정보를 통해 관련 기관들이 공동 활용할 수 있는 기반을 조성하는 데 목적을 두고 있다. 또한 이 목적에는 ③ 도면전산화는 수치파일 작성뿐만 아니라 지적 · 임야도면을 기본도로 하여 토지정보시스템을 구축하는 것을 포함하고 있다.

④ 도면의 신축 등으로 인한 관리의 어려움을 해소하고, 토지조사사업과 임야조사사업에 의하여 작성된 지적 · 임야도면의 원형을 효율적으로 관리함으로써, ⑤ 정확한 지적측량 자료로 활용하고 토지대장과 지적도면을 통합한 대민서비스의 질적 향상을 도모하는 데 의의가 있다.

(2) 시범사업 및 전국 확대 추진

① 사전연구

1992년 6월부터 1993년 12월까지 한국전산원에서 추진

② 제1차 시범사업

- 1994년 1월부터 1995년 말까지 한국전산화에 용역 의뢰
- 경상남도 창원시 사파동 4개 동을 시범사업지구로 선정

    • 필지중심토지정보시스템의 프로토타입 개발

③ **제2차 시범사업**

    • 1996년 3월부터 1996년 말까지 진행
    • 대전광역시 유성구 어은동 외 7개 동을 선정

④ **시 · 도별 확대 추진**

    • 1999년부터 2003년까지 5년에 걸쳐 16개 시 · 도, 시 · 군 · 구 및 출장소에 확대 시행
    • 1차적으로 총 748천 장의 지적도와 임야도 기본파일 작성
    • 2차적으로 2001년부터 도곽의 신축보정과 속성자료를 입력하여 보정파일을 작성

(3) 도면전산화 작업공정

도면전산화는 작업계획 수립, 수치파일화 작업준비, 도면의 정비, 수치지적부의 수치파일화, 도면의 수치파일화 순서로 진행한다.

① 작업계획 수립
② 수치파일화 작업준비
③ 도면의 정비
④ **수치지적부의 수치파일화**

    수치지적부 복사, 좌표 입력(Key in), 속성 입력, 좌표 및 속성 검사, 폴리곤 형성, 좌표와 속성결합

⑤ **도면의 수치파일화**

    • 지적 · 임야도면 복사 → 좌표 독취(수동 또는 자동) → 좌표 및 속성입력 → 좌표 및 속성 검사 → 도면신축 보정 → 도곽접합 → 폴리곤 및 폴리선 형성
    • 파일확장자 구분 : 도형데이터 추출 파일(cif), 측량계산파일(sebu), 측량관측파일(svy), 측량계산파일(ksp), 세부측량계산파일(ser), 측량성과파일(jsg), 토지이동정리파일(dat)

(4) 도면전산화 효과

① 국민의 토지소유권(경계)이 등록된 유일한 공부인 지적 · 임야도면의 효율적인 관리가 가능해졌다.

    • 도면신축에 따른 도면의 변형이나 훼손 등의 오류 제거 가능
    • 지적측량성과의 효율적인 전산관리 가능

② 전국 온라인망에 의하여 신속하고 효율적인 대민서비스를 제공한다.
③ 정보화 사회에 부응하는 다양한 토지 관련 정보인프라 구축이 가능하다.
④ 공간정보 분야의 다양한 주제도를 융합하여 새로운 콘텐츠 생성이 가능하다.

3. 지적공부관리시스템

토지 · 임야대장전산화 완료를 기반으로 '지적행정시스템'을 구축하였고, 지적 · 임야도면전산화 완료됨에 따라 도면정보와 '지적행정시스템'의 속성정보를 연계한 '필지중심토지정보시스템'을 구축하였다. 이후 건설교통부에서 구축 · 운영 중이던 '토지관리정보시스템'과 통합하여 '한국토지정보시스템'을 구축하였고, 현재는 부동산정보를 일원화하여 통합서비스를 제공하는 '부동산종합공부시스템'을 구축 · 운영 중에 있다.

1) 지적행정시스템

(1) 구축배경 및 목적

① 전국을 대상으로 토지 · 임야대장 전산화가 완료됨에 따라 이를 서비스할 수 있는 행정시스템 개발의 필요성이 제기되었다. ② 지적정보의 공동 활용 확대, 지적전산처리 절차의 개선, 관련기관과의 연계기반 구축을 위해 ③ 기존 시 · 도 지역전산본부의 지적전산 자료를 시 · 군 · 구로 이관함으로써 지적정보를 필요로 하는 복지, 농촌, 환경, 재세정 등 21개 부서의 행정시스템에 일필지 기본사항 조회와 변동자료 처리내용을 제공하여 각 부서별 사용자의 업무편리성 및 행정의 효율성을 제고하고, ④ 대량의 자료 출력 등 시 · 도에 의뢰하는 기존 전산처리 절차의 문제점과 화면조작상의 어려움을 개선하여 ⑤ 시 · 군 · 구에서만 발급되던 제증명서류를 읍 · 면 · 동에서도 발급할 수 있게 민원창구를 확대하였다.

(2) 개발목표

지적행정시스템은 ① 시 · 군 · 구 자료의 이관으로 정보 공동 활용, ② 지적전산 처리절차의 개선, ③ 타 행정업무 및 유관기관과의 기반 구축을 목표로 구축되었다.

(3) 시스템 구성

지적행정시스템은 토지이동관리, 소유권변동관리, 창구민원관리, 지적업무관리, 일일마감 작업업무, 통합업무관리 등으로 구성되어 있다.

① 토지이동관리

토지분할, 합병, 지목변경, 행정구역변경 등과 같은 토지이동에 관한 접수, 정리에 관련된 업무와 구획정리 등 대단위 업무의 임시파일 작성과 처리기능으로 구성

② 소유권변동관리

토지 · 임야대장, 공유지연명부의 소유권변동사항과 집합건물의 관리 및 전유부분의 소유권변동 처리 지원업무로 구성

③ 창구민원관리

제증명을 발급하는 업무로 시·군·구 종합정보시스템의 민원처리시스템으로 단말기가 설치된 어느 곳에서나 발급이 가능하도록 구성

④ 지적업무관리

각종 대장 작성 및 관련 정보 조회업무로 일반 업무처리를 위한 지원 역할을 할 수 있게 구성

⑤ 일일마감 작업업무

당일 처리한 토지이동, 소유권변동, 창구민원 등의 처리 결과를 확인하고 결산하는 작업을 수행

⑥ 통합업무관리

당일 처리한 자료를 시·도 시스템으로 송수신하고, 오류자료 정정 등의 업무를 처리하도록 구성

▶**지적행정시스템 주요 내용**

하위시스템	단위시스템	세부내용
지적관리	토지이동관리	• 신규등록, 등록전환, 분할, 합병, 지목변경, 지목변경(매립준공), 지적복구, 해면성 말소, 등록사항 회복/말소, 등록사항 정정, 면적/경계/위치 정정, 구획/경지 정리, 축척변경, 지번변경, 행정구역변경, 등록사항정정대상토지, 지적공부오기 정정, 공유토지분할
	소유권변동관리	• 소유권변동 접수정리(토지임야대장) • 소유권변동 접수정리(공유지연명부) • 소유권변동 접수정리(집단지) • 소유권변동 접수정리(대지권등록부) • 집합건물 등록/수정/취소 • 집합건물폐쇄, 전유부분 변경 • 집합건물전유부분분할/합병 • 대지권등록부 공유인 변동 • 대지권비율 수정 • 대지권등록부 일괄보존
지적일반업무	비법인등록관리	• 법인 아닌 사단·재단등록여부 조회 • 법인 아닌 사단·재단등록번호 부여 • 법인 아닌 사단·재단등록증명서 발급 • 법인 아닌 사단·재단등록현황 조회/출력
	창구민원관리	• 토지(임야)대장 등본/열람 • 대지권등록부 등본/열람 • 도면/도시계획/등록증명 일계 입력

하위시스템	단위시스템	세부내용
지적일반업무	정리현황조회	• 지적사무정리부 및 소유권정리부 조회 출력
	대장 및 조서작성	• 통보서 및 등기촉탁서/등기촉탁대장 작성 • 결번/정정대상토지/오기정정대장 조회, 작성 • 지적공부목록관리 • 행정구역/지번변경 • 지번별 청산금/단가조서작성 • 지번별 조서작성
	기본 및 변동내역조회	• 기본 및 변동내역 조회 • 대지권등록부 조회 • 공유지연명부 조회 • 토지이동연혁 조회 • 소유권변동연혁 조회 • 집합건물소유권연혁 조회 • 등급변동연혁 조회 • 토지이동정리현황 조회 • 소유권변동정리현황 조회 • 집합건물등록현황 조회 • 지적공부등록현황 조회 • 지적공부관리현황 조회 • 개인별 토지소유현황 조회
	지적통계 및 정책보고	• 통계자료생성(지적공부목록) • 통계자료생성(지적기본통계) • 지적통계 • 소유구분별 등록현황 출력 • 통계보고서 출력 • 정책정보 출력
	과태료관리	• 해태과태료 부과처리 • 해태과태료 고지처리
통합업무관리		• 일일마감관리 • 토지(임야)기본 정정 • 토지(임야)연혁 정정 • 공유지연명부 정정 • 공유지연명부 등록 • 대지권등록부 정정 • 집합건물소유권 정정 • 결번대장관리 • 변경자료송수신

(4) 타 행정시스템과 연계

지적행정시스템은 민원행정시스템, 주민행정시스템, 재세정행정시스템, 복지행정시스템, 환경행정시스템, 농촌행정시스템 등의 행정시스템과 연계하여 다음과 같은 업무처리를 수행한다.

① 민원행정시스템

민원행정시스템에서 접수된 접수사항 중 신청인성명, 민원접수번호 등을 접수연계하며, 접수된 내역의 처리결과를 민원행정시스템에서 제공하는 화면으로 민원행정시스템에 결과를 통보

② 주민행정시스템

토지이동신청해태과태료, 부동산등기신청해태과태료 부과처리 시 과태료대상자의 현주소정보를 주민행정시스템과 연계하여 과태료처분대상자에게 정확한 통보를 할 수 있도록 조회연계

③ 재세정행정시스템

토지이동의 업무처리 후 변동 전과 변동 후의 토지이동자료를 전자적으로 재세정행정업무에 제공하며, 소유권변동처리된 자료를 일일마감처리 시 전자적으로 재세정행정시스템에 변동 전후 자료 제공

④ 복지행정시스템

복지대상자 선정 시 개인별 토지소유현황(토지소재, 대장구분, 지번, 지목, 면적 등) 자료를 확인하기 위한 화면 및 정보를 제공

⑤ 환경행정시스템

환경개선부담금 처리 시 개인별 토지소유현황(토지소재, 대장구분, 지번, 지목, 면적 등) 자료를 확인하기 위한 화면 제공

⑥ 농촌행정시스템

토지이동이 발생한 자료에 대한 정보를 일일마감작업 시 토지이동 전후 정보를 농촌행정시스템에 제공하고, 소유권변동자료가 발생한 자료에 대하여 일일마감작업 시 농촌행정시스템에 변동 전후정보 제공

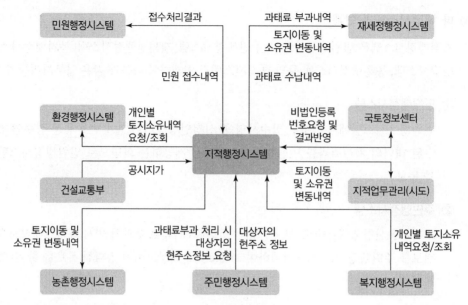

출처 : 국토교통부, 2018, 지적정보화백서 편찬 연구, p100.

지적행정시스템과 타 시스템의 연계 구성도

2) 필지중심토지정보시스템(PBLIS : Parcel Based Land Information System)

(1) 구축배경 및 목적

① 1910년대 실시한 토지조사사업으로 지적제도가 창설된 이래 토지와 관련된 지적행정업무의 대부분이 도해지적을 바탕으로 이루어지고 있으나, 급속한 경제발전과 국토개발로 인하여 지적관련업무가 지속적으로 증가하고 있는 추세이며, 다량의 지적업무를 정확하고 신속하게 처리하여야 할 필요성 또한 증가하였다. ② 정보기술의 발전과 더불어 문자정보와 도면정보가 통합된 서비스의 필요성이 크게 대두됨에 따라 도면정보 전산화를 위해 행정자치부에서는 한국전산원, 대한지적공사, 민간기업 등과 공동으로 1992년 초부터 지속적인 연구를 계속하여 왔으며, 1993년도에는 전산화를 위한 사전연구 결과로써 필지중심토지정보시스템(PBLIS) 구축방안을 제시하였다.

③ 측량 및 현지조사 등 여러 경로를 통해 수집된 자료를 시스템에 데이터베이스화하고, 이들 정보를 검색하고 관리하는 업무절차를 전산화하여 수작업으로 진행되는 업무를 개선하여 ④ 토지 및 관련정보를 국가 및 대국민에게 복합적이며 신속하게 제공하여 과학적 지적행정을 도모할 필요성이 제기되었다. 이를 위해 ⑤ 지적도면전산화사업에 의해 생산된 지적도면정보와 지적행정시스템의 대장속성을 연계하여 수작업으로 수행하고 있는 지적도면 갱신 기능을 전산화하여 ⑥ 지적공부관리시스템과 지적측량성과작성시스템을 개발하고, 기존 DOS용 측량계산프로그램을 Windows 환경으로 재구축하여 사용자의 편의성을 도모하여 능률을 향상한다. 또한 ⑦ 지적공부관리시스템, 지적측량성과작성시스템 및 지적측량시스템이 서로 연계하여

필지중심토지정보시스템(PBLIS)을 구성하고, 이를 통한 생산성 향상 및 대민서비스 극대화를 목적으로 시스템을 구축하였다.

(2) 추진경위

일정	추진 내용
1992.07~1993.06	토지대장전산화 완료 후 지적도면전산화 사전 연구
1993.07~1994.12	지적재조사 실험사업(경상남도 창원시 일원)
1994.12.29	토지정보시스템 구축 컨설팅 추진계획(안) 수립
1996.08.21	토지정보시스템 구축 용역계약 체결
1996.08~1997.06	업무분석 및 전문교육 이수
1998.03~1998.09	개발업무 모형개발 및 사전 업무분석
1998.10~1999.01	요구조사
1999.01~1999.02	요구분석
1999.03~1999.04	구조설계
1999.05~2000.02	구현 및 단위테스트
2000.02~2000.03	통합테스트
2000.04	검수 및 개발완료

(3) 시스템 개발내역

구분	세부업무	수량
지적공부관리업무 (224본)	토지이동 및 측량성과검사	61본
	창구민원업무	18본
	대장 및 조서 작성	17본
	지적측량기준점관리	5본
	기본 및 변동연혁조회	16본
	지적 통계 및 정책정보	48본
	사용자권한관리	3본
	지적도면관리	50본
	화면구성	6본
지적측량성과작성업무 (96본)	시스템 기능 및 화면 구성	41본
	측량준비도 작성	19본
	측량결과도 작성	19본
	측량성과도 작성	15본
	지적약도 작성	2본

구분	세부업무	수량
지적측량계산업무 (175본)	지적삼각측량	35본
	지적삼각보조측량	41본
	지적도근점측량	28본
	세부측량	52본
	도곽보정 및 자료관리	19본

(4) 시스템 구축방향

필지중심토지정보시스템은 도면관리 중심의 개발, 사용자 편리성 및 정보의 정확성, 객체지향 기법 적용, 지적공부관리 · 지적측량성과작성 · 지적측량업무의 통합연계 개발, 시 · 군 · 구 행정종합시스템과의 연계 구현, 실제 데이터 구축에 의한 테스트 등의 시스템 구축방향에 따라 개발되었으며, 세부적인 내용은 다음과 같다.

① 도면관리 중심의 개발

- 사용자 중심의 조회와 편리한 도면출력, 지적도 갱신작업(도면정리) 등 기본적이면서도 중요한 부분부터 시스템을 개발한다.
- 사용자의 주기적 참여와 지적도활용 업무의 효율성을 극대화시키는 방향으로 시스템을 구축한다.
- 필지중심토지정보시스템의 일차적 목적이 도면과 속성이 통합된 지적공부관리의 과학화에 있다면 이에 충실하여 정확도와 활용도를 증대하고 사용자의 업무개선과 마인드 확산에 노력하며 이후에 이차적인 분석, 통계기능 및 정책정보 개발에 노력한다.

② 사용자 편리성 및 정보의 정확성

지리정보시스템을 활용한 정보시스템은 현장중심의 정보관리이므로 업무처리 중심의 MIS 분야와는 시각을 달리할 부분이 있어 프로세스 처리와 정보 가공의 입장에서 고민하는 기존의 개발태도를 지양하고 사용의 편리성과 정보의 정확성 유지에 노력한다.

③ 객체지향 기법 적용

객체지향 기술은 자연스런 실세계의 모델링 능력을 통해 사용자와 실세계의 개념을 공유하고 관리자, 사용자, 분석가, 개발자들이 상호작용을 원활하게 하며, 또한 객체모델을 통한 일관성 있고 유연성 있는 방법론의 전개로 점증적, 반복적인 개발과 프로토타입 개발이 용이하다.

④ 지적공부관리, 지적측량성과작성, 지적측량업무의 통합연계 개발

- 소관청 지적업무를 구현하는 지적공부관리시스템과 더불어 지적공사에서 수행되는 지적 측량의 준비와 결과를 작성하고, 소관청에서 직권업무처리 및 성과검사를 하기 위한 지적

측량성과작성시스템, 그리고 측량 결과의 처리를 보조하는 지적측량시스템을 동시에 개발한다.

- 각 시스템이 같은 도형정보 관리시스템을 기반으로 구현됨으로써 각 업무 간의 데이터 교환의 효율성과 편리성을 극대화한다.

⑤ **시·군·구 행정종합시스템과의 연계 구현**

시·군·구 행정종합시스템의 일환으로 구축된 시·군·구 지적행정시스템은 과거 C-ISAM 파일로 관리되던 지적전산시스템의 지적대장 관리를 위한 데이터베이스 설계와 대장 기반의 제 업무를 구현하였으나, 시·군·구 지적행정시스템에서 구현되지 않은 도면정리업무를 구현하고 도면을 활용한 그래픽 정보의 제공, 그리고 기존 지적 관련 업무에 도면정보 기반의 편리성 향상을 도모한다.

⑥ **실제 데이터 구축에 의한 테스트**

시스템의 구현 내용들은 실제 지역의 대장 정보와 도형 정보를 구축하여 실제 환경과 비슷한 조건에서의 검증 과정을 거치면서 구현한다.

(5) 개발도구 및 소프트웨어 환경

필지중심토지정보시스템은 지적도, 임야도, 토지대장, 임야대장 등 지적공부를 주요 관리 대상으로 한다. 특히 지적도, 임야도는 시설물관리 시스템 등 여타 다른 도형을 관리하는 도면과는 달리 국민 재산권을 표현하는 도면으로서 법적 구속력을 가지며, 또한 측량에 활용되는 정밀성을 보장하는 도면이다. 이러한 특성을 가진 도면이므로 이를 관리하는 도구 역시 정밀한 데이터를 관리할 수 있는 고도의 기술을 가진 개발도구를 요구한다. 이번 사업의 개발도구로서 선택된 지리정보시스템은 사용환경, 기술성, 제품 및 공급사의 지원능력 면에서 다음과 같은 특징을 가지고 있다.

① 지적·임야도면의 필지 관리 및 표현능력이 탁월하며 상용화된 이후 국내에서 사용실적과 안전성이 입증되었다.
② 산업표준의 UNIX 또는 Windows NT/2000을 운영체제로 하는 하드웨어에서 구현되며 호환성 및 확장성에 문제가 없다.
③ 도형 데이터의 공용·호환성을 위하여 다양한 Format이 지원되고 DXF 변환 및 표준포맷을 수용하며 사용자 중심의 GUI 지원능력과 표준 API 제공한다.
④ 연속도면 등 지도 처리기능이 탁월하고 데이터 처리능력과 프로그램 개발기술이 최신기법을 적용하고 있다.
⑤ 국가 인프라 자료 및 기존 시스템과의 원활한 연계를 위한 개발 확장성 및 분산처리능력이 뛰어나다.
⑥ 플로터, 스캐너 등 입력·출력장치 지원능력이 다양하고 우수하다.

⑦ 국가지리정보체계(NGIS) 추진방향 및 기술개발계획과 연계하여 효율적인 시스템 구축이 가능하다.

⑧ 공급회사의 시스템 통합 및 핵심기술 보유능력과 유지보수 · 교육훈련이 폭넓게 지원될 수 있다.

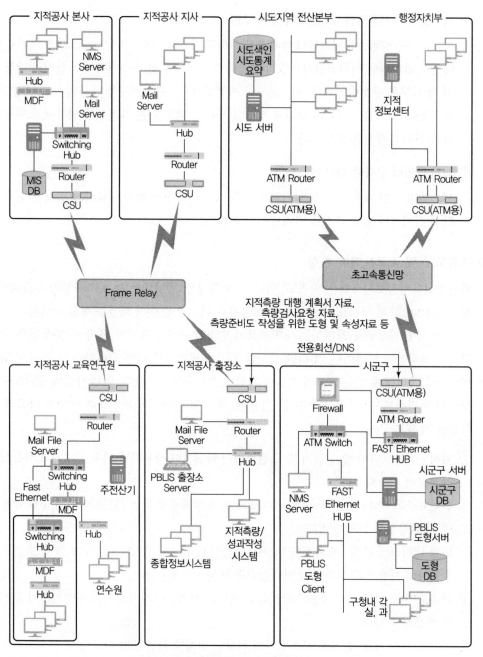

출처 : 국토교통부, 2018, 지적정보화백서 편찬 연구, p148.

필지중심토지정보시스템 구성도

3) 토지관리정보시스템(LMIS : Land Management Information System)

(1) 구축배경

① 토지와 관련하여 현행 법령에서 규정하고 있는 복잡한 행위제한 내용을 국민이 인지할 수 없어 국민이 토지를 이용 · 개발함에 있어 시행착오를 겪는 경우가 많았으며, ② 토지거래 허가 · 신고, 택지 및 개발부담금 부과 등의 업무가 수작업으로 처리되어 토지 관련 행정업무의 효율성이 낮았다. 따라서 ③ 국민들은 용도지역 · 지구 등 각종 토지이용규제 내용을 제대로 알지 못하고 있으며, 궁극적으로 토지의 효율적인 이용 · 개발이 이루어지지 못하고 있는 현실이며, ④ 토지정책의 합리적인 의사결정을 지원하고 정책효과를 분석을 위해서는 각종 정보를 실시간으로 정확하게 파악하고, 기존의 개별 법령별로 처리되고 있던 토지업무를 유기적으로 연계할 필요성이 대두되었다. 또한 ⑤ 각 지자체별로 UIS사업을 수행하고 있으나 기반이 되는 토지 관련 데이터베이스가 구축되지 않아 효율성이 떨어지고, 특정 시설물 위주로 개발되어 도로, 상수, 하수, 방재, 환경, 도시계획, 소방 등의 다른 업무와의 연계성이 떨어지는 문제점 등이 부각되었다.

(2) 목적

토지관리정보시스템은 ① 토지와 관련한 각종 도형 · 속성 · 법률자료 등을 통합 데이터베이스로 구축하여 관리, ② 지자체의 여러 부서에서 공통으로 활용되는 데이터베이스를 구축하고 이를 관련 부서에서 공동 활용함으로써 정보의 일관성을 유지, ③ 항상 최신의 자료를 활용할 수 있도록 하여 토지 관련 행정업무의 효율성과 토지이용의 효과적인 이용 및 개발 도모, ④ 응용시스템을 개발 · 전산화하고 토지행정업무를 전산 자동화하여 업무처리 시간을 단축, ⑤ 토지행정의 능률 제고를 바탕으로 토지와 관련한 각종 정보를 실시간으로 정확하게 파악하여 토지투기 방지, 토지의 수급정책 등 합리적이고 신속한 정책 의사결정 지원, ⑥ 토지 관련 데이터베이스를 도로, 상수, 하수, 재난방제, 환경, 도시계획, 소방 등의 지자체 업무와 연계 가능하도록 개방적으로 설계 등의 목적으로 구축되었다.

(3) 사업내용

토지관리정보시스템의 사업내용은 데이터베이스 구축, 응용시스템 개발, 시스템 운영 환경 구축, 제도정비 및 교육 등으로 구성되어 있으며, 자세한 내용은 다음과 같다.

① 데이터베이스 구축
- 지적도, 지형도, 용도지역지구도 등 공간자료
- 토지거래, 개별토지특성, 지가자료 등 속성자료
- 토지이용규제 관련 법령

② 응용시스템 개발

- 토지거래관리시스템
- 개발부담금관리시스템
- 부동산중개업관리시스템
- 공시지가관리시스템
- 용도지역지구관리시스템
- 외국인토지취득관리시스템
- 공간자료관리시스템
- 공간계획지원시스템
- 법률정보시스템
- 토지정책지원시스템

③ 시스템 운영 환경 구축

- H/W(서버, 플로터 등)
- S/W(OS, 오라클, SDE 등)
- 네트워크 환경

④ 제도정비 및 교육

- 법령정비
- 표준화
- 데이터베이스 구축지침
- 홍보 및 교육

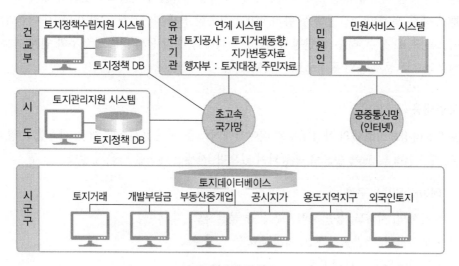

LMIS 시스템 구성도

(4) 기대효과

토지관리정보시스템 구축에 따른 기대효과는 경제적 측면, 사회적 측면, 행정적 측면, 대민서비스 측면으로 나눌 수 있으며, 자세한 내용은 다음과 같다.

① 경제적 측면

- 현재 수작업으로 처리되는 자료의 수집, 관리, 분석에 소요되는 인력, 비용 및 시간의 획기적인 절감이 가능하다.
- 토지행정업무 및 도면전산화에 대한 표준 개발모델 제시로 예산 절감 및 중복투자를 방지한다.

② 사회적 측면

- 개인별, 세대별 토지소유현황의 정확한 파악으로 토지정책의 실효성을 확보한다.
- 토지의 철저한 관리로 투기심리예방 및 토지공개념을 확산한다.
- 토지 관련 탈세를 방지한다.
- 위법 또는 불법 토지거래 및 거래자의 철저한 관리로 선진 사회질서 확립에 기여한다.

③ 행정적 측면

- 업무처리절차 간소화로 행정능률 향상 및 투명성이 보장된다.
- 토지 관련 정보의 신속한 정책수립의 적시성을 확보한다.
- 토지 관련 서류, 대장의 대폭 감소가 가능하다.

④ 대민서비스 측면

- 민원처리 기간의 단축 및 민원서류의 전국 온라인 서비스를 제공한다.
- 주택, 건축 관련 자료를 신속히 제공한다.
- 민원인의 관련 기관 방문횟수 감소로 비용 및 시간이 절감된다.

4) 한국토지정보시스템(KLIS : Korea Land Information System)

(1) 구축배경

① 연속지적도 기반의 토지관리정보시스템(LMIS)과 개별 지적 기반의 필지중심토지정보시스템(PBLIS)은 건설교통부와 행정자치부가 각각 운영·관리하는 등 관할 중앙부처가 서로 달라 지적행정업무와 토지이용을 위한 연속지적도 관리가 이원화되어 지적도면을 중복 관리하고 컴퓨터 서버 시스템을 중복 활용하는 등 비용 낭비가 발생되자 ② 2000년도 감사원 감사결과 행정자치부에서 추진하고 있는 필지중심토지정보시스템(PBLIS)과 건설교통부에서 추진하고 있는 토지관리정보시스템(LMIS)이 중복이라고 지적되었으며, 두 시스템 간의 통합 구축방안 마련이 국무조정실로 이관되어 통합을 추진하게 되었다.

③ 중앙정부는 토지정책에 필요한 정보를 정확하고 신속하게 수집하기 어려워 토지문제에 대해 적기에 적절한 정책적 대응에 취약하고, 지자체는 연간 10만여 건의 토지 관련 민원을 처리해야만 하는 등 과중한 업무 부담 존재하였으며, ④ 토지이용 규제 법률이 80여 개이고, 용도지역 · 지구도가 170여 개에 달하는 등 토지규제에 대한 내용이 복잡하여 담당공무원의 업무 소홀 우려되었다. 또한 ⑤ 토지이용계획확인서는 당시 8개 항목의 토지이용규제사항만을 기재하도록 되어 있어 토지 매도자 및 매수자에서 대상 토지에 대한 전체적인 정보를 올바르게 제공하는 데에는 한계가 있었다. 따라서 ⑥ 국민(민원인)에게 정확한 정보를 신속하게 제공하고, 담당공무원의 업무생산성을 향상시키며, 지자체의 개별적인 토지 관련 정보시스템 개발에 따른 예산낭비와 자료 호환 문제를 사전에 방지할 수 있는 방안 마련이 요구되었으며, ⑦ 합리적인 토지정책 수립에 필요한 정보를 신속 · 정확하게 확보할 수 있도록 토지와 관련한 각종 공간 · 속성 · 법률 등의 자료를 체계적으로 통합 관리하고, 개별 법령에서 규정하고 있는 토지 관련 업무를 유기적으로 연계할 수 있는 종합적인 정보체계의 구축 필요성이 제기되었다.

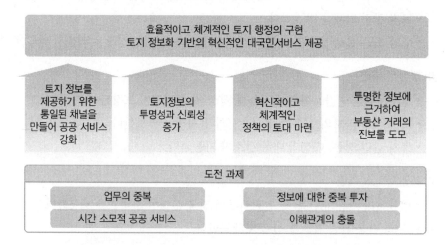

(2) 목적

① 중앙정부의 토지정책을 위한 기초자료를 신속하게 확보하여 정확한 토지정책의 수립 및 시행으로 토지정책의 품질을 제고하고 토지 관련 행정업무의 효율화를 도모한다.

② 지방자치단체의 토지 관련 부서에서 토지와 관련한 각종 업무를 효율적으로 수행하고 토지 관련 업무를 종합적으로 관리한다.

③ GIS를 활용하여 토지관리를 위한 통합 데이터베이스를 구축하고 초고속국가망을 이용한 전국 네트워크를 구축함으로써 정확한 자료 유지관리, 민원서비스의 획기적 개선, 업무생산성 향상, 토지정책의 적시성 및 과학성을 달성한다.

④ 토지거래 등으로 수시로 발생하는 개별지적의 분할 · 합병 등을 연속지적도에 실시간 반영함으로써 현실 지적과 부합하는 최신의 연속지적도를 구축함으로써 고품질의 기본 공간정보를 구축한다.

(3) 추진방향

한국토지정보시스템은 지적공부관리시스템 및 연속편집도면관리시스템의 통합, 지적측량성과 작성시스템·토지민원발급시스템 구축방향 설정, 시·군·구 행정종합정보시스템(새올행정)과 연계 등의 추진방향을 설정하여 구축하였으며, 자세한 사항은 다음과 같다.

① 지적공부관리시스템 및 연속편집도면관리시스템의 통합
- 토지관리정보시스템의 View Client를 기반으로 개발하며, 소유권변동/일반지적행정 업무 등을 포함한 모든 지적업무를 지적공부관리시스템에서 수행할 수 있도록 통합개발한다.
- 토지이동 도면정리 시 지적도 및 연속/편집도의 일관성 및 무결성 유지 방안을 측량 수반 및 측량 미수반 업무를 구분하여 연계한다.

② 지적측량성과 작성시스템 구축방향
- 소관청의 직권업무 처리 및 검사 업무를 위하여 소관청에서 단독으로 지적측량성과작성 시스템과 지적측량시스템을 운영한다.
- 통합되는 지적측량성과작성시스템은 소관청과 측량대행사의 업무를 지원하기 위하여 한국토지정보시스템과 Online/Offline 연계를 모두 지원한다.

③ 토지민원발급시스템 구축방향
- 토지관리정보시스템에서 구축한 인트라넷 민원발급시스템의 UI 준하여 토지민원발급시스템을 개발하고, 시·군·구 민원행정시스템과 연계한다.
- 토지이용계획확인서, 개별공시지가확인서 등을 보완 개발한다.
- 지적(임야)도, 경계점좌표등록부, 지적공부등본, 지적기준점확인서 등을 제공한다.
- 전국 온라인 민원발급 서비스를 제공한다.

④ 시·군·구 행정종합정보시스템(새올행정)과 연계
- 사용자 정보관리 및 민원발급업무 처리는 시·군·구 행정종합정보시스템의 체계를 준용하며, 시·군·구 행정종합정보시스템 DB를 접근하는 모든 시스템은 엔테라 미들웨어를 통하여 접근한다.

(4) 추진경과

한국토지정보시스템은 필지중심토지정보시스템(PBLIS)과 토지관리정보시스템(LMIS)이 통합된 시스템으로 다음과 같이 추진되었다.

① 도입·확산·정착(1996~2006년)
- 필지중심토지정보시스템(PBLIS) 개발 및 구축
- 토지관리정보시스템(LMIS) 개발 및 구축

- 한국토지정보시스템 추진방향 결정 및 통합구축 추진방안 마련(2001)
- 한국토지정보시스템 개발(2003~2004)
- 한국토지정보시스템 확산(2005~2006)

기간	주요 내용
2001.04	PBLIS와 LMIS를 통합하라는 감사원의 권고
2003.06	한국토지정보시스템 용역계약 체결
2004.08	한국토지정보시스템 개발완료
2004.08~2004.11	시스템 안정화 및 개선
2004.12~2005.02	대전 유성구 외 3개지자체 대상 시험운영
2005.06	한국토지정보시스템확산사업 계약체결
2005.06~2005.08	설치 및 교육을 위한 사전준비
2005.07.11~07.14	지자체 현황파악을 위한 사전방문조사
2005.07.15	확산사업 착수보고회 개최
2005.08.16~09.02	시도공무원 대상 교육수행
2005.08.~05.09	현장설치팀 및 교육팀 교육
2005.08.19~08.31	서울시 송파구, 강북구 설치 및 모니터링
2005.11.02~11.03	경남지역 운영자 간담회
2005.08~2006.03	설치대상 지자체 사전방문 지적데이터 사전 자료검증 수행
2005.09~2006.03	확산 설치 및 현장교육
2005.11~2006.03	사용자 집체교육

② 고도화기(2006~2010년)

- 온나라 부동산포털 서비스 제공
- 토지정책지원체계 구축
- 온라인 민원신청, 민원발급 서비스

③ 안정기(2011~2013년)

- 통합관리체계 도입을 위한 기반마련
- 기능고도화 및 유지보수 분리발주

④ 통합운영기(2014년~현재)

- 지적공부관리, 토지이용계획확인서관리, 부동산가격관리 업무 부동산종합공부시스템으로 이관

- 국가공간정보센터 통합유지보수 체계로 전환
- 한국토지정보시스템 표준모델 개발 및 해외진출

(5) 시스템 구성

한국토지정보시스템은 기초자치단체, 광역시도, 건교부 등 3계층 고유의 행정업무를 처리할
수 있도록 개별적인 응용시스템으로 구성되었으며, 자세한 사항은 다음과 같다.

- 건교부 : 정책수립을 지원하는 토지정책지원시스템
- 광역시도 : 토지행정업무를 처리하는 토지관리지원시스템
- 시 · 군 · 구 : 토지행정지원, 공간자료관리, 지적공부관리, 지적측량성과관리

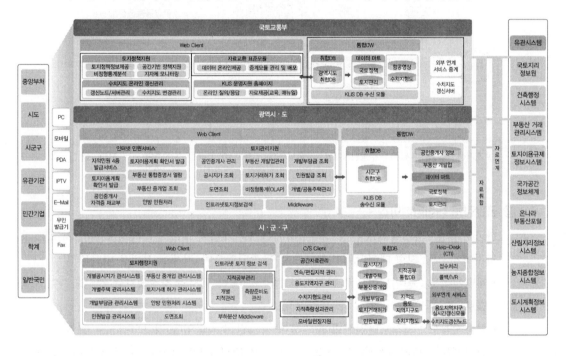

한국토지정보시스템은

- 확장성, 최신 정보기술 및 국제표준 등을 고려하여 3계층 클라이언트/서버 아키텍처를 기본
  구조로 구성되어 있다.
- GIS엔진은 Gothic, SDE, ZEUS 모두 다 활용이 가능하고, DBMS는 데이터 관리의 효율성 및
  호환성을 확보하기 위하여 Oracle을 사용하였다.
- 네트워크상에서 공간정보 제공을 위해 CORBA 기반의 미들웨어를 적용하였다.

① 네트워크 구성

초고속국가망을 통해 건설교통부, 광역시도, 기초자치단체를 연결하고, 인터넷을 통해 온나라부동산포털, 인터넷민원열람 및 발급서비스를 구축하였다.

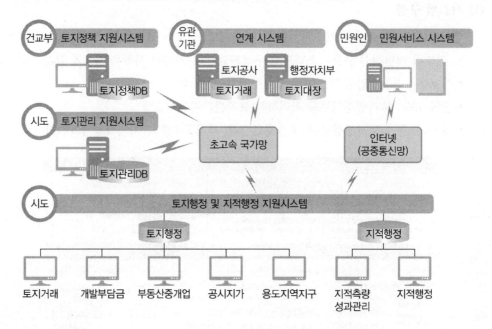

② 공간정보 데이터베이스

한국토지정보시스템의 공간정보 데이터베이스는 개별지적도, 연속지적도, 편집지적도, 용도지역지구도, 지형 데이터베이스 등으로 구성되었으며, 자세한 사항은 다음과 같다.

- 개별지적도 : 종이도면으로 관리되던 전국 3,700만 필지의 지적정보를 전산화하여 도곽별로 구축한 공간 및 속성 데이터베이스
- 연속지적도 : 지적도면전산화에 의하여 작성된 수치파일을 정규도곽으로 보정한 후 도곽경계부분 필지경계선을 도상접합방식으로 접합처리하여 연속된 형태로 이어진 공간 및 속성 데이터베이스
- 편집지적도 : 연속도의 도로경계, 하천경계, 행정경계 등을 수치지형도와 맞추어 제작하는 수치지적도 형태의 공간 및 속성 데이터베이스
- 용도지역지구도 : 80여 개 근거법률의 토지이용계획 등에 따라 정부의 지정권자가 지정·구획하여 결정·고시하는 170여 개의 용도지역·지구·구역 등이 표시된 공간 및 속성 데이터베이스
- 지형 데이터베이스 : 국립지리원에서 제작한 수치지형도를 레이어별 폴리곤에 대한 위상생성, 속성정의 및 그룹화 등의 작업을 거쳐 생성한 공간 및 속성 데이터베이스

③ 속성정보 데이터베이스

관련 업무		주요 내용
부동산 거래	토지거래허가	• 토지거래 허가 관리대장 • 토지거래 허가구역 지정, 해제, 재지정 관리
	부동산매매계약서 검인관리	• 부동산 매매계약서 검인대장 • 부동산 등기신청 해태에 대한 과태료 부과서류
개발 부담금	개발사업관리	• 개발사업 인허가 접수대장
	개발부담금관리	• 개발부담금 징수대장 • 개발부담금 수납부
부동산 중개업	부동산중개업관리	• 부동산중개업등록대장(분사무소설치등록대장)
	부동산중개업 지도감독관리	• 행정처분관리대장
외국인 토지관리	허가 및 신고관리	• 외국인토지취득 허가대장 및 신고대장 관리대장
공시지가관리	토지이동관리	• 토지이동내역서
	의견 및 이의신청관리	• 의견제출 접수처리대장 • 이의신청 접수처리대장
	지가산정	• 토지특성 • 소유자현황 • 이의신청현황 • 산정비율저장파일 • 공통 · 지역비준표 마스터 • 표준지파일 • 소유자파일
용도지역지구관리	용도지역지구현황	• 용도지역 · 지구 결정조서 • 용도지역 · 지구 행정구역별 지정내역 • 용도지역지구별 필지조서 • 용도지역지구별 연혁
	토지이용계획 확인서발급	• 토지이용계획확인서 발급대장 • 제증명수수료징수분

(6) 주요 기능

한국토지정보시스템은 지적공부관리시스템, 부동산가격관리, 연속편집연계시스템, 용도지역지구관리, 통합민원발급, 토지행정, DB관리로 구성되어 있다.

단위시스템	내용
지적공부관리 시스템	**지적공부관리** • 국토의 근간이 되는 지적공부를 효율적으로 관리하고 신속한 민원처리 및 대국민 서비스를 제공하며, 정책 및 의사결정 지원 • 토지이동기능, 측량업무관리기능, 데이터검증 및 자료정비, 기준점관리기능 제공 **측량성과작성 관리** • 필지를 측량하기 위한 지적측량준비도를 작성하며, 현장에서 측량된 자료를 지적 측량시스템과 연계하여 지적측량성과를 작성 • 작성된 측량성과를 이용하여 지적공부관리시스템의 토지이동업무에 필요한 각종 자료를 생성하는 등의 시 · 군 · 구의 지적측량업무 전산화
부동산가격 관리	• 부동산가격관리시스템은 개별공시지가와 개별주택가격을 산정하는 데 필요한 토 지특성, 주택특성을 관리하고 각종 성과품 작성 및 통계작업 등을 수행
연속편집연계 시스템	• 자동으로 반영되지 않는 토지이동정리는 연속/편집도 관리 시스템에서 사용자가 연속도를 수동으로 편집하여 정리
용도지역 지구관리	• 용도지역지구관리는 국토이용계획에 관한 법률이 정하는 용도지역, 지구, 구역, 시설 등을 관리하여 토지이용계획확인서 발급
통합민원발급	• 지적민원/토지민원 서류를 발급/관리하기 위한 시스템 • 지적(임야)도 등본, 지적공부 등본, 경계점좌표 등록부, 지적기준점 확인원, 토지이 용계획확인서, 개별공시지가 확인서의 6종류 문서 발급과 토지/임야(폐쇄)등본, 대지권등록부 발급시스템의 연계를 통한 발급 처리
토지행정	• 부동산의 매매허가 및 검인관리, 외국인에 대한 토지취득관리, 부동산거래허가 관 리, 부동산중개업소 관리 등 토지행정지원
DB관리	• 도형 DB를 관리하기 위한 단위 시스템으로 초기 데이터 구축, DB자료 데이터 전환, 공통파일 백업, DB일관성 검사 기능으로 구별

① 지적공부관리시스템

한국토지정보시스템의 지적공부관리시스템은 지적행정시스템과 연계하여 모든 토지에 관
련된 지적정보를 효율적으로 지적공부에 등록하고 관리는 기능을 제공하는 시스템이다.

▶지적공부관리시스템의 주요 기능

구분		주요 내용
지도제어	도면기능 관리	도면선택, 레이어관리, 필지 및 도곽, 건물찾기, 필지속성확인 등 도면에 관련된 속성 및 도면조회
지적공부 관리	토지이동	지적공부 정리 및 특수업무관리, 도면 일일처리 결과 관리
측량관리	지적측량 업무관리	측량을 위한 준비도 파일 추출 및 대행사 관리
지적/ 통합업무	지적기준점	지적도에서 관리하는 지적측량기준점(삼각점, 삼각 보조점, 도근점 등)에 대한 등록, 수정, 삭제기능
	도곽관리	지적도곽과 연속도곽에 대한 등록, 수정, 삭제 및 도곽 일치성 검사기능

구분		주요 내용
지적/ 통합업무	폐쇄도면 관리	지적도면에 관련된 이력의 조회 기능
	지적공부 오기정정	대장의 속성을 수정하거나 삭제하는 기능
정책정보 지원	정책정보지원	주제별 현황, 광대지 도면출력, 지번별 조서 출력 등 정책에 필요한 정보를 제공하는 기능
	데이터백업	지적도, 연속도, 편집도를 백업할 수 있는 기능과 백업의 기록을 관리하는 데이터 제공기록부 관리
통계관리	통계정보	측량준비도 추출내역 통계 및 폐쇄도면 발생이력 통계기능
시스템 관리	공통행정업무	공통행정에서 관리하는 기능
	시스템환경 관리	지적공부관리시스템을 사용하기 위한 레이어 권한관리 및 레이어 환경설정 기능
지적행정관리	지적행정관리	지적행정시스템에서 관리하는 기능
	일일마감	지적행정시스템의 일일마감 기능을 호출

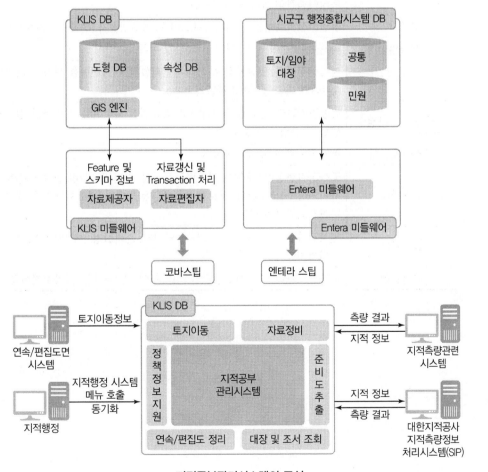

지적공부관리시스템의 구성

② 부동산가격관리(개별공시지가관리시스템)

한국토지정보시스템의 부동산가격관리시스템은 토지 관련 24개 토지특성항목의 효율적 관리지원과 국토교통부장관이 매년 공시하는 표준지와 비교하여 지가 산정, 국세 또는 지방세 각종 부담금의 부가기준이 되는 공시지가 제공 등의 기능을 제공하는 시스템이다.

▶부동산가격관리(개별공시지가관리시스템)의 주요 기능

구분	주요 내용
자료관리	성과품 자료생성, 심의자료생성, 다음연도 자료생성, 표준지자료합침, 토지대장연계, 지가변환, 개별주택정보반영, 종토세과세 자료생성, 공시지가 자료생성, 비준표정보, 지가정정심의, 과거년도 토지특성정보관리, 과거년도 지가산정관리, 과거년도 비준표관리, 과거년도 표준지자료합침, 과거년도 자료생성, 과거년도 법정동코드관리, 과거년도 토지특성코드관리, 자료백업, 마감현황
토지특성관리	토지특성정보관리, 필지추가, 일련번호 재부여, 일단지현황, 특성오류 검사, 토지특성비교, 자동추출대상필지선정, 특성자동추출, 코드일괄변경, 토지특성이력관리, 현장모바일지원
소유자 관리	주민전산자료이용, 토지대장자료이용, 세무행정자료이용, 소유자정보관리
의견/이의신청	의견_이의신청 관리, 의견_이의신청 현황
지가산정	지가산정관리, 일괄산정, 분할대지면적설정, 지가변동률 설정, 과거년도산정_0000, 과거년도비준표관리_0000
검증필지 선정	검증필지관리, 검증필지 일괄선정, 검증필지 지정현황, 자료생성, 심의자료생성, 검증필지 조정내역
토지이동관리	토지이동관리, 토지이동현황
통계관리	조사필지현황, 지가수준, 지가변동률현황, 지가비교현황, 표준지와의 특성차이, 표준지분포현황, 비교지 : 지가유형별 대비, 평균지가현황, 개발제한구역제외지목별 평균
출려관리	공시지가출력, 출력설정 – 조사자/확인자, 출력설정 – 심의/의견, 출력설정 – 지가열람기간
지가관리	지가정보관리, 지가확인서발급, 지가확인서발급현황, 지가수정현황

③ 부동산가격관리(개별주택가격관리시스템)

한국토지정보시스템의 부동산가격관리시스템은 19개의 토지특성 및 20개 항목의 주택특성을 체계적으로 관리 · 지원하고, 국토교통부장관이 매년 공시하는 표준주택과 비교하여 가격을 자동산정하며, 재산세(주택) 등 각종 조세의 부과기준이 되는 주택가격 등의 기능을 제공한다.

▶**부동산가격관리(개별주택가격관리시스템)의 주요 기능**

구분	주요 내용
자료관리	표준주택파일합침, 표준주택자동선정, 성과품생성, 최종가격추출, 다음연도 자료생성, 일련번호 재생성, 비준표관리, 조사자/확인자 코드관리, 이용토지조회, 과거년도 주택특성관리, 과거년도 법정동코드관리, 과거년도 특성코드관리, 자료백업
주택검증관리	검증주택관리, 검증주택지정현황, 일괄산정 검증계산, 검증가격 비교조회, 검증결과 조정내역
주택특성관리	주택특성관리, 토지특성 일괄변경, 토지 및 건물특성 일괄변경, 특성항목 일괄변경, 토지임야대장면적 일괄적용, 산정대지면적변경, 가격 일괄변경, 오류검사, 주택특성 유효성 검사, 토지이용상황 일괄변경, 주택특성 변경이력 관리, 현장모바일지원시스템
의견/이의신청	의견제출, 이의신청, 가격정정, 인쇄내용설정
주택가격관리	가격자료 일괄추가, 주택가격확인서 발급, 주택가격확인서 발급내역, 주택가격확인서환경설정
소유자 관리	자료변환, 소유자 일치작업, 소유자 현황, 토지대장자료 이용, 건축물대장자료 이용
주택변경관리	개별주택변경, 개별주택변경 현황
주택가격산정	개별산정, 일괄산정, 지가변동률 입력, 분할제한면적 입력, 법정건폐율 입력, 부속지번 입력
통계관리	조사대상주택현황, 주택분포현황, 개별주택 가격순위결과, 개별주택분포현황(가격수준별), 개별주택가격비교현황, 표준주택별 분포현황, 전년가격 대비 변동률 현황, 표준주택가격대비 변동률 현황

④ 연속(편집)지적도 관리

한국토지정보시스템의 연속(편집)지적도 관리는 지적공부시스템에서 처리되는 토지이동 업무와 연계하여 연속지적도의 변동사항을 반영하며, 토지행정업무 등에 활용되도록 연속 (편집)도를 관리하는 기능을 제공한다.

▶**연속(편집)지적도 관리의 주요 기능**

구분	세부기능	주요 내용
검색/조회	인덱스검색	지형, 지적, 지가인덱스 검색
	주소검색	행정구역(읍면동리) 주소를 검색
	속성조회	화면의 도면 중 화면에서 선택한 도형의 정보확인
	지적도 참조	지적도를 도면단위로 화면에 출력
도면관리	작업초기화	편집중인 도형을 초기화
	편집내리기	연속도를 화면에 편집할 수 있는 형태로 출력한 후 사용자가 편집하고 DB에 저장
	법정동 코드/명칭변경	행정구역변경에 따른 법정동코드 변경 및 연속지적도 PNU 변경
	도면정비	편집 완료된 도형을 정비
	도면저장	편집 및 정비 완료된 도형을 DB에 등록
	연속인덱스관리	지적공부시스템에서 추가 및 삭제 된 도곽의 이력정보 검색, 연속 인덱스의 추가 및 삭제 작업
	이동처리	연속도에 반영되지 않은 지적공부를 검색하여 반영
연속/편집도 관리	작업내역관리	연속지적도와 편집지적도의 작업이력 관리
	불승인지역관리	불승인지역 필지를 검색하여 필지의 위치를 확인하고 그 내용을 저장

⑤ 용도지역 · 지구 관리

한국토지정보시스템의 용도지역 · 지구 관리는 토지이용규제 기본법에서 규정하고 있는 용도지역지구와 기타법령의 용도지역지구의 신규생성, 편집, 폐지 등을 관리하는 기능을 제공한다.

▶**용도지역 · 지구 관리의 주요 기능**

구분	세부기능	주요 내용
검색/조회	인덱스검색	지형, 지적, 지가 인덱스를 검색하여 위치 확인
	주소검색	행정구역이나 주소를 검색하여 위치 확인
	속성조회	현재 화면에 출력된 도면중화면에서 선택한 도형의 정보를 확인
	필지정보검색/발급 승인정보검색	• 행정구역 선택 : 검색영역 제한 • 범위설정 선택 : 사용자가 임의로 검색범위를 제한 • 발급현황 설정 : 검색을 원하는 승인상태 • 검색결과 : 사용자가 행정구역/임의 범위설정 내에서 발급 • 현황 설정과 동일한 승인상태인 필지리스트 • 적용 : 일괄변경을 실행
	필지정보검색/ 필지별토지이용 현황검색	주소입력을 선택했을 경우에는 주소 검색 화면이 출력되며 필지선택을 선택했을 경우에는 도면상의 필지를 직접 클릭하여 선택할 수 있는 상태가 됨
도면관리	용도지역지구 일괄삭제	특정 용도지역지구를 일괄 삭제하는 기능
	신규등록	신규로 지정된 용도지역지구의 등록에 관한 기능
	변경등록	지정된 용도지역지구의 변경에 관한 기능
	폐지등록	DB에 등록된 용도지역지구의 폐지에 대한 기능
	레이어 추가/삭제	편집할 용도지역지구도에 대한 추가 및 삭제를 할 수 있는 기능
	SHP파일 올리기	외부 도형으로 용도지역을 등재하는 기능
	SHP파일 내리기	DB에 등록된 도형을 파일로 내리는 기능
작업관리	이력관리	작업, 폐지, 변경된 이력을 관리
	필지별속성 생성	해당 용도지역에 대한 읍, 면, 동별로 속성을 새롭게 재생성할 수 있는 기능(여러 개의 용도지역도 사용 가능)

⑥ 통합민원발급

한국토지정보시스템의 통합민원발급은 지적도, 임야도, 토지이용계획확인서 등 토지 및 부동산 민원 7종의 발급과 공간도면기반의 민원발급의 신속한 지원, 민원발급 이력정보 및 수수료 관련 통계업무 지원 등의 기능을 제공한다.

▶통합민원발급의 주요 기능

구분	세부기능	주요 내용
통합민원 발급	통합민원 발급	지적(임야)도 등본, 경계점좌표등록부, 지적측량기준점 성과등본, 토지이용계획확인서, 개별공시지가확인서, 개별주택가격확인서, 부동산등기용등록번호등록 증명서 열람/발급
발급관리	발급이력조회	발급일자, 민원종류별 등 여러 가지 조건으로 발급 이력을 조회
통계 및 일계표	일계표	일 단위 발급건수와 수수료의 조회 및 출력
	통계표	일별, 월별, 분기별, 대장지별 등의 발급통계 생성

⑦ 토지행정(토지거래허가 관리)

한국토지정보시스템의 토지행정은 토지의 투기적 거래를 억제하기 위한 토지거래 계약허가신청의 접수 및 관리 지원, 허가 관련 정보 및 현지 조사사진 등의 정보관리, 토지거래허가증 출력, 전국 토지거래대상토지 정보 제공 등의 기능을 제공한다.

▶토지행정(토지거래허가 관리)의 주요 기능

구분	주요 내용
허가	부동산거래계약 허가 내역을 등록관리하고, 허가대장, 허가필증 등을 출력
이용실태조사	부동산거래 허가 대상 토지를 참조하여 이용실태조사에 해당하는 자료를 생성하고 조사결과 관리
통계/현황	시도에 보고하는 부동산 거래 통계현황표를 출력

⑧ 토지행정(개발부담금 관리)

한국토지정보시스템의 토지행정은 개발이익 환수에 관한 법류에 규정된 개발부담금 사업을 관리하고, 개발부담금 산정을 자동화하여 부과 · 징수 및 통계업무처리를 지원하는 기능을 제공한다.

▶토지행정(개발부담금 관리)의 주요 기능

구분	주요 내용
개발부담금 사업관리	개발사업인허가접수, 인허가대상토지관리, 개발부담금 사업판정, 개발부담금 대상토지관리, 개발부담금연접사업조회, 인허가접수대장 출력
개발부담금 산정	정상지가변동률관리, 개발부담금 산정
부과/징수	부과납부관리, 부과납부전체현황, 징수내역, 미징수내역, 부과취소/감액, 결손처분현황내역, 과오납현황, 과태로부과/징수/결손처부내역

⑨ 토지행정(부동산중개업 관리)

한국토지정보시스템의 토지행정은 부동산중개사무소 개설을 위한 각종 부동산중개업소
정보 관리, 부동산중개사무소의 변경사항 관리 및 등록증 출력, 전국 부동산중개업소 정보
및 중개업자정보 제공 등의 기능을 제공한다.

▶ **토지행정(부동산중개업 관리)의 주요 기능**

구분	주요 내용
부동산중개업 관리	부동산중개업소 등록에 필요한 중개업 관련 기본정보, 합동사무소, 주사무소 정보, 중개업자정보 관리
변경사항관리	부동산중개업소 변경사항 등록 및 관리(이전, 휴업, 폐업, 재개업, 고용, 해고 등)
지도단속	지도단속 및 합동단속, 기타단속 결과를 입력 및 관리하고, 부동산중개업소 각종 단속정보를 관리
과태료관리	부동산중개업소에 부과된 과태료를 등록하고, 부과, 징수 정보 관리
중개업정보 조회	전국의 모든 중개업소, 중개업자, 공인중개사 자격증 정보를 조회

(7) 기대효과

① 기초지자체의 토지 관련 행정업무가 전산화됨으로써 토지 관련 업무의 신속한 처리 등 효
율적인 행정업무 수행으로 비용절감과 행정의 신뢰성 향상효과가 기대된다.

② 각종 토지 관련 정보가 네트워크를 통하여 유통됨으로써 필요한 정보를 종합적으로 검색하
고 참조할 수 있게 되어 합리적 의사결정을 지원한다.

③ 각종 토지 관련 주제도 제작을 위해 외부로 발주되던 업무를 자체 처리할 수 있게 됨으로써
비용 절감효과가 기대된다.

④ 자료의 중복생산과 관리를 방지하여 중복투자를 미연에 방지한다.

⑤ 시도, 중앙부처 등 상위기관에서는 시·군·구에서 취합된 토지 관련 통계를 종합적으로
관리하여 토지정책에 이용할 수 있고 기초지자체에서는 이를 위하여 작성하던 통계를 전산
으로 처리할 수 있게 됨으로써 업무의 효율화가 기대된다.

⑥ 대민서비스와 관련하여 민원서류 발급 등 민원업무에 소요되는 시간이 획기적으로 단축되
고, 행정업무가 전산망으로 연결되어 민원의 처리절차가 간소화되는 등 첨부서류가 대폭
축소되며, 민원정보를 정확하고 알기 쉽게 제공할 수 있다.

5) 부동산종합공부시스템(KRAS : Korea Real estate Administration intelligence System)

부동산정보를 일원화하여 통합서비스를 제공하는 '부동산종합공부시스템'은 2014년부터 운영 중에 있으며, 운영환경은 WEB, UNIX, Winodws, JAVA, Oracle, 국산GIS S/W 등이다.

(1) 추진목표

부동산종합공부시스템은 ① 국가 부동산 공부(지적, 건축물, 토지이용계획, 가격, 등기 등) 18종을 1종의 부동산종합증명서로 구축하여, 대국민 서비스 및 관련 기관에 정확한 정보를 제공함으로써, 부동산 행정 공신력 제고 및 국민의 재산권 보호에 기여하고, ② 국가경쟁력 강화 차원에서 단행된 정부 조직(부서) 개편에 부응하는 부동산 행정정보 관리업무 체계를 개선하여 시너지 효과 극대화를 목표로 개발되어 통합 이전 · 이후 다음과 같이 서비스하고 있다.

- 통합 이전 : 국토부(건축물, 토지 등 8종), 행정안전부(지적공부 7종) 분산
- 통합 이후 : 15종 부동산 공부 국토해양부 소관

"부동산정보 일원화를 통한 업무 칸막이 제거"

| 세계 최초, 공간정보 기반 **"부동산 종합 공부"** 마련 | 국민과 산업계가 요구하는 **"부동산 통합 정보"** 개방 |

(2) 현황 및 추진배경

① 국가 부동산 공적장부가 5개 법령, 2개 부처, 4개 시스템의 18종으로 분산 · 관리되어 국민 불편과 행정업무 비효율 및 정책혼란이 발생하고 있으며, ② 부동산 공부를 다수 기관에서 개별 규정 및 서식(18종)에 따른 민원 서비스로 인해 불편 및 수수료 낭비요인이 발생한다.

토지	소유	가격	건물
· 측량, 수로조사 및 지적에 관한 법률	· 부동산 등기법	· 부동산 가격공시 및 감정평가에 관한률 · 토지이용규제 기본법	· 건축법
지적행정시스템	부동산 등기시스템	한국토지 정보시스템	건축행정시스템

또한 ③ 토지 3,700만 필지, 건물 710만 동에 대한 부동산 공부의 분산·관리로 동일정보 중복 구축·관리 및 행정업무의 비효율, ④ 부동산 행정정보 상호 오류로 국가 부동산 정책수립 및 국토·도시계획 수립 시 부정확한 통계자료 제공 등의 문제점을 해소하기 위하여, ⑤ 부동산 관련 18종의 공적장부를 1개의 장부로 통합한 부동산종합공부의 관리·운영제도 도입 및 시행을 하게 되었다.

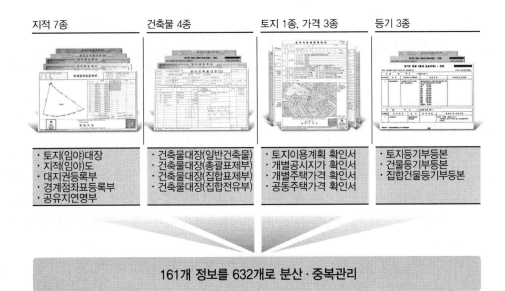

지적 7종	건축물 4종	토지 1종, 가격 3종	등기 3종
· 토지(임야)대장 · 지적(임야)도 · 대지권등록부 · 경계점좌표등록부 · 공유지연명부	· 건축물대장(일반건축물) · 건축물대장(총괄표제부) · 건축물대장(집합표제부) · 건축물대장(집합전유부)	· 토지이용계획 확인서 · 개별공시지가 확인서 · 개별주택가격 확인서 · 공동주택가격 확인서	· 토지등기부등본 · 건물등기부등본 · 집합건물등기부등본

161개 정보를 632개로 분산·중복관리

> **공간정보의 구축 및 관리 등에 관한 법률**
> 제2조제19호의3(부동산종합공부), 제76조의2(부동산종합공부의 관리 및 운영), 제76조의3(부동산종합공부의 등록사항 등), 제76조의4(부동산종합공부의 열람 및 증명서 발급)

(3) 추진경과

① 부동산 행정업무 개선을 위한 추진전략(ISP)수립('10년)을 통해 부동산 행정정보 자료정비, 부동산종합공부 서비스 구축·운영, 부동산 행정서비스를 위한 제도 개선 등 중장기 실행 계획을 수립하였다.

② 부동산행정정보일원화 시범사업('11년)에 앞서 실험사업을 통해 부동산 공부 통합 추진에 앞서 위험요소를 사전제거하고('11.6), 시범사업으로 의왕, 김해, 남원, 장흥의 4개 자치단 체를 대상으로 11종 공부 통합 시범사업을 실시하였다. 또한 전국 확산을 위한 DB통합 방안을 마련하였다('11.12). 한편 국가경쟁력강화위원회에서 '부동산 공공정보 민간개방'이 과제로 선정되었다('11.8).

③ 부동산 공부 11종(지적7종, 건축물 4종)을 통합 · 관리하는 부동산종합공부시스템을 개발하고, 전국 230개 자치단체 확산 설치 및 병행운영('12년)을 통해 행정제도 개선 우수사례 경진대회 대상(대통령상)을 수상하였으며('12.10), 국민들이 쉽게 이해하도록 '일사편리' 상표등록('12.9.26) 및 기술력 확보를 위해 BM(Business model) 특허등록('13.3.21)을 실시하였다.

일사편리(一事便利)
강물이 천리를 흐르듯 거침없고 빠르게 진행된다는 뜻의
일사천리(一瀉千里)를 본 따서 '한 장으로 편하게'를 의미

또한 부동산 등기정보의 효율적 통합을 위한 「부동산 공시제도 선진화 연구」를 완료(법무부 공동연구 추진) 하였다.

④ 부동산종합공부시스템 전국 운영 및 부처협업과제 발굴('13년) 사업으로 토지이용(1종) 및 가격관리(3종) 총 4종 공부통합으로 국토교통부 소관 15종 공부통합 개발완료 및 246개 자치단체 운영을 시작하였으며, 협업과제 발굴을 통해 주민등록 연계, 국유재산 효율화, 지적전산파일(지적도) 건축사 제공 등 부동산종합정보를 연계 · 활용한 업무개선 모델을 개발하였다.

⑤ 부동산종합공부 정보 융합 및 공동 활용 체계 구축('14년) 사업으로 다음과 같이 추진하였다.
- (전국 실운영) 국토교통부 소관 15종 공부(지적, 토지이용계획, 가격)에 대한 전국 시 · 군 · 구 최종 자료전환 및 실 운영 실시('14. 1. 18)
- (연계 단일화) 지적행정시스템, 한국토지정보시스템에 분산 연계된 158개 정보시스템을 부동산통합정보 단일 연계 체계로 전환
- (통합DB구축) 중앙 및 시 · 도 행정업무를 지원하기 위하여 시 · 군 · 구 부동산종합공부를 중앙에 통합하고 실시간 갱신체계를 구축
- (정보융합) 부동산종합공부 기반의 국유재산, 과세, 주민, 복지 등 각종 행정정보를 융합할 수 있는 체계 구축

⑥ 등기정보 통합 및 개인정보 암호화 기본설계('15년) 사업으로 다음과 같은 사업을 추진하였다.
- (부동산종합공부 완성) 부동산 등기권리사항*을 부동산종합증명서에 표기하기 위한 서식 개정 및 대법원 법원행정처 연계 기능 구축
  * 등기특정권리사항의 유/무를 표시하여 18종 부종산종합증명서 완성
- (개인정보암호화) 부동산종합공부시스템 개인정보암호화 기능 적용 및 부동산종합공부 DB암호화를 위한 분석 및 기본설계 수행

⑦ 부동산종합시스템 개인정보 DB 암호화 추진 및 고도화('16년) 사업으로 다음과 같은 사업을 추진하였다.

- (개인정보암호화) 품질성능평가(BMT) 실시를 통한 개인정보 DB 암호화 SW 선정, 개인정보 암호화 기능개선 및 시범운영(대전시)
- (고도화)「공간정보의 구축 및 관리 등의 관한 법령」변경사항 반영 및 지자체 타부서에서 부동산종합공부시스템 활용기능 개발

⑧ 부동산종합시스템 개인정보 DB 암호화 1단계 확산('17년) 사업으로 국토교통부, 8개 시·도*, 세종특별자치시 암호화 적용 및 228개 시·군·구 암호화 SW 설치를 완료하였다.

  * 서울, 인천, 부산, 대전, 울산, 강원도, 경기도, 충청남도

⑨ 부동산종합시스템 개인정보 DB 암호화 2단계 확산('18년) 사업으로 228개 시·군·구 부동산종합공부시스템 DB 암호화 확산을 하였다.

⑩ 국산 공간정보 SW 선정 및 공용인터페이스 개발('19년)로 다른 기종의 공간정보엔진의 운영이 가능하도록 부동산종합공부시스템 공간정보기능 표준화 및 개발 등 공용인터페이스를 개발하였다.

⑪ 국산 공간정보 SW 전국 확산('20년)을 위해 다음과 같은 사업을 추진하였다.

- 시·군·구별 4단계 공정으로 나누어 안정적인 국산 S/W 확산을 추진하였다. 1차 확산 후 시·군·구별 2개월간 병행운영으로 국산 S/W 기능확인, 전환데이터(지적도, 용도지역지구도 등) 자료 정합성 검증을 실시하였고, 시·군·구 자료검증 완료 후 2차 자료전환을 실시하여 단독운영하였다.

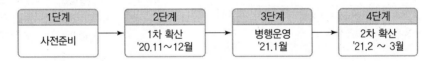

- 병행운영에 따른 업무처리 모니터링 체계 구축을 통해 시·군·구 업무 처리상황을 점검하여 안정적인 운영을 지원

⑫ 지적도 세계측지계 전환 및 Adobe Flash 제거('21년) 사업으로 도해지역 지적도 세계측지계 전환에 따른 업무를 다음과 같이 지원하였다.

- 기간 : '21. 2.~'21. 6.
- 변환대상 : 지적도, 행정구역경계, 도곽 등 22개 테이블
- 재조사사업단 : 도해 지적도 세계측지계 변환성과 작성 및 검증
- KRAS사업단 : 지적도 등 관련 테이블 KRAS 입력 및 기능 검증

⑬ 수치지역 지적도 세계측지계 전환기능 개발 및 전국 배포 사업으로 '20년 27개 시·군·구, '21년 202개 시·군·구에 배포하였다.

(4) 부동산종합공부시스템 개요 및 운영현황

부동산공부시스템이란 부동산공부를 통합 관리하고, 건축물과 등기권리 정보를 수집·구축하여 행정업무에 활용하며, 대국민에게 부동산종합증명서를 제공하는 서비스이다. DB구축 및 연계활용은 다음과 같다.

- 구축운영 : 지적공부, 토지이용계획확인서, 공시지가, 주택가격
- 연계구축 : 건축물대장, 등기특정권리사항
- 연계활용 : 비법인등록정보, 구대장(카드, 부책) 정보

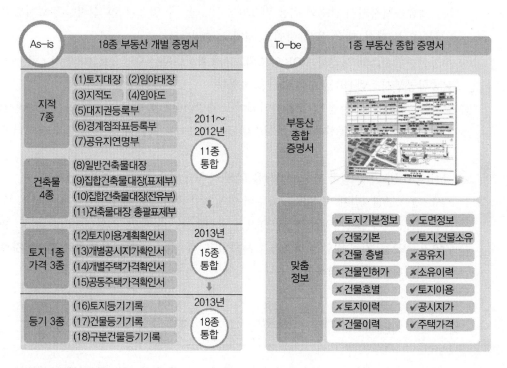

부동산공부시스템은 '14.1.18.부터 운영 중이며, 대전통합전산센터와 17개 시·도 및 227개 시·군·구에서 DB관리 및 서비스가 제공되고 있다.

부동산공부시스템의 사용자는 국민, 공무원(시·도/시·군·구, 연계기관), 공공기관 등으로 국민은 정부24(민원24), 무인민원 발급기, 창구민원, LURIS 등에서 제공받을 수 있다.

(5) 부동산종합공부시스템 주요 기능

① 시스템 구성도

부동산공부시스템은 국토교통부, 시·도 및 시·군·구의 DB가 연계되도록 구성되어 있다.

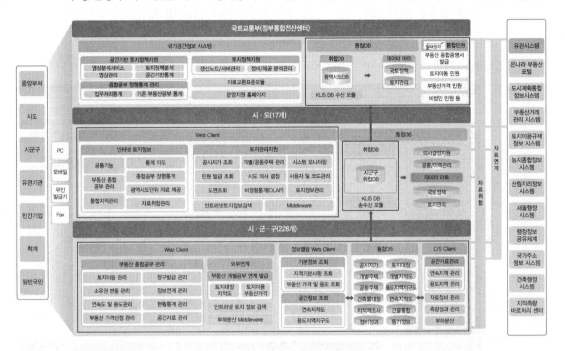

② 주요 단위시스템

국토교통부, 시·도 및 시·군·구 등 각 사용자의 목적에 맞춰 구성되어 있다.

시스템 위치	시스템명	사용자	주요 내용
시·군·구	부동산종합공부 시스템	공무원 (지적, 도시, 가격 등)	• 지적공부 관리(토지이동 등) • 토지이용계획 관리 • 공시지가, 주택가격 관리 • 종합, 개별공부 열람/발급
	부동산종합공부 정보열람 시스템	공무원 (기타부서)	• 도면(연속지적도 등) 조회 • 정보(토지, 용도, 가격 등) 조회
시·도	시도부동산종합공부 시스템	공무원 (업무담당자)	• 정보(도면, 속성) 조회 • 정책정보 생성 및 관리
	시도 부동산포털	민원인	• 토지, 가격, 용도 정보 열람
국토부	일사편리 부동산포털	민원인	• 부동산종합증명서 열람/발급 • 부동산가격 민원(의견, 이의) • 토지이동 민원

③ 시ㆍ군ㆍ구 부동산종합공부시스템

시ㆍ군ㆍ구 부동산종합공부시스템은 지적업무인 토지이동, 소유권변동, 통합지적업무, 정책정보, 측량업무, 기타관리를 위한 행정업무와 부동산종합증명서, 개별공부, 타 시ㆍ군ㆍ구 발급/열람을 위한 민원업무 기능, 발급관리, 연속지적도 및 용도지역지구 관리, 부동산가격정보 관리기능으로 구성되어 있다.

㉠ 행정업무(지적업무 및 공통기능)

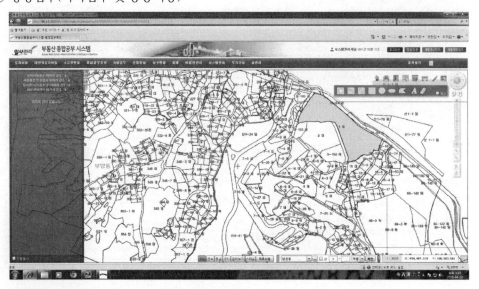

개발언어	Java(JDK 1.6)
프레임 웍	전자정부 프레임웍 2.0
웹서버	Jeus
상용소프트웨어	국산 GIS SW, OZ Report
기타	전자서명패드
주요 사용자	지적업무 담당자, 권한관리자 등

- 토지이동 : 개별(등록전환, 분할, 합병 등) 및 대단위(구획/경지정리, 토지개발사업) 토지이동, 지적재조사(지구지정, 완료 등) 등
- 소유권변동 : 소유권변동(소유권보존, 이전, 대지권설정 등) 및 대법원 등기필통지서 연계 기능
- 통합지적업무 : 등기부등본조회, 새올 민원연계, 전자결재, 토지(임야)대장 오기정정, 지적도 자료정비 등
- 정책정보 : 부동산종합공부 조회 등 정책정보, 통계 및 로그정보 조회 등
- 측량업무 관리 : 지적측량 바로처리센터 연계, 성과검사 관리 등

- 기타 관리 : 시스템 관리, 섬정보 관리, 구토지대장 관리, 비법인 관리, 건물통합정보
  관리 등

ⓒ 부동산종합공부시스템 민원업무 기능

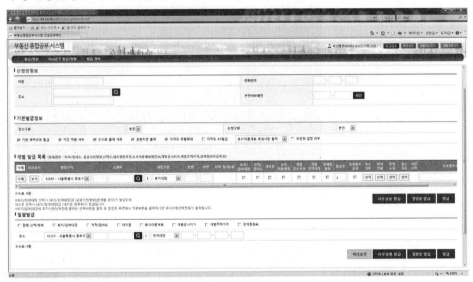

개발언어	Java (JDK 1.6)
프레임 웍	전자정부 프레임웍 2.0
웹서버	Jeus
상용소프트웨어	국산 GIS SW, OZ Report
주요 사용자	제증명 발급담당자(주민센터 등)

- 부동산종합증명서 : 부동산종합증명서 종합형 · 맞춤형 열람/발급
- 개별공부 : 토지(임야)대장, 대지권등록부, 지적도, 토지이용계획확인서, 개별공시지
  가확인서, 개별주택가격확인서 등 개별공부에 대한 열람/발급
- 타 시 · 군 · 구 발급/열람 : 종합증명서, 개별공부에 대한 타 시 · 군 · 구 열람/발급

ⓒ 발급관리 : 발급 수수료 관리

ㄹ 연속지적도 및 용도지역지구 관리 : 연속지적도, 용도지역 · 지구 편집 관리

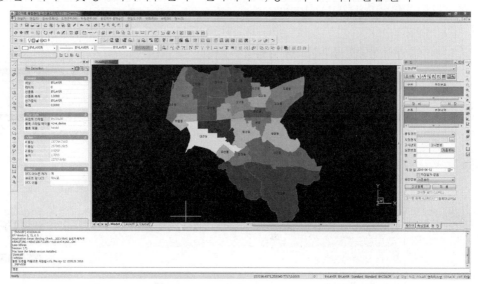

ㅁ 부동산가격정보 관리기능(공시지가, 주택가격)

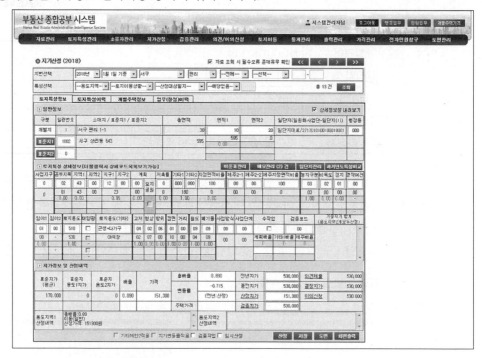

- 개별공시지가/개별주택가격 산정 및 관리기능
- 공동주택가격 자동갱신체계 구축

④ 시 · 군 · 구 부동산 정보열람 시스템

개발언어	Java (JDK 1.6)
프레임 웍	전자정부 프레임웍 2.0
웹서버	Jeus
상용소프트웨어	국산 GIS SW
주요 사용자	부동산정보를 이용하는 부서(주무부서외 참고자료 활용부서)

- 기존조회 : 일필지기본사항, 토지이동연혁, 소유권변동연혁, 개별공시지가, 개별주택가격 조회 등
- 종합증명서조회 : 토지표시정보, 건축물정보, 토지이용계획정보 등 부동산종합증명서 정보 통합조회
- 부동산종합정보 다운로드 : 토지, 건축물, 가격 등의 정보 다운로드
  * 다운로드 신청 시 지적업무 담당부서에서 승인 후 다운로드 가능

⑤ 시 · 도 부동산종합공부시스템

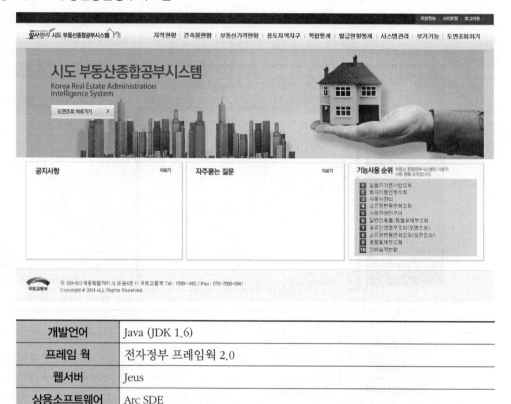

개발언어	Java (JDK 1.6)
프레임 웍	전자정부 프레임웍 2.0
웹서버	Jeus
상용소프트웨어	Arc SDE
주요 사용자	시 · 도 업무담당자 담당자

- 부동산종합공부를 활용한 정책지원 기능
  - 토지현황, 건물현황, 부동산가격현황, 부동산 행정통계 등 도면기반 시 · 군 · 구 업무현황 조회
  - 시 · 도의 각종 부동산 관련 업무에 활용할 수 있는 기초자료 추출 기능
- 실시간 정보취합체계 구축
  - 시 · 군 · 구에서 생성 · 변경되는 부동산종합공부 데이터를 시 · 도에 실시간 적용될 수 있도록 데이터의 추출, 생성, 송신, 로그생성, 전송데이터 내역관리 기능 제공

4. 지적재조사행정시스템(바른땅)

1) 구축배경 및 목적

지적재조사행정시스템은 지적재조사에 관한 특별법 제정(2011.9.16.)에 따라 지적재조사사업의 지원과 사업으로 새로이 작성된 지적공부의 관리를 위해 구축 · 운영 중인 시스템으로 고품질의 디지털 지적정보체계 구축 및 국민중심의 소통 · 통합형 공개시스템 구축을 목적으로 개발되었다.

(1) 고품질 디지털 지적정보체계

① 국제표준에 부합하는 고품질 디지털 지적정보체계를 구축하여 국내 공간정보산업진흥과 해외 공간정보시장 진출의 기반 마련하고, ②「지적재조사기본계획」국제표준(ISO19152 LADM : Land Administration Data Model) 기반 디지털 지적 구축과 해외 진출 방안을 수립하고자 하였다.

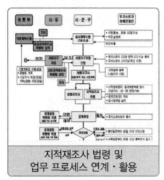

지적재조사 법령 및
업무 프로세스 연계 · 활용

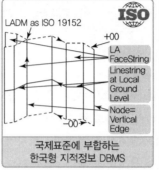

국제표준에 부합하는
한국형 지적정보 DBMS

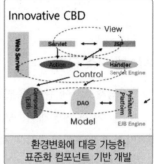

환경변화에 대응 가능한
표준화 컴포넌트 기반 개발

③ 지적재조사사업 일련의 프로세스를 시스템화(자료관리 · 운영, 안정적 추진)하여 체계적으로 관리할 수 있는 사업 관리시스템을 구축하고, ④ 지적재조사사업 대상 중 세계측지계 좌표변환을 실시하고, 이에 대한 검증 및 불부합지를 조사 관리할 수 있는 시스템 개발을 목적으로 하였다.

세계측지계좌표 변환 업무
프로세스 설계 및 구현

세계측지계좌표 변환
시뮬레이션 시범 구현

항공사진 정사영상 기반
검증서비스 구현

(2) 국민을 중심에 둔 소통 · 통합형 공개시스템

① 사업수행과정에서 토지소유자가 의견제출 등 의사결정에 직접 참여할 수 있는 양방향 소통채널을 마련하여 갈등요인을 사전에 예방하고, ② 국민참여형 지적정보시스템(PPLIS)을 구축하여 개방과 공유를 통해 민 · 관 협력적 의사결정 지원체계를 마련하여 ③ 토지소유자에게 실시계획 공람, 경계결정, 조정금 징수 · 지급 등 일련의 정보를 실시간 열람할 수 있도록 공개시스템을 구축하였다.

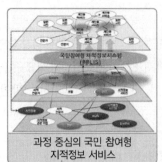

| 과정 중심의 국민 참여형 지적정보 서비스 |

| 대국민 홍보용 포털 및 모바일 앱 구현 |

| 자료의 기록관리 대국민 개방형 공개 서비스 |

2) 시스템 구축 근거

① 「지적재조사에 관한 특별법」 제38조(서류의 열람), 동법 시행령 제27조(공개시스템의 구축 · 운영), 제28조(공개시스템의 입력정보 등)는 시스템을 구축 · 운영하도록 규정하고 있다.

② 지적재조사 기본계획은 지적재조사 사업관리 · 행정정보 공동활용을 위한 특화된 독립시스템 구축과 국민소통형 지적정보시스템을 구축 · 운영하도록 하고 있다.

3) 시스템의 필요성

지적재조사행정시스템은 지적재조사를 위한 디지털 지원체계 마련과 민 · 관 협력을 위한 공개 · 소통체계 마련을 위해 구축되었으며, 세부사항은 다음과 같다.

(1) 지적재조사를 위한 디지털 지원체계 마련

① 일제잔재 청산과 지적주권 회복을 위해 시행하는 전 국토의 지적재조사를 지원하기 위해 디지털 사업관리체계 필요

② 시 · 도 및 시 · 군 · 구 지적재조사 담당 공무원이 디지털 지적을 구축할 수 있도록 세계측지계 좌표변환 소프트웨어 보급 필요

③ 지적재조사 이전 과거현황, 착수시점, 사업종료 후 변화현황을 모니터링할 수 있는 시계열적 디지털 기록체계 필요

(2) 민 · 관 협력을 위한 공개 · 소통체계 마련

① 지적재조사 수행 중 대국민 갈등요인을 사전에 예방할 수 있도록 국민 개개인에 중심을 둔 참여형 의사결정 지원체계 필요

• 정부주도, 민간순응 방식을 탈피하여 이해관계자 의견을 반영할 수 있는 과정 중심의 국민참여형 지적정보시스템을 개발하여 공공갈등 관리에 활용

② 토지소유자 등 지역주민에게 지적재조사의 시간적 · 공간적 현황정보를 제공하여 지역경제 활성화를 위한 개방 · 공개 · 공유체계 필요

③ 지역 내 소상공인의 비즈니스 기회 제공을 위해 지적재조사 성과가 필요한 다양한 유관 분야에게 유·무선 포털 기반 소통의 장 필요

4) 시스템 구성도

지적재조사행정시스템은 사업추진을 위한 지적재조사행정시스템, 세계측지계변환서비스, 불부합지 관리, 현장지원서비스, 대국민공개서비스(바른땅)로 구성되어 있다.

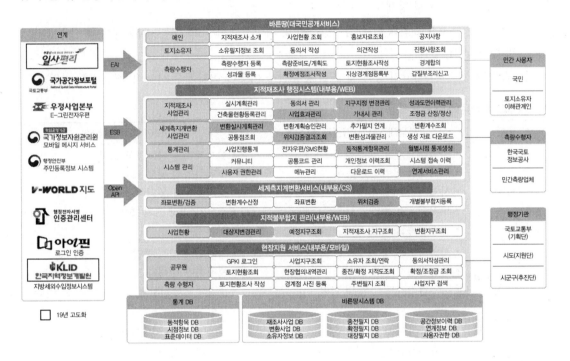

5) 주요 서비스 내용

지적재조사행정시스템은 지적재조사사업의 원활한 추진을 위하여 다음과 같은 주요 서비스를 제공하고 있다.

① 정책수립결정 지원을 위한 실시간 관리체계, 사업지구 및 행정구역별 조정금 관리
② 총괄관리체계, 현장업무 효율성 극대화를 위한 일필지조사 기능 및 측량성과물 등록체계 지원
③ 필지별 측량 결과 및 세계측지계 변환결과에 대한 상호비교 검증, 성과물 등재 관리
④ 국민소통을 위한 각종 통지서 작성·공고·통지 및 SMS 발송 기능
⑤ 사업계획의 수립 및 사업추진현황 모니터링 등을 통한 의사결정 지원체계 지원
⑥ 대국민 지적재조사 홍보페이지 및 동영상 자료실 등 운영
⑦ 민원 업무에 필요한 각종 통지서의 제작에서 발송까지 업무 자동화

⑧ 우정사업본부의 E-그린 전자우편 서비스와 연동하여 인쇄에서 배송까지 우체국에서 One-Stop 으로 책임수행 진행

⑨ 실시계획 수립단계, 지정고시 이후 단계별 모바일 현장업무 지원

⑩ 행정용 모바일 전자정부 서비스의 모바일 공통 기반 시스템을 적용한 앱 배포를 통한 대행자 공무원 현장업무 지원체계 구축

⑪ 기초자료 연계를 통한 재조사 사업지구 자료 관리

⑫ 사업관리 주제도 및 정책지도 지원

⑬ DAT 기반 성과자료 입력 및 확정예정조서 및 지상경계점 좌표등록부 자동생성 및 감정평가 기관 및 세부 내역 관리

⑭ 세계측지계 변환 대상지 등록 및 조회 공통점을 이용한 변환계수 산출 및 좌표변환 지원

▶**지적재조사행정시스템 주요 내용**

구분	지적재조사 사업관리 시스템	대국민 공개 시스템
실시계획	• 사업대상 후보지 분석 및 선정 • 실시계획 공람공고 등록 • 사업지구 지정 신청 • 토지소유자 동의서 등록 • 의견등록 조회 및 답변	• 실시계획 공람 · 공고 조회 • 주민설명회 공고 조회 • 토지소유자 동의서 작성 • 소유자 대상 토지 조회 • 의견 등록
사업지구 지정	• 사업지구 지정 관리 • 측량대행자 인증 관리 • 사업관리카드 생성 및 입력	• 사업지구 지정 공람 · 공고 조회 • 지적측량 대행자 고시 • 측량대행자 정보 등록(대행자)사진, 연락처 포함
제조사측량	• 측량준비도 생성 및 등록 • 측량준비도 파싱/필지 등록 • 일필지 조사서 기초자료 생성 • 측량성과파일 파싱/필지 등록	• 측량준비도 다운로드(대행자) • 일필지 조사서 작성(대행자) • 일필지 조사서 조회 • 측량성과파일 업로드(대행자)
경계확정	• 지적확정조서 생성 • 경계결정(확정) 통지서 생성 • 이의신청 조회 및 답변	• 지적확정조서 등록(대행자) • 이의신청 등록
사업완료	• 조정금 산정 • 조정금조서 작성 • 조정금 이의신청 조회 및 답변 • 사업완료 공고 등록 • 지적공부 자료 연계 반영	• 사업완료 공고 조회 • 조정금조서 조회 • 조정금 이의신청 등록

2 활용

1. 국가공간정보센터

(1) 개요

① 설치목적 : 분산 관리되던 국가공간정보를 통합하여 효율적인 정보를 수요자에게 제공하기 위하여 국토교통부 소속기관으로 설립

② 근거법령 : 국가공간정보기본법 제25조(국가공간정보센터의 설치)

③ 주요 업무
- 국가공간정보 통합 관리체계 및 정보활용 기반 구축 운영
- 국가공간정보 포털 통합 기획 및 운영
- 국가공간정보 민간 개방 및 유통체계 구축 운영
- 국가공간정보시스템 구축 및 유지보수 통합 관리
- 공간정보 기술기준 운영 및 공간정보산업 활성화
- 토지소유현황 등 부동산 통계 관리 및 대국민 서비스

(2) 설치연혁

① 2003.12. : 부동산정보관리센터 구축 T/F 구성

② 2004.02. : 전자정부 31대 로드맵 실천과제로 선정

③ 2005.12. : 부동산 정책정보 제공과 종합부동산세 지원을 위하여 '부동산정보관리센터' 설치(행정자치부)

④ 2008.02. : 정부조직 개편에 따라 국토해양부로 이관('국토정보센터'로 명칭 변경)

⑤ 2009.02. : 국가공간정보에 관한 법률에 설치 근거 마련

⑥ 2009.05. : 국토해양부 직제개정에 따라 '국가공간정보센터'로 명칭 변경

(3) 조직 구성

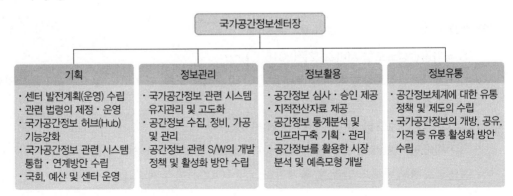

2. 국가공간정보포털

(1) 개요

① 설치목적

산재된 서비스 체계로 인해 공간정보 활용에 어려움이 있어, 이를 해결하기 위해 국가 · 공공 · 민간에서 생산한 공간정보를 한곳에서, 한번에, 누구나 쉽게 활용할 수 있도록 구축함

② 주요 비전

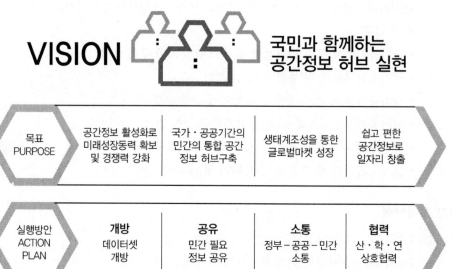

③ 추진목표

- 국가 · 공공 · 민간에서 구축한 공간정보를 단일 채널인 국가공간정보포털을 통한 무상개방 및 유통 으로 국민 누구나 쉽고 편리하게 공간정보를 활용할 수 있는 기반 구축
- 국가공간정보포털 구축 · 운영을 통한 국가공간정보의 지속적 통합과 개방을 통한 공간정보 산업 활성화 및 일자리 창출에 기여

(2) 주요 내용

① 국가공간정보포털 서비스 오픈(2016.1.1.~)

- 국가공간정보포털 서비스 오픈을 통한 공간정보 조회, 다운로드 및 오픈API 등 다양한 서비스 제공

② 국가공간정보포털 서비스 전면 개편(2018.3.~)

- 대국민 서비스 향상을 위한 국가공간정보포털 서비스 확대 및 기능강화
- 공간정보 주제도 만들기, 통계서비스 및 LOD* 서비스 제공

* LOD(Linked Open Data) : 사용자가 원하는 정보를 찾을 수 있도록 웹상의 데이터와 데이터베이스를 공개하고 연결하는 것

• 국가공간정보 개방 확대 및 제공, 공간정보 개발지원플랫폼구축 등 공간정보 개방·활용 서비스 강화

• 공간정보 도형 및 속성정보 미리보기 제공, 지도서비스 분석기능 강화

(3) 주요 서비스

 지도서비스
· 비행안전지도
· 분석지도
· 수치지형도 검색

 조회서비스
· 국가공간정보목록
· 부동산중개업
· 부동산개발업 등

 활용서비스
· 국토정보기본도
· 국가중점개방
· 데이터 API

 오픈마켓
· 국가공공민간
· 공간정보 다운로드

 홍보지원
· 공간정보 민간기업 및 활용사례 홍보

 헬프데스크
· 공간정보 개방 및 활용
· 상담 또는 원격지원

3. 공간정보 오픈 플랫폼(VWORLD)

(1) 개요

① 설치목적

국가가 보유한 다양한 공간정보를 3D 등 웹을 통해 다양한 방식으로 서비스할 수 있도록 구축해 오픈API 방식으로 공유함으로써 모바일 애플리케이션 개발 벤처기업 등 기업들이 저렴한 비용으로 신규 비즈니스를 창출할 수 있도록 지원하는 국가공간정보 활용체계임

② 설치연혁

• 2010 : 3차원 T/F 발족

• 2011 : 연구 및 시범사업 수행

• 2012 : 서초, 강남 등 시범지역 3D 서비스
포털서비스, 3D 지도 서비스 등 제공

• 2013 : 서울, 6대 광역시 3D 서비스
사용자참여, 2D 지도서비스 등 제공

• 2014 : 구미 등 25개시 3D 서비스
모바일 서비스 데이터 API 등 제공

- 2015 : 강릉시 등 21개시 3D 서비스

  실내지도서비스, 모바일 API 등 제공
- 2016 : 공주시 등 13개시 3D 서비스

  오픈 API2.0 제공
- 2017 : 신규 공간정보 개방

  기존 서비스 개선 및 기능 향상
- 2018 : 오픈 SW 가상화 인프라 도입 및 전환

(2) 제공 데이터

① 영상지도

지역	해상도	자료출처	서비스 구분
대한민국	25~50cm	국토지리정보원	2차원, 3차원
북한(평양, 백두산 등)	50cm	Pleiades 위성	3차원
북한	1m	교육과학기술부(아리랑 위성2호)	3차원
전 세계(육지)	15m	Landsat	3차원
전 세계(바다)	450m	해저기복도	3차원

② 3차원 건물 및 지형

구분	설명	서비스 구분
3차원 건물	LOD4이상 모델과 건물면 이미지로 구성	3차원
지형	전세계(90m SRTM DEM), 대한민국(5m DEM)	3차원
북한	1m	교육과학기술부(아리랑 위성2호)
전 세계(육지)	15m	Landsat
전 세계(바다)	450m	해저기복도

③ 행정경계 및 교통시설

지역	자료명	출처	서비스 구분
대한민국	연속수치지도 2.0	국토지리정보원	2차원, 3차원
북한	1/25,000 수치지도	국토지리정보원	3차원
북한	1m	교육과학기술부(아리랑 위성2호)	–
전 세계(육지)	15m	Landsat	–
전 세계(바다)	450m	해저기복도	–

④ 지적도 관련정보

지역	자료명	출처	서비스 구분
지적도	연속지적도, 지적 부과정보 (공시지가, 토지이용현황)	국토교통부	2차원, 3차원
북한	1/25,000 수치지도	국토지리정보원	3차원
북한	1m	교육과학기술부(아리랑 위성2호)	-
전 세계(육지)	15m	Landsat	-
전 세계(바다)	450m	해저기복도	-

⑤ 배경지도 및 시설명칭

구분	자료명	출처 및 서비스 구분
배경지도	수치지도 2.0 기반 제작 (도로, 교통시설, 지형지물 등)	2차원
시설명칭	대한민국 약 90만 개(2차원), 북한지역 약 3만 개(3차원), 전 세계 약 5만 개(3차원)	2차원, 3차원
북한	1m	교육과학기술부(아리랑 위성2호)
전 세계(육지)	15m	Landsat
전 세계(바다)	450m	해저기복도

(3) 주요 서비스

① 지도 서비스

공간정보 오픈 플랫폼 지도는 다양한 국가공간정보와 콘텐츠를 누구나 쉽게 사용할 수 있는 서비스이다. 그동안 제한적으로 접해왔던 국가공간정보(지적정보, 건축물 정보 등)를 실감나는 3차원 기반 가상세계에서 다양하게 사용할 수 있다.

② 오픈 API 서비스

공간정보 오픈 플랫폼 오픈 API는 국가공간정보의 개방, 공유, 참여를 통해 공간정보의 자율적이고 창조적인 다양한 애플리케이션을 개발할 수 있도록 2D/3D, 검색 오픈 API 서비스와 기술을 제공한다.

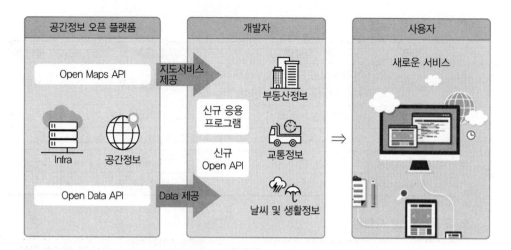

③ 데이터 정보 서비스

데이터 정보는 최신의 고품질 국가공간정보 제공을 위한 기반역할을 수행한다. 국가가 제공 가능한 공간정보 및 이와 연계된 행정정보를 통합 조회할 수 있도록 하여 국민의 정보이용 폭을 확대시킨다.

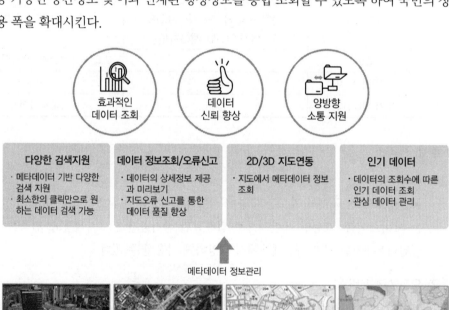

3차원 건물　　　영상지도　　　연속지적도　　　도시지역

미관지구　　　개발제한구역　　　도시자연공원구역　　　국토계획구역

4. 지적통계연보

(1) 개요

① 법적 근거

지적통계연보는 부동산종합공부시스템 운영 및 관리규정 제18조(지적통계 작성)에 근거하여 지적소관청에서 지적통계를 작성하기 위해 일일마감, 월마감, 년마감을 실시하며 해당 내용을 국토교통부장관이 매년 시·군·구 자료를 취합하여 작성한다.

② 작성방법

- 지적공부에 등록된 전국의 토지·임야 대장을 행정구역별/지목별/소유구분별 면적과 지번수로 집계한다.
- 시·군·구 지적업무부서에서 수집/작성한 통계를 행정정보시스템을 통해 시·도 지적업무 부서에 전송하고 시·도는 이를 취합하여 국토교통부 공간정보제도과로 전송한다.

③ 작성 및 공표주기

- 최초작성년도 : 1970년(통계작성승인일자 : 1982.11.26.)
- 작성주기 : 연 1회
- 작성 기준일 : 매년 12월 31일
- 공표일 : 매년 3월

(2) 통계 작성 목적

- 지적통계는 우리나라 필지의 총 등록 면적 및 지번 수, 용도별 지목 등 지적공부에 등록된 지적정보를 기초로 하여 매년 작성되는 통계
- 토지 관련 자료의 효율적 관리 및 정책 수립, 행정 개선, 조세 부과 등의 기초자료로써 활용되며, 필지단위에서 생성되는 각종 수량적 수집정보로 국가가 토지 이용현황을 쉽게 파악할 수 있으며, 국토 개발 등 의사결정에 기초자료로 활용되고 있음

(3) 작성내용 및 구성항목

① 작성내용

- 지적사무정리상황보고서 : 토지이동상황(신규등록, 등록전환, 분할, 합병, 지목변경, 지적복구, 등록사항정정, 구획정리, 경지 정리), 소유권 정리, 민원처리(토지·임야대장, 지적도, 임야도, 수치지적부, 등록 증명서) 등
- 지적공부목록부 : 대장(토지대장, 임야대장), 공유지연명부(토지·임야·집합건물의 대지권), 지적도, 임야도 등
- 지적공부 등록현황 : 지적공부 등록을 개인, 국유, 도유, 군유, 법인, 종중, 종교, 기타단체, 기타 9종으로 분리하고 이를 다시 전, 답, 과수원, 목장용지, 임야, 광천지, 염전, 공장용지,

학교용지, 도로, 철도용지, 하천, 제방, 수도용지, 공원, 체육용지, 유원지, 종교용지, 사적지, 묘지, 잡종지 및 주차장, 주유소, 창고, 양어장 용지 등 28개 지목으로 구분
- 지적기준점 관리현황 : 시도별 기준점명(지적삼각점, 삼각보조점, 지적도근점), 전년누계, 조사현황(완전, 망실 및 훼손), 망실 · 훼손 기준점 조치현황(재설치, 폐기, 미조치), 신규설치, 관리총계, 세계측지계 성과 보유현황

② **지적통계의 구성항목**

구분	내용
총괄	지적공부등록지 총괄, 시 · 도별 지적공부 등록지 현황(토지 · 임야), 소유구분별 지적공부등록지 현황(민유지 · 국유지 · 도유지 · 군유지 · 법인 · 비법인 · 기타)
시 · 도별	각 지방자치단체의 구 · 군별 면적 및 지번 수, 지적공부등록지 총괄 구 · 군별 지적공부등록지 현황(토지 · 임야), 소유구분별 지적공부등록지 현황
부록	전국행정구역 현황 지적삼각점 및 지적삼각보조점 관리현황, 도근점관리 현황, 토지 이동정리 현황, 지적공부등본열람 및 소유권 정리 현황 ※ 토지이동정리 현황 : 신규등록, 등록전환, 분할, 합병, 지목변경, 지적공부복구, 구획정리, 경지정리, 해면성말소, 축척변경, 등록사항정정, 지번변경, 행정구역변경, 등기촉탁, 기타
그래프/도표	지적통계체계 표, 시 · 도별 면적 및 지번수 현황, 지목별 현황, 시 · 도별 지적공부등록지 현황, 시 · 도별 지목별 면적 현황

(4) 활용 분야

① 토지 관련 정책 수립 및 연구 활용
② 국토교통통계누리(stat.molit.go.kr)에서 지적통계 자료 제공
③ 국가통계포털(kosis.kr)에서 지적통계 자료 제공
④ e-나라지표에서 지적통계 자료 제공
⑤ 기타 토지정보 활용 시스템

시스템	자료명
K-Geo플랫폼	국가공간정보센터에 취합된 다양한 속성 및 공간정보를 공동 활용할 수 있도록 토지행정지원체계를 구축함으로써 지자체의 개발부담금 업무 등 각종 행정업무를 지원하는 시스템(개발부담금, 토지거래허가, 부동산중개업, 부동산개발업, 공인중개사 등 토지행정 업무 운영)
온나라부동산포털 (씨 : 리얼)	부동산정보, 통계, 트렌드, 전문가 분석 등의 제공을 위해 「한국토지주택공사법」에 따른 한국토지주택공사가 구축 및 운영하는 시스템
국가공간정보포털	국가공간정보통합체계와 국토정보시스템을 통해 수집된 정보의 유 · 무상 제공 및 이용 활성화 등 「공간정보산업 진흥법」 제6조 및 운영규정 제9조에 따라 국가공간정보 유통을 위하여 센터에서 구축 · 운영하는 전산조직

5. LX플랫폼

(1) 개요

현실 도시의 모습을 동일하게 복제한 가상의 디지털트윈 위에 도시 관련 모든 정보를 통합·연계·분석하여 각종 도시문제 해결에 활용하기 위한 플랫폼, 즉 클라우드 인프라 기반으로 공간정보 및 행정정보의 활용을 지원하는 플랫폼으로 LX한국국토정보공사에서 구축하여 운영 중이다. LX플랫폼은 다음과 같이 구성되어 있다. (한국국토정보공사 2020, p.8-11)

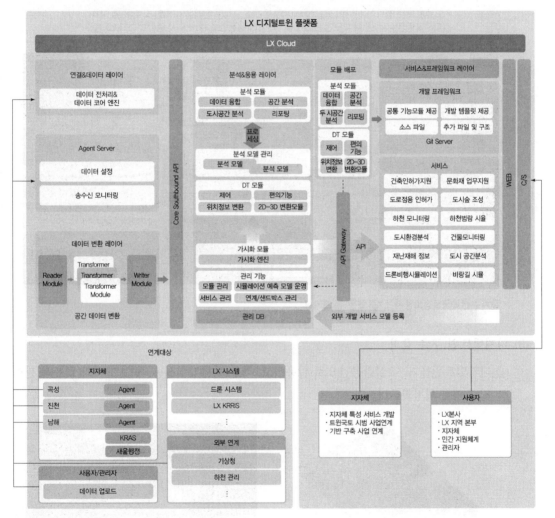

출처 : 한국국토정보공사 LX플랫폼 소개자료

(2) 디지털트윈

① 실제 도시 형상과 동일한 디지털트윈 모델을 구축하여 스마트도시 구현을 위한 핵심 인프라로 활용하는 것으로, ② 교통, 환경, 에너지 등 도시에서 생성되는 실시간 데이터를 디지털트윈과 연계하여 공간상에 표출하며, ③ 각종 도시문제 해결 및 국민 삶의 질을 향상시키기 위해 디지털트윈 도시 모델 기반의 다양한 스마트도시 서비스를 제공한다.(한국국토정보공사 2020, p.354-355)

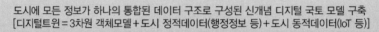

출처 : 한국국토정보공사 LX플랫폼 소개자료

(3) 디지털트윈 구축 효과

① 디지털트윈을 도시 실험공간으로 활용하고, 각종 시뮬레이션을 통해 도시의 효율적 관리 및 운영을 최적화한다.

도시 바람길 시뮬레이션

나무 식재 시뮬레이션

| 태양광 발전 효율 분석 시뮬레이션 | 화재 대피 시뮬레이션 |

출처 : 한국국토정보공사 LX플랫폼 소개자료

② 디지털트윈을 바탕으로 각종 도시문제에 대한 선제적 진단 – 예측 – 대응방안 마련을 통해 문제를 해결하고, 시민 삶의 질을 향상시킨다.

③ 분산된 도시 데이터(행정, 공공, 민간 등)를 디지털트윈 공간을 기준으로 통합하고, 이를 활용한 다양한 도시 융 · 복합 서비스를 제공한다.

④ 디지털트윈 데이터를 기반으로 정부 – 지자체 – 공공 · 연구기관 – 민간기업 간 정보 공유 및 협업을 위한 협력 공간으로 활용한다.

(4) 디지털트윈 구축 주요 기술

① **공간정보** : 물리적 환경과 가상공간을 연결하는 인터페이스가 되는 기반기술로 공간정보 데이터의 수집, 구축, 처리 기술

② **사물인터넷(IoT)** : 인간, 사물, 서비스 세 가지 분산된 환경 요소에 대해 상호 협력적으로 지능적 관계를 형성하는 사물 – 공간 연결 기술

③ **센서기술** : 센서 장비를 이용하여 미세먼지, 화재, 지진 등 실시간 감시 및 데이터 취득 기술

④ **네트워크** : 실시간 데이터 전송 및 공유의 기반기술로 스마트시티의 사이버 안전성(보안) 확보, 이종 플랫폼 연계 · 통합기술, 유무선 통신네트워크 기술

⑤ **클라우드 컴퓨팅** : 도시에서 생성되는 다양한 인프라 정보의 저장 · 공유 · 처리 기술

⑥ **빅데이터** : 각종 도시에서 생성되는 대규모 데이터의 수집 · 가공 · 통합관리를 위한 데이터 처리 기반기술 및 분석기술

⑦ **인공지능(AI)** : 발생 가능한 도시문제를 사전에 인지, 신속대응 등 피해를 최소화할 수 있는 대안을 제공하고, 도시 관리 업무의 효율성을 향상시킬 수 있는 학습기반 인공지능 기술

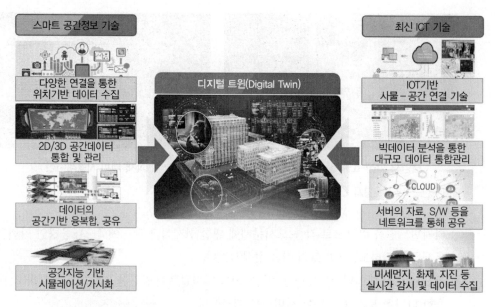

출처 : 한국국토정보공사 LX플랫폼 소개자료

(5) 주요 서비스

데이터 연계 및 융복합을 통해 GIS 기반의 행정 지원 서비스를 제공

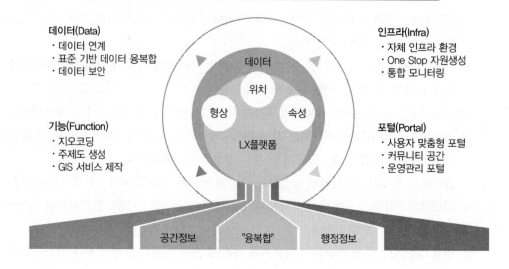

데이터(Data)
· 데이터 연계
· 표준 기반 데이터 융복합
· 데이터 보안

기능(Function)
· 지오코딩
· 주제도 생성
· GIS 서비스 제작

인프라(Infra)
· 자체 인프라 환경
· One Stop 자원생성
· 통합 모니터링

포털(Portal)
· 사용자 맞춤형 포털
· 커뮤니티 공간
· 운영관리 포털

① 공간분석 : 레이어 · 데이터를 활용해 공간정보 분석 및 결과 제공 기능

데이터 수집 및 편집   지역정보제공   맵 및 레이어 비교

커스텀 템플릿   데이터 탐색 및 요약   영상해석

맵 기능

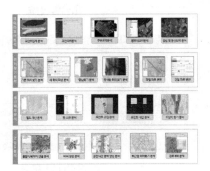

공간분석 기능

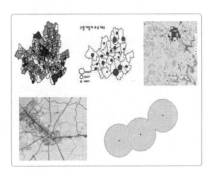

주제도 제작

② 웹맵 · 주제도 · 제작 : 사용자 맞춤형 포털을 이용해 지자체 · 공공기관 개인별 맞춤 웹맵 제작 기능

산업단지 현황도 제작

사용자 맞춤 주제도 제작

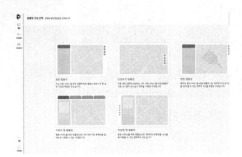

템플릿 설정

③ 3D분석 : 예측을 위한 도시공간 분석, 시뮬레이션 기능, 변화 평가 및 분석(풍향 경관 일조 조망 등) 기능

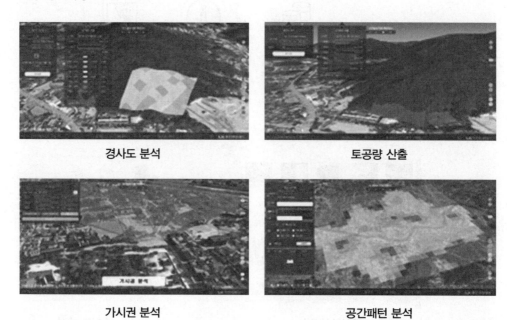

경사도 분석   토공량 산출

가시권 분석   공간패턴 분석

④ 범용 · 특화 : 공공기관 실무자가 활용할 수 있는 가능성을 바탕으로 한 분석 · 시각화 기능

도시 공간 분석   건축 인허가

문화재공간 분석   도로점용 인허가

하천 모니터링

스마트 건물관리

도시환경 분석

스마트 도로관리

드론 시뮬레이션

재난재해 분석

단 · 원 · 평 · 가

01 지적도면 전산화 사업으로 생성된 지적도면 파일을 이용하여 지적업무를 수행할 경우의 기대되는 장점으로 옳지 않은 것은? [기사 '18년]

① 지적측량성과의 효율적인 전산관리가 가능하다.

② 토지대장과 지적도면을 통합한 대민서비스의 질적 향상을 도모할 수 있다.

③ 공간정보 분야의 다양한 주제도와 융합을 통해 새로운 콘텐츠를 생성할 수 있다.

④ 원시 지적도면의 정확도가 한층 높아져 지적측량 성과의 정확도 향상을 가할 수 있다.

02 지적전산화의 목적으로 가장 거리가 먼 것은? [기사 '18년]

① 지적민원처리의 신속성

② 전산화를 통한 중앙통제

③ 관련업무의 능률과 정확도 향상

④ 토지 관련 정책자료의 다목적 활용

03 필지중심토지정보시스템(PBLIS)에 대한 설명으로 옳지 않은 것은? [기사 '19년]

① LMIS와 통합되어 KLIS로 운영되어 왔다.

② 각종 지적행정업무의 수행과 정책정조를 제공할 목적으로 개발되었다.

③ 지적전산화사업의 속성 데이터베이스를 연계하여 구축되었다.

④ 개발 초기에 토지관리업무시스템, 공간자료관리시스템, 토지행정지원시스템으로 구성되었다.

04 PBLIS와 NGIS의 연계로 인한 장점으로 가장 거리가 먼 것은? [기사 '18년]

① 토지 관련 자료의 원활한 교류와 공동 활용

② 토지의 효율적인 이용 증진과 체계적 국토개발

③ 유사한 정보시스템의 개발로 인한 중복투자 방지

④ 지적측량과 일반측량의 업무 통합에 따른 효율성 증대

05 한국토지정보시스템에 대한 설명으로 옳은 것은? [기사 '19년]

① 한국토지정보시스템은 지적공부관리시스템과 지적측량성과작성시스템으로만 구성되어 있다.

② 한국토지정보시스템은 국토교통부의 토지관리정보시스템과 개별공시지가관리시스템을 통합한 시스템이다.

③ 한국토지정보시스템은 국토교통부의 토지관리정보시스템과 행정안전부의 시·군·구 지적행정시스템을 통합한 시스템이다.

④ 한국토지정보시스템은 필지중심토지정보시스템과 토지관리정보시스템을 통합·연계한 시스템이다.

06 국가지리정보체계사업(NGIS)의 단계별 주요 목표에 대한 설명으로 옳은 것은? [기사 '21년]

① 제1차 사업은 1995년부터 시작되었으며, 수치지도의 표준화 활용방안을 주요 목표로 설정하였다.

② 제2차 사업은 2001년부터 시작되었으며, 지적도 전산화 구축을 주요 목표로 하였다.

③ 제3차 사업은 2006년부터 시작되었으며, 수치지도의 작성을 주요 목표로 하였다.

④ 제4차 사업은 2010년부터 시작되었으며, 언제·어디서나·누구나 자유롭게 활용할 수 있는 그린(Green)공간정보 구축을 목표로 하였다.

07 부동산종합공부시스템의 하부 시스템 중 토지민원발급 시스템에 대한 설명으로 옳지 않은 것은? [기사 '21년]

① 토지민원발급 시스템은 현재 RN까지만 민원열람 및 발급이 가능한 상황이다.

② 개별공시지가 확인서의 발급수수료를 관리하고 발급지역 및 발급지역별 사용자를 등록하여 관리할 수 있다.

③ 지적 및 토지관리 업무를 통하여 등록 및 민원인에게 실시간으로 제공하는 시스템이다.

④ 시·군·구 토지민원발급 담당자가 수행하는 업무를 토지민원발급 시스템을 이용하여 효율적이고 체계적인 방식으로 처리할 수 있도록 지원하는 시스템이다.

08 부동산종합공부시스템의 관리내용으로 옳지 않은 것은? [산업기사 '19년]

① 부동산종합공부시스템의 사용 시 발견된 프로그램의 문제점이나 개선사항은 국토교통부장관에게 요청해야 한다.

② 사용기관이 필요시 부동산종합공부시스템의 원시프로그램이나 조작 도구를 개발 · 설치할 수 있다.

③ 국토교통부장관은 부동산종합공부시스템이 단일 버전의 프로그램으로 설치 · 운영되도록 총괄 · 조정하여 배포해야 한다.

④ 국토교통부장관은 부동산종합공부시스템 프로그램의 추가 · 변경 또는 폐기 등의 변동사항이 발생한 때에는 그 세부내역을 작성 · 관리해야 한다.

09 지적공부의 효율적인 관리 및 활용을 위하여 지적정보 전담 관리기구를 설치 · 운영하는 자는? [기사 '21년]

① 국토교통부장관   ② 행정안전부장관

③ 국토지리정보원장   ④ 한국국토정보공사장

10 시 · 군 · 구(자치구가 아닌 구 포함) 단위의 지적공부에 관한 전산자료의 이용 및 활용에 관한 승인권자로 옳은 것은? [기사 '21년]

① 지적소관청

② 시 · 도지사 또는 지적소관청

③ 국토교통부장관 또는 시 · 도지사

④ 국토교통부장관, 시 · 도지사 또는 지적소관청

11 부동산종합공부 운영기관의 장은 프로그램 및 전산자료가 멸실 · 훼손된 경우에는 누구에게 통보하고 이를 지체없이 복구하여야 하는가? [기사 '18년]

① 시 · 도지사   ② 국가정보원장

③ 국토교통부장관   ④ 행정안전부장관

12 지적전산자료의 이용 및 활용에 관한 사항으로 틀린 것은? [기사 '21년]

① 지적공부의 형식으로는 복사할 수 없다.

② 필요한 최소한도 안에서 신청하여야 한다.

③ 지적파일 자체를 제공하라고 신청할 수는 없다.

④ 승인받은 자료의 이용 · 활용에 관한 사용료는 무료이다.

13 지적전산자료의 이용 또는 활용 시 사용료를 면제받을 수 있는 자는? [산업기사 '19년]

① 학생 ② 공기업

③ 민간기업 ④ 지방자치단체

14 국가의 공간정보의 제공과 관련한 내용으로 옳지 않은 것은? [기사 '19년]

① 공간정보이용자에게 제공하기 위하여 국가공간정보센터를 설치 · 운영하고 있다.

② 수집한 공간정보는 제공의 효율화를 위해 분석 또는 가공하지 않고 원 자료 형태로 제공하여야 한다.

③ 관리기관이 공공기관일 경우는 자료를 제출하기 전에 주무기관의 장과 미리 합의하여야 한다.

④ 국토교통부장관은 국가공간정보센터의 운영에 필요한 공간정보를 생산 또는 관리하는 관리기관의 장에게 자료의 제출을 요구할 수 있다.

참·고·문·헌

- 강태환, 필지중심의 토지정보시스템 구축방안에 관한 연구, 대구대학교 대학원 박사학위논문, 1996.
- 공간정보연구원, 국외사업 진출을 위한 토지정보 취득 및 등록모델에 관한 연구, 2017.
- 국토개발연구원, 국가지리정보체계 구축방안 연구, 1995.
- 국토개발연구원, 지방자치단체의 지역정보화 추진과 GIS 활용체계의 개발 방향, 1996.
- 국토교통부, 지적정보화백서 편찬 연구, 2018.
- 국토연구원·한국국토정보공사, 사우디아라비아 지적정보 인프라 구축전략, 국토교통부·해외건설협회, 2018.
- 국토지리정보원, 공간정보 용어사전, 2016.
- 김계현, GIS 개론, 문운당, 2012.
- 김상수, 토지정보시스템의 소개, 내무부, 1997.
- 김영학, 도시정부의 토지정보시스템 평가에 관한 연구, 서울시립대학교 대학원 박사학위논문, 2000.
- 김영학·이왕무·이동현·김남식, 지적학, 화수목, 2015.
- 김일·문승주, 지적재조사총론, 좋은땅, 2020.
- 류병찬, 지적학, 부연사, 2017.
- 문승주, 스마트한 QGIS 활용서, 예문사, 2020.
- 문승주, 토지경계 분쟁의 해결 방안에 관한 연구, 한국외국어대학교 대학원 박사학위논문, 2021.
- 박균성, 행정법 강의(제18판), 박영사, 2021.
- 송용희·조정관·민웅기, 지적전산학개론, 2013.
- 이강원·손호웅, 지형공간정보체계 용어사전, 구미서관, 2016.
- 이강원·함창학, 지형공간정보체계 용어사전, 구미서관, 2003.
- 이규석·황국웅, 한국형 토지정보체계 구축에 있어서 지번의 효과적 활용에 관한 연구, 한국GIS학회지 제2권 제1호, 1994.
- 이성화, 국가지리정보시스템을 위한 LIS 구축현황과 발전방향에 관한 연구, 대구대학교 대학원 박사학위논문, 1999.
- 지종덕, 지적전산학, 신양사, 2012.
- 창원시 진해구, 지적공부의 작성과 정리, 2020.
- 한국교육개발원, 지적전산, 1997.
- 한국국토정보공사, 스마트시티 디지털트윈 실험사업 최종보고서, 2020.
- 한국국토정보공사, 지적측량 용어 해설집 中권, 2018.
- 한국국토정보공사, 지적학 총론, 구미서관, 2019.
- 한승희, GIS이론 및 실습, 구미서관, 2014.

- Dale · Mclaughlin, Land Information Management, Clarendon Press, 1998.
- Dawood, Concept of System Modeling for Land Related Information, Ph. D. Dissertation, University of Wisconsin-Madison, 1987.
- Earl Epstein, GIS Utilization for the Multipurpose Cadastre : Development and Benefits, 공공부문 GIS활용에 관한 국제세미나, 1997.
- ESRI, ArcGIS Desktop Help, Redlands : Esri Inc, 2011.
- Jan Van Sickle, GPS for Land Surveyors, CRC Press 2008.
- John R. Jensen · Ryan R. Jensen 지음/ 구자용 · 김대영 · 김민호 · 김화환 · 박선엽 · 박수홍 · 안재성 · 오충원 · 정재준 · 최진무 · 황철수 옮김, 지리정보시스템, 시그마프레스, 2014.
- Keith C. Clarke 지음/ 구자용 · 김대영 · 박선엽 · 박수홍 · 안재성 · 오충원 · 이양원 · 정재준 · 최진무 · 황철수 옮김, 지리정보시스템 입문(제5판), 시스마프레스, 2011.
- Lasson, Land Registration and Cadastral System, Longman Scientific & Technical, 1991.
- McLaughlin, The nature, degign, and development of multipurpose cadastres, Doctorate thesis. University of Wisconsin-Madison, 1975.
- Simpson, Land Law and Registration, Cambridge University Press, 1991.
- Weir, Introduction. The Decision Maker and Land Information System. Canadian Institute of Surveying, 1984.
- Williamson · Enemark · Wallace · Rajabifard, Land Administration for Sustainable Developement, ESRI Press Academic, 2009.
- Williman, Anwendungsbereiche von GIS und LIS, FIG Ⅹ Ⅹ International Congress Melbourne, 1994.
- 地圖情報ツヌテによ市町村土地情報研究會, 市町村GIS導入マニェアル, ぎょうせい, 1997.

- DIGEST. https://dgiwg.org/digest/
- ISO. https://www.iso.org/standard/26018.html
- OGC. https://www.ogc.org/standards/
- standards. https://standards.iteh.ai/catalog/tc/cen/9db592e4-9c2e-4874-8788-b854976afd16/cen-tc-287

저·자·소·개

문승주

| 약력 |
- 現 한국국토정보공사 재직 중
- 국토교통부 기술평가위원
- 지방 지적재조사위원회 · 경계결정위원회 · 지명위원회 위원
- 국가기술자격위원 등 지적 · 국토정보 분야에서 다양한 활동 중
- 前 행정안전부 지방자치단체 합동평가위원
- 법학박사, 공학석사, 지적기술사

| 저서 |
- 『경계의 이론과 실무(譯)』(2018, 형진사)
- 『경계분쟁(譯)』(2019, 형진사)
- 『지적재조사총론』(2020, 좋은땅)
- 『지적관계법규』(2020, 예문사)
- 『드론활용 지적조사』(2021, ㈜한샘미디어)
- 『스마트한 QGIS 활용서』제2판 (2022, 예문사)
- 『GNSS 측량실무』(2022, 예문사)

김 일

| 약력 |
- 現 전주대학교 부동산국토정보학과 교수
- 前 국토교통부 지적재조사기획단, 공간정보제도과, 국토정보정책과 등 근무(기술서기관)
- 국토교통부, 국토지리정보원 등 기술평가위원
- 전라북도 지방지적위원회 · 정읍시 경계결정위원회 위원
- 한국국토정보공사 소프트웨어과업심의위원회 위원
- 공무원, LX공사, 국가기술자격 출제위원
- 목포대학교 지적학박사, 지적기술사, 측량 및 지형공간정보기술사, 정보처리기사

| 저서 |
- 『지적재조사총론』(2020, 좋은땅)
- 『지적법규의 이해』(2022, 책연)
- 『지적측량의 이해』(2023, 책연)

지적전산 · 토지정보체계론

발행일 | 2024. 1. 10 초판발행

저 자 | 문승주, 김 일
발행인 | 정용수

발행처 | 예문사

주 소 | 경기도 파주시 직지길 460(출판도시) 도서출판 예문사
T E L | 031) 955-0550
F A X | 031) 955-0660
등록번호 | 11-76호

정가 : 20,000원

ISBN 978-89-274-5272-0 13530